全国高等职业教育"十三五"规划教材

电子产品设计与开发

卓陈祥　居吉乔　编著

U0280583

机械工业出版社

本书以工作任务为中心构建理论和实践知识，以电子产品设计与开发工作流程为主线，内容包括：协助市场调研、协助拟定产品标准、协助设计电路、协助设计 PCB、结构件设计、产品装接与性能试验、设计文件的标准化检查和归档管理 7 个纵向项目。为了突出对学生职业能力的训练，理论知识的选取紧紧围绕工作任务的需要来进行，同时又充分考虑了高等职业教育对理论知识学习的需要，并融合了对知识、技能和态度的要求。

本书可作为高职高专院校的教材，也可作为高职本科、应用型本科院校的教材，还可以作为电子产品设计与开发工程技术人员的参考用书。

本书配有电子课件、课程标准、项目设计参考方案、教学考核方案和评分标准等教学资源，需要的教师可登录 www.cmpedu.com 免费注册，审核通过后下载，或联系编辑索取（QQ：1239258369，电话：010-88379739）。

图书在版编目（CIP）数据

电子产品设计与开发/卓陈祥，居吉乔编著.—北京：机械工业出版社，2017.11

全国高等职业教育"十三五"规划教材

ISBN 978-7-111-59901-2

Ⅰ.①电… Ⅱ.①卓…②居… Ⅲ.①电子产品-产品设计-高等职业教育-教材②电子产品-产品开发-高等职业教育-教材 Ⅳ.①TN602

中国版本图书馆 CIP 数据核字（2018）第 094055 号

机械工业出版社（北京市百万庄大街22号　邮政编码100037）
策划编辑：王　颖　责任编辑：李文轶
责任校对：潘　蕊　责任印制：张　博
唐山三艺印务有限公司印刷
2018 年 8 月第 1 版第 1 次印刷
184mm×260mm · 14.5 印张 · 356 千字
0001—3000 册
标准书号：ISBN 978-7-111-59901-2
定价：45.00 元

凡购本书，如有缺页、倒页、脱页，由本社发行部调换
电话服务　　　　　　　　　　网络服务
服务咨询热线：010-88379833　机工官网：www.cmpbook.com
读者购书热线：010-88379649　机工官博：weibo.com/cmp1952
　　　　　　　　　　　　　　教育服务网：www.cmpedu.com
封面无防伪标均为盗版　　金 书 网：www.golden-book.com

全国高等职业教育规划教材
电子类专业编委会成员名单

主　　任　曹建林

副 主 任　张中洲　　张福强　　董维佳　　俞　宁　　杨元挺　　任德齐
　　　　　　华永平　　吴元凯　　蒋蒙安　　梁永生　　曹　毅　　程远东
　　　　　　吴雪纯

委　　员　(按姓氏笔画排序)

丁慧洁　　于宝明　　王卫兵　　王树忠　　王新新　　牛百齐
吉雪峰　　朱小祥　　庄海军　　刘　松　　刘　勇　　关景新
孙　刚　　孙　萍　　孙学耕　　李菊芳　　李福军　　杨打生
杨国华　　肖晓琳　　何丽梅　　余　华　　邹洪芬　　汪赵强
张静之　　陈　良　　陈子聪　　陈东群　　陈必群　　陈晓文
邵　瑛　　季顺宁　　郑志勇　　赵航涛　　赵新宽　　胡克满
胡　钢　　姚建永　　聂开俊　　贾正松　　夏西泉　　高　波
高　健　　郭　兵　　郭　勇　　郭雄艺　　黄永定　　黄瑞梅
章大钧　　彭　勇　　董春利　　程智宾　　曾晓宏　　詹新生
蔡建军　　谭克清　　戴红霞

秘 书 长　胡毓坚

副秘书长　魏　巍

出 版 说 明

《国务院关于加快发展现代职业教育的决定》指出：到 2020 年，形成适应发展需求、产教深度融合、中职高职衔接、职业教育与普通教育相互沟通，体现终身教育理念，具有中国特色、世界水平的现代职业教育体系，推进人才培养模式创新，坚持校企合作、工学结合，强化教学、学习、实训相融合的教育教学活动，推行项目教学、案例教学、工作过程导向教学等教学模式，引导社会力量参与教学过程，共同开发课程和教材等教育资源。机械工业出版社组织全国 60 余所职业院校（其中大部分是示范性院校和骨干院校）的骨干教师共同策划、编写并出版的"全国高等职业教育规划教材"系列丛书，已历经十余年的积淀和发展，今后将更加结合国家职业教育文件精神，致力于建设符合现代职业教育教学需求的教材体系，打造充分适应现代职业教育教学模式的、体现工学结合特点的新型精品化教材。

"全国高等职业教育规划教材"涵盖计算机、电子和机电三个专业，目前在销教材 300 余种，其中"十五""十一五""十二五"累计获奖教材 60 余种，更有 4 种获得国家级精品教材。该系列教材依托于高职高专计算机、电子、机电三个专业编委会，充分体现职业院校教学改革和课程改革的需要，其内容和质量颇受授课教师的认可。

在系列教材策划和编写的过程中，主编院校通过编委会平台充分调研相关院校的专业课程体系，认真讨论课程教学大纲，积极听取相关专家意见，并融合教学中的实践经验，吸收职业教育改革成果，寻求企业合作，针对不同的课程性质采取差异化的编写策略。其中，核心基础课程的教材在保持扎实的理论基础的同时，增加实训和习题以及相关的多媒体配套资源；实践性较强的课程则强调理论与实训紧密结合，采用理实一体的编写模式；涉及实用技术的课程则在教材中引入了最新的知识、技术、工艺和方法，同时重视企业参与，吸纳来自企业的真实案例。此外，根据实际教学的需要对部分课程进行了整合和优化。

归纳起来，本系列教材具有以下特点。

1）围绕培养学生的职业技能这条主线来设计教材的结构、内容和形式。

2）合理安排基础知识和实践知识的比例。基础知识以"必需、够用"为度，强调专业技术应用能力的训练，适当增加实训环节。

3）符合高职学生的学习特点和认知规律。对基本理论和方法的论述容易理解、清晰简洁，多用图表来表达信息；增加相关技术在生产中的应用实例，引导学生主动学习。

4）教材内容紧随技术和经济的发展而更新，及时将新知识、新技术、新工艺和新案例等引入教材。同时注重吸收最新的教学理念，并积极支持新专业的教材建设。

5）注重立体化教材建设。通过主教材、电子教案、配套素材光盘、实训指导和习题及解答等教学资源的有机结合，提高教学服务水平，为高素质技能型人才的培养创造良好的条件。

由于我国高等职业教育改革和发展的速度很快，加之我们的水平和经验有限，因此在教材的编写和出版过程中难免出现问题和疏漏。我们恳请使用这套教材的师生及时向我们反馈质量信息，以利于我们今后不断提高教材的出版质量，为广大师生提供更多、更适用的教材。

机械工业出版社

前　言

关于电子产品设计与开发的书籍较少，适合高职学生的教材就更少，但是应用电子技术专业学生即使学习了传统的"电子产品设计与开发"课程，由于缺乏设计与开发的工作流程、工作内容和工作对象（载体），走上工作岗位后，还是不能较好地应用。

为此，我们在应用电子技术专业、行业、企业调研的基础上，分析了毕业生从事本专业的工作岗位，由应用电子技术企业专家确定了各个工作岗位的工作领域、工作任务和相应的职业能力，构建了"电子产品设计与开发"等7门专业核心课程。电子产品设计与开发是一个很重要的工作岗位，"电子产品设计与开发"课程也是一门很重要的必修课程。因此本书经过近几年的教学实践检验，力求能够更好地适应高等职业教育和科学技术的发展，进一步满足教学需要。

本书具有如下的特点：

1) 以电子产品设计与开发的工作岗位进行内容的组织编写，以工作流程进行结构的编排，以一个具体的载体（电子产品）贯穿项目始终，以工作任务为中心构建理论和实践知识，通过具体工作任务的完成来发展职业能力。

2) 为突出对学生职业能力的训练，理论知识的选取紧紧围绕工作任务的需要进行，同时又基于高等职业教育对理论知识学习的需要，本书还融合了对知识、技能和态度的要求。

本书可作为高职高专院校、高职本科院校、应用型本科院校的应用电子技术专业学生的教材，也可以作为电子产品设计与开发工程技术人员的参考用书。读者阅读本书时一定要按顺序逐个完成书中的工作任务，才能获得满意的学习效果。

本书共7个项目，分别为：协助市场调研、协助拟定产品标准、协助设计电路、协助设计PCB、结构件设计、产品装接与性能试验、设计文件的标准化检查和归档管理。本书由无锡科技职业学院卓陈祥、居吉乔编著，其中项目1、2、3、5、6、7由卓陈祥编写，项目4由居吉乔编写。

本书的电子课件、教学考核方案和评分标准由卓陈祥（项目1、2、3、5、6、7）、居吉乔（项目4）编写，本书的课程标准、项目设计参考方案由卓陈祥编写。

在本书编著过程中作者参阅了不少资料，在此对其作者表示感谢。

由于编者水平有限，书中的缺点和错误在所难免，敬请广大读者批评指正。

编　者

目　　录

项目1　协助市场调研

模块1.1　收集资料

学习目标：

1）了解电子产品的特点。

2）了解竞争对手产品特点。

3）熟悉市场调研的资料收集方法。

4）了解电子产品市场未来的发展方向。

任务目标：

1）会收集电子产品的电路图、外形图，其主要功能、性能指标、特点；会使用说明书和价格等相关的资料。

2）会收集电子产品的法律法规、国家或行业标准及其相关的标准。

1.1.1　市场调研的资料收集

市场调研的资料收集分现成资料收集、原始资料收集。现成资料收集用间接调查方法，即文案调查法；原始资料收集用直接调查方法，即实地调查法，包括访问法、观察法、实验法。

1. 文案调查法

1）文案调查法的含义。文案调查法（又称之为资料查阅寻找法，间接调查法）是指通过查看、阅读、检索、筛选、剪辑和复制等手段收集二手资料的一种调查方法。

2）文案调查的要求。资料要广泛、全面，要有价值、有针对性，要有时间性，要有系统性，要具备准确性。

3）文案调查的资料来源。文案调查的资料来源有内部来源和外部来源。内部资料来源有企业员工、经销商、供应商、行业主管部门（工商、税务、银行等）、反求工程⊖、专业调查情报机构、行业协会（行业会议）。外部资料来源有网页、报刊杂志、产业研究报告、工商企业名录、互联网数据、行业协会出版物、政府各级管理机构公开信息、证券年度报告、财务报表、企业内刊/公司介绍、企业产品宣传画册、企业展览会/招聘广告等。

4）文案调查的方法。文案调查的方法有文献资料筛选法、报刊剪辑分析法、计算机网

⊖　反求工程（Reverse Engineering，RE）也称为逆向工程、反向工程，是指用一定的测量手段对实物或模型进行测量，根据测量数据通过三维几何建模方法重构实物的 CAD 模型的过程，是一个从样品生成产品数字化信息模型，并在此基础上进行产品设计开发及生产的全过程。

络检索法和情报联络网法。

2. 实地调查法

实地调查法分观察调查法、实验调查法和访问调查法三种。访问调查法简称访问法或询问法，是指调查者以访谈询问的形式，或通过电话、邮寄、留置问卷、小组座谈、个别访问等询问形式向被调查者搜集市场调查资料的一种方法。它包括个别访问法和小组座谈法。

（1）个别访问法定义

个别访问法是通过调查者与被调查者之间的面对面的接触交谈，从而搜集调查资料的一种方法。个别访问法分为提纲式访问法和自由式访问法两类：提纲式访问法是指调查者按访问提纲的顺序及内容向被调查者进行逐项采访的方法，自由式访问法是指调查者围绕调查主题与被调查者进行自由交谈的方法。

个别访问一般包括三种形式：入户访问、街头拦截式当面访问调查、计算机辅助个人当面访问调查。

① 入户访问是指调查员到被调查者的家中或工作单位进行访问，直接与被调查者接触。然后或是利用访问式问卷逐个问题进行询问，并记录下对方的回答；或是将自填式问卷交给被调查者，讲明方法后，等对方填写完毕再回来收取问卷的调查方式。

② 街头拦截式当面访问调查是指在某个场所拦截在场的一些人进行当面访问调查。街头拦截式当面访问调查主要有两种方式：

第一种方式是由经过培训的调查员在事先选定的若干个地点，如交通路口、户外广告牌前、商城或购物中心内（外）等，按照一定的程序和要求，选取调查对象，征得其同意后，在现场按照问卷进行简短的当面访问调查。

第二种方式也叫中心地调查或厅堂测试，是在事先选定的若干场所内，根据研究的要求，摆放若干供被调查者观看或试用的物品；然后按照一定的程序，在事先选定的若干场所的附近，拦截调查对象，征得其同意后，带到专用的房间或厅堂内进行当面访问调查。这种方式常用于需要进行实物显示的或需要有现场互动的探索性研究，或需要进行实验的因果关系研究，例如广告效果测试、某种新开发产品的试用实验等。

③ 计算机辅助个人当面访问调查（CAPI）可以是入户的，也可以是街头拦截式的。主要也有两种形式：

第一种形式是由经过培训的调查员手持笔记本式计算机，向被访对象进行当面访问调查。调查问卷事先已经存放在计算机内，调查员按照屏幕上所显示的问答题的顺序和指导逐题提问，并及时地将答案输入计算机内。目前 CAPI 中计算机也可以十分方便地处理开放式的问答题，可将被访者的回答输入计算机。

第二种方式是对被访者进行简单的培训或指导后，让被访者面对计算机屏幕上的问卷，逐题将自己的答案亲自输入到计算机内。调查员不参与回答，也不知道被访者输入的答案，但是调查员可以待在旁边，以便随时提供必要的帮助。

访问调查的实施大体要经过访谈准备、接近被调查者、提问和引导、访谈结束等几个环节。因此，在运用个别访问法时要熟练地掌握访谈技巧。

① 做好访问前的准备工作，主要是对调研人员进行有针对性的训练，使其具备访问基本要求的素质；准备好详细的访谈提纲，使调研人员在访谈过程中处于主动地位；慎重选择

访问对象，并尽可能充分了解被调查者；选择访问的具体时间、地点和场合，以利于被调查者畅所欲言，准确地回答问题。

② 做好访谈过程中的工作，首先是做好接近访问者的工作。主要是衣着得体，适应环境；称呼恰当，入乡随俗；根据访谈的内容和被访问者的特点，采取正面接近、隐蔽接近、友好接近的方法。其次是做好提问工作。在双方还不熟悉、尚未建立基本信任和初步感情的情况下，应采取虚心请教或共同讨论的提问方式；如果双方比较熟悉、互相信任和了解，可采取直截了当、简捷明快的提问方式。其三是做好引导工作。当被访问者对所提问题理解不正确、答非所问时，要用对方听得懂的语汇对问题做出具体解释和说明，然后再次提出需要回答的问题；当被访问者脸有难色、欲言又止时，就要采取恰当办法消除其顾虑或误解；当被访问者一时语塞、对所提问题想不起来时，可从不同角度、不同方式帮助对方回答；当被访问者口若悬河又离题太远时，应寻找适当时机，有礼貌地把话题引向正题；当被迫中断的访谈重新开始时，应当简要地回顾一下前面交谈的情况，复述一下尚未回答完的问题，让被访问者继续回答。

③ 做好访谈结束工作，一是要适可而止。访谈时间不能妨碍被访问者的正常职业活动和正常的生活秩序，若调查的基本目的已经达到，访谈即可结束，即使还有充足的访谈时间，也不要再提与调研内容无紧密关系的问题。二是要善始善终。访谈结束时，要表示对被访问者配合支持调查工作的感谢，要表示今后可能还要登门求教，为以后的调查做好铺垫。如果第一次调查没有完成调查任务，那么就要具体约定再次访问的内容、时间和地点，以便被访问者做好思想和材料准备。

（2）小组座谈法

【案例导入】

××打奶茶消费者座谈会提纲

1）目的。

此次定性调研，将对××打奶茶的品牌形象进行初步的调查，初步了解目标消费者的心理，初步了解打奶茶在消费者心目中的形象，为下一步的定量研究打好基础，帮助后期定量研究实施得更加精确。

● 消费者研究方面：初步了解影响消费者购买因素、购买偏向的缘由。

● 打奶茶品牌认知度方面：初步了解客户对打奶茶品牌的满意度及其产生的原因，了解消费者在选择打奶茶品牌比较和关注的主要因素。

● 打奶茶产品满意度方面：初步了解××打奶茶产品包装、价格、口感等各项指标对消费者购买行为的影响。

与会者样本应符合的主要条件：

● 与会者在最近6个月内没有接受过类似的市场调查。

● 与会者及其家人、亲戚不能从事市场调查、公共关系、广告、新闻、咨询、饮料的生产、销售等相关行业。

● 最近半年内购买过打奶茶和其他奶茶饮品。

● 主要的购买者或购买决策者。

- 熟悉饮料市场的基本状况，对市面主要饮料品牌有一定认识。
- 与会者互不相识。
- 比较健谈。

2）规则讲解。

主持人自我介绍及会议主题内容介绍：

各位来宾，您们好，很高兴能邀请您们参与我们的访谈，我叫 A，是这次焦点小组访谈的主持人。我们正在进行一项有关××打奶茶的学术研究，希望了解您对打奶茶的认识与消费行为，您的看法对我们的研究结论至关重要，请您不要受任何约束，自由畅谈，访谈问题的答案无所谓对错，大家从自己的角度出发，据实回答即可。我们承诺对您的谈话内容和个人信息严格保密，仅用于学术研究。我们这次访谈大约需要两个小时。

首先，我来解释一下焦点小组访谈的方法和规则。

① 没有正确答案，只要说出您自己的观点，您是为其他和您一样的人说话。

② 要倾听别人的发言。

③ 会自动录音和录像，因为想全神贯注听您们的发言，所以没有办法记笔记。

④ 请一个一个地发言，否则会担心漏掉一些重要的观点。

⑤ 不要向我提问，因为我所知道的和我的想法并不重要，您们的想法和感受才是最重要的，我们也是为此才聚在一起。

⑥ 如果您对我们将要讨论的一些话题了解得不多，也不要觉得不好意思，这对我们来说也是重要的。不要怕与别人不同，我们并不是要求所有人都持有同样的观念，除非他们真的这么想。

⑦ 我们要讨论一系列话题，所以我会不断地将讨论推进到下一个话题，请不要把这些当成是冒犯。

⑧ 时间安排。

- 与会者自我介绍（5min）。
- 奶茶消费心理（30min）。
- 奶茶产品评价（30min）。
- 品牌形象写真（30min）。

主持人：今天到会的各位可能来自不同的行业，为了便于大家的交流，大家先作一个自我介绍，都互相认识一下吧，谢谢！

主持人：下面我们就开始讨论。

3）消费者研究方面。

目的：了解消费者奶茶消费行为及习惯。

① 今天我们关注的产品是奶茶，大家聊聊各自关于奶茶的趣事吧。（任意发挥，探究消费者内心深层次诉求。）

② 大家觉得奶茶是一种什么样的产品？对奶茶有什么特殊的看法？

③ 您会把奶茶作为日常性的饮料吗？一般多久喝一次奶茶？奶茶算是一般日常饮料还是偶尔喝一次？

④ 您通常在哪里买奶茶呢？对奶茶店的奶茶和瓶装奶茶大家更倾向于哪个？为什么？

⑤ 大家觉得奶茶这一种饮料具有什么样的功能（实际的和心理的）？

⑥ 您最看重奶茶的什么功能？

⑦ 在什么样的情况下会喝或者购买奶茶？

⑧ 不买奶茶的原因是什么（价格略高、怕长胖、还是其他。)？

⑨ 对于奶茶，大家平常是在哪里、通过什么方式得到关于奶茶的信息？

4）打奶茶产品满意度方面。

目的：初步了解××打奶茶产品包装、价格、口感等各项指标对消费者购买行为的影响。

① 包装方面

● 您觉得打奶茶的包装怎么样？有什么样的特点？

● 这个包装符合您心里对打奶茶的印象吗？为什么？

● 这样的包装形式会使您购买打奶茶吗？为什么？

● 您觉得打奶茶的包装还有哪些需要改进的地方？

② 口感方面

● 与其他品牌的瓶装奶茶比较，您觉得打奶茶的口感有没有它们好？为什么？

● 与奶茶店的杯装奶茶比较，您觉得打奶茶的口感有没有它们好？为什么？

● 与优乐美、香飘飘、立顿这样的袋泡奶茶相比呢？

③ 制作工艺方面

● 您对"打"的概念是否了解？从哪里了解的？

● 您是否认可"打"的概念？

● 在您喝的时候有没有体会到"打"的感觉？

④ 价格方面

● 感觉 8 元的价格高吗？为什么高？为什么不高？

● 您平时喝多少钱的奶茶？

● 与杯装奶茶 8 元的均价相比，您觉得哪个更贵？

⑤ 购买便利性方面

● 您之前在什么场合看到过打奶茶的产品？

● 您觉得购买打奶茶的地点方便吗？

● 在购买时，与货架上的其他产品相对比，打奶茶容易被发现吗？

5）打奶茶品牌认知度方面

目的：初步了解客户对打奶茶品牌的满意度并分析其产生的原因，了解消费者在选择奶茶品牌时比较和关注的主要因素。

① 展示一组图片，让每位被访者选择自己最喜爱的奶茶品牌，谈谈其在心中的形象，并深挖原因（探究打奶茶的竞争品牌）。

● 您觉得这个品牌哪些方面吸引你？为什么这样觉得？

● 大家觉得这些奶茶在某些方面上有没有什么共同点以及不同的地方？

● 每个品牌的品牌形象中最突出的几个特点（正面/负面）。

● 相比其他品牌，您觉得哪些方面打奶茶是需要改进的（口感、包装、价格等）？

② 您觉得打奶茶和其他产品有什么不同？第一眼看到这个产品的时候，您觉得打奶茶的突出特点是什么？为什么？这种感觉是从什么地方得到的？

③您觉得购买打奶茶的消费者应该是什么样的人，为什么？这种感觉是从什么地方得到的？如果您手上拿着打奶茶，您认为你应该是什么感受？别人是怎么看您的？

④您觉得以下的几张图片，哪一张最符合你心目中打奶茶的形象？

⑤您对"×"这个企业的整体印象如何？

⑥您对××打奶茶这个品牌的整体印象是怎样的，请用拟人法表达。

⑦请您用两个形容词来形容您对打奶茶的整体印象。

⑧为什么选择这个形容词？

6）结束语

主持人：在座的各位讨论热烈，给我们提供了很多有重要研究价值的建议和意见，非常感谢大家对我们工作的支持，谢谢大家参加我们的讨论。

小组座谈法又称焦点访谈法或头脑风暴法，是由一个经过训练的主持人以一种无结构的自然的形式与一个小组的被调查者交谈，主持人负责组织讨论，从而获取对一些问题的深入了解。

小组座谈法是资料收集中一种比较独特的方法，它远不止是一问一答式的面谈，而是在主持人的引导下，进行深入的讨论，是一种主持人与被调查者之间、被调查者与被调查者之间互动的过程。通过这种深入讨论的过程，调查人员可以从中获取很多有用的信息。

小组座谈法是一种特殊的访问法，相比较而言，它所收集的信息不是一个个体的资料，而是一个群体的资料。要想取得预期效果，不仅要求主持人要做好座谈会的各种准备工作，熟练掌握主持技巧，还要求有驾驭会议的能力。它包括如下几个方面的内容。

1）主要目标。获取创意，理解顾客的语言，了解顾客对产品或服务的需要，确定定量分析的主要内容。

2）座谈规模及人员特征。标准座谈会规模一般为8~10人（预约10~12人），小型座谈会由3~5人组成（预约6~8人）；同一主题访谈次数为2~3次，参与者应具有相似特征。

3）基本形式。由主持人根据调研提纲，对于某一主题进行讨论。

4）座谈必备设施。包括访谈室、录音设备或摄像设备。

5）标准时间。包括1.5~2.0h。

6）使用范围。新产品概念测试、广告概念测试、产品包装测试、品牌名称测试。

1.1.2 控制器的主要功能

电动车用控制器是用来控制电动车电动机的起动、运行、进退、速度、停止以及电动车的其他电子器件的核心控制器件，它就像是电动车的大脑，是电动车上重要的部件。电动车就目前来看主要包括电动自行车、电动二轮摩托车、电动三轮车、电动三轮摩托车、电动四轮车、电瓶车等。因为不同的车型电动车用控制器有不同的性能和特点，电动自行车用控制器的主要控制技术、子系统和主要功能如下。

1. 控制技术

1）超静音控制技术。独特的电流控制算法适用于任何一款无刷电动自行车电动机，并且具有很好的控制效果，提高了电动自行车用控制器的普遍适应性，使电动自行车电动机和控制器不再需要匹配。

2）恒流控制技术。电动自行车用控制器的堵转电流和动态运行电流完全一致，保证了电池的寿命，并且提高了电动自行车电动机的起动转矩。

2. 子系统

1）自动识别电动机模式系统。对电动自行车电动机的换向角度、霍尔相位和电动机输出相位能自动识别，只要控制器的电源线、转把线和刹车线不接错，就能自动识别电动机的输入、输出模式，可以省去无刷电动自行车电动机接线的麻烦，大大降低了电动自行车控制器的使用要求。

2）随动 ABS 系统（制动防抱死系统）。它具有反充电电动车 EABS（电子刹车系统）刹车功能，引入了汽车级的 EABS 防抱死技术，达到了 EABS 刹车静音、柔和的效果，不管在任何车速下保证刹车的舒适性和稳定性，不会出现原来的 ABS 在低速情况下刹车刹不住的现象，完全不损伤电动机，减少机械制动力和机械刹车的压力，降低刹车噪音，大大增加了整车制动的安全性；并且在刹车、减速或下坡滑行时将 EABS 产生的能量反馈给电池，起到反充电的效果，从而对电池进行维护，延长电池寿命，增加续行里程，用户还可根据自己的骑行习惯自行调整 EABS 刹车深度。

3）电动机锁死系统。在警戒状态下，报警时控制器将电动机自动锁死，控制器几乎没有电力消耗，对电动机没有特殊要求，在电池欠电压或其他异常情况下对电动自行车的正常推行无任何影响。

3. 主要功能

1）自检功能。分动态自检和静态自检。控制器只要在上电状态，就会自动检测与之相关的接口状态，如转把、刹把或其他外部开关等。一旦出现故障，控制器自动实施保护，充分保证骑行的安全，当故障排除后控制器的保护状态会自动恢复。

2）反充电功能。刹车、减速或下坡滑行时将 EABS 产生的能量反馈给电池，起到反充电的效果，从而对电池进行维护，延长电池寿命，增加续行里程。

3）堵转保护功能。自动判断电动机在过电流时是处于运行状态、纯堵转状态还是短路状态。如果过电流时是处于运行状态，控制器将限流值设定在固定值，以保持整车的驱动能力；如处在纯堵转状态，则控制器 2s 后将限流值控制在 10A 以下，起到保护电动机和电池，节省电能的作用；如处在短路状态，控制器则使输出电流控制在 2A 以下，以确保控制器及电池的安全。

4）动静态缺相保护功能。指在电动机运行状态时，电动机的任意一相发生断相故障时，控制器实行保护，避免造成电动机烧毁，同时保护电动自行车电池，延长电池寿命。

5）功率管动态保护功能。控制器在动态运行时，实时监测功率管的工作情况，一旦出现功率管损坏的情况，控制器马上实施保护，以防止由于连锁反应损坏其他的功率管后，出现推车比较费力的现象。

6）防飞车功能。解决了无刷电动自行车控制器由于转把或线路故障引起的飞车现象，提高了系统的安全性。

7）助力功能。用户可自行调整采用自向助力或反向助力，可以在骑行中辅以动力，让骑行者感觉更轻松。

8）巡航功能。自动/手动巡航功能一体化，用户可根据需要自行选择，8s进入巡航，稳定行驶速度，无须手柄控制。

9）模式切换功能。用户可切换电动模式或助力模式。

10）防盗报警功能。超静音设计，引入汽车级的遥控防盗理念，防盗的稳定性更高，在报警状态下可锁死电动机，报警扬声器音效高达125dB以上，具有极强的威慑力。

11）倒车功能。控制器增加倒车功能，当用户在正常骑行时，倒车功能失效；当用户停车时，按下倒车功能键，可进行辅助倒车，并且倒车速度最高不超过10km/h。

12）遥控功能。采用先进的遥控技术，长达256位的加密算法，灵敏度多级可调，加密性能好，并且绝无重码现象发生，大大提高了系统的稳定性，并具有自学习功能，遥控距离长达150m不会有误码产生。

13）高、中、低速控制功能。采用最新电动机控制设计专用单片机，加入全新的无刷直流电动机（BLDCM）控制算法，适用于低于6000r/min的高、中或低速电动机的控制。

14）兼容功能。不管是60°相位的电动机还是120°相位的电动机，都可以自动兼容，不需要修改任何设置。

15）正弦波功能。正弦波优点为噪声小，大负载时振动小。

16）霍尔元器件补偿功能。电动机有两个霍尔元器件，因为三个霍尔元器件同时损坏的几率很低，所以任何一个霍尔元器件损坏，另两个可以代替而确保电动机的正常使用。

1.1.3 控制器市场未来的发展方向

电动自行车控制器作为电动自行车的"神经中枢"，主要是协调电动机和电源正常工作，同时保证驾驶尽可能经济、安全、环保。这两个方面决定了电动自行车控制器的发展方向，电动机和电源的发展方向引导控制器的研究与开发的方向。

1. 智能化

控制器不仅仅进行驱动控制，同时将成为动力和能源管理中心，根据路况和助力的情况，智能化调配动力能源，使得能源利用效率提高。

2. 定制化

高端的电动自行车市场主要是以品牌产品为主，不同的品牌产品其功能不尽相同，对控制器的要求也不同，因此在控制器高端产品中逐步走向定制化。

3. 强调管理功能

控制器功能越来越强大，逐步成为电动自行车的管理中心。能源管理，即通过合理的智能化的能源调配，提高电池的利用率和工作效率；安全管理，即通过欠电压、过电流等各种保护功能，实现电动自行车的智能安全管理功能。

4. 人性化、傻瓜化

针对电动自行车的消费群体的广泛性，电动自行车的控制必须走向人性化，如引入数字显示技术、声音控制技术等，操控更加容易，乘座更加安全舒适。

5. 集成化

随着制造工艺的提高，MCU（微控制单元）功能的强大，控制器逐步走向集成化，原来外部分立元器件较多，任何一个器件损坏都可能导致整个控制器瘫痪，而集成技术将原来的分立元器件集成到 MCU 中实现。保证了控制器的质量，减少返修率，缩小了控制器体积。另外，还可以集成其他的功能，如防盗系统功能。

【做一做】

工作任务 1-1　收集电动自行车用控制器的现成资料

文稿标题：基于 PSoC 单片机的电动自行车用无刷直流电动机控制器的现成资料，其资料范围及收集途径：

1）从书店、图书馆、互联网收集基于 PSoC 单片机的电动自行车用无刷直流电动机控制器的原理图；

2）从电动自行车控制器制造企业的网页中收集无刷直流电动机的控制器产品外形图片、主要功能、性能指标、特点、使用说明书、价格等；

3）从互联网收集《中华人民共和国道路交通安全法》；

4）从标准计量检测中心、互联网等途径收集标准《QB/T 2946—2008 电动自行车用电动机及控制器》，《QC/T 792—2006 电动摩托车和电动轻便摩托车用电动机及控制器技术条件》以及相关标准《GB 17761—1999 电动自行车通用技术条件》《JB/T 10888—2008 电动自行车及类似用途用电动机技术要求》《GB/T 26846—2011 电动自行车用电动机和控制器的引出线及接插件》《GB/T 1.1—2009 标准化工作导则 第 1 部分：标准的结构和编写》。

要求：

1）收集的现成资料必须真实、正确、齐全和完整。

2）收集的现成资料要装订成册，封面上写明资料名称、资料收集人的姓名和日期，目录上写明资料编号、名称和页码（自动生成），两份资料之间要分页，行间距 1.0 倍，正文用 5 号宋体，表上方要有表号和表题，图下方要有图号和图题，表和图小 5 号宋体等。

模块 1.2　实施市场调研

学习目标：

1）熟悉市场调研方案的设计。

2）熟悉新产品构想的市场调研方法。

3）熟悉市场调查问卷的设计。

4）熟悉市场调查的常用抽样方法。

5）熟悉实施市场调查的基本技巧。

任务目标：

1）会实施当面访问或召开消费者座谈会找出产品利益点和问题点。

2）会设计市场调查问卷。

3）会设计抽样方案。

4）会实施调研所构想的新产品的市场。

5）会对市场调研数据计算和分析。

1.2.1 市场调研方案设计

【案例导入】

"A"牌电动自行车市场调研方案

(1) 调研背景

目前在中国电动车行业生产制造领域，有大量中小投资创业者集聚，生产厂商已超过1200家，配件厂商超过2300家，从业人员达100万以上，年产销量约为1250万辆，创造着每年200亿元以上的直接经济效益和难以估量的间接经济效益。

近年在一片争议声中，电动车行业已迅猛发展、欣欣向荣，年增长率高达15%～20%，这已是有目共睹的事实。行业人士透露：随着全国各地交通道路的发展改善和世界各地能源资源的紧张，轻便省力、环保节能、价格适中的电动车，还将被越来越多的中国人购买，其出口量和国外市场区域也还将不断扩大。

目前国内上千家电动车厂商，已初步形成各自为战的"四大方阵"。

第一方阵，以江浙和天津板块中的强势品牌为主。它们占据了相对稳定的市场份额，并仍在寻求快速上升的通道；

第二方阵，是数十家年销售规模在5万辆以上的地方强势品牌，它们目前已在一个或数个省份里占有一定的市场份额；

第三方阵，是销量在1万～5万之间的品牌，这些企业应该有几百家；

第四方阵，就是大量销量在1万辆以下的品牌，这些企业大多是小规模甚至"螺钉刀"工厂，一般以组装生产为主，有的甚至是前店后厂，销售仅面向局部县市市场。这些小品牌为数众多，有的已在风吹雨打之后相继凋零，有的还在继续用低价优势获取小区域的市场空间。

(2) 调研目标

通过调研和收集二手资料，把握西安电动自行车的市场现状，研究西安电动自行车市场情况，探询适合西安市场的产品；研究西安电动自行车车市场营销状况，探询快速突破市场的方式，研究消费者对电动自行车产品和品牌的心理反应以及需求等。通过这一系列的工作，为企业评估产品与国内市场、确定目标市场、选择进入市场模式和制定营销规划提供国内市场营销战略。为我公司成功打入西安电动车市场提供翔实可靠的数据，为起草营销方案，进行营销策划提供依据。

(3) 调研内容

第一，西安市场营销环境调研，主要包括自然环境、人口资源、居民收入、社会与文化、经济环境等。

第二，西安市场的消费者调研，主要包括消费者的购买偏好和意见、消费者人口构成、消费者购买力水平、消费者购买行为和消费量调研等。

第三，国内市场营销组合因素调研，主要包括国内市场营销的产品信息调研、国内市场营销的价格信息调研、国内市场营销的分销渠道信息调研、国内市场营销的促销信息调研和国内市场营销的竞争信息调研等。

（4）调研对象

包括潜在消费者、已有电动车消费者、电动车卖场营业员、经销商等，基本涵盖了需要研究的人群，总人数 150 人。

（5）调研范围

主要是在西安进行调研，调研地点类型包括电动车卖场、大型商场、广场、专卖店、繁华路口等地点，总数是 16 个不同类型特点的地点。

（6）调查方式

随机采样与提前设定两种方式相结合，总数 26 个，具体样本点设为 21～51 岁之间的人群。

（7）调查方法

问卷调查、消费者座谈会、电话问询、实地考察和资料搜集。其中资料收集以原始资料收集为主，通过一系列的市场调研活动，得到最新的市场信息；以二手资料收集为辅，具体采用查找法和索取法；对原始资料与二手资料进行审核与评估。

（8）调查计划进度

1）4 月 1 日—4 月 10 日：前期准备，搜集相关资料，分析市场竞争状况，进行人员安排。

2）4 月 11 日—4 月 20 日：综合前期调研，整合有价值的资料，列出详细调查表，工作人员到人流聚集地进行面谈调查。

3）4 月 21 日—4 月 30 日：汇总、检查收回的调查表，提炼有效信息，对调研数据进行专业分析，制成相关图表，以便为后期整合营销提供依据。

4）5 月 1 日—5 月 10 日：写出并打印市场调研报告。

5）5 月 11 日—5 月 13 日：提交市场调研报告。

（9）调查费用的预算

1）搜集资料（包括查阅图书馆、查阅网络、实地调查），共计 200 元；

2）人员费用（10 人，30 元/天），共计 3000 元；

3）打印调查问卷（1000 份），共计 100 元；

4）小组内部花销，共计 200 元；

5）资料后期分析、制图，共计 500 元。

（10）调查结果和形式

本次调查的形式为书面调查报告。具体内容将包括前言、摘要、研究目的、研究方法、调查结果、结论和建议以及附录七个部分。交给客户两份书面材料。

市场调研方案设计是根据调研目的，在进行实际调研之前，对整个调研过程进行全面规划，提出相应的调研实施计划，制订出合理的工作程序。不同项目的调研方案格式有所区别，但一般均包括以下几部分内容：调研背景、调研目的、调研内容、调研对象、调研方法、进度安排、项目预算、调研结果等。调研方案是市场调研者实施市场调研的纲领和依据。市场调研方案的主要内容如下。

（1）介绍调研背景

简明扼要地介绍整个调研课题的背景或原因以及调研结果服务的对象。

（2）确定调研目标

就是明确在调研中要解决哪些问题，通过调研要取得什么样的资料，取得这些资料有什么用途等问题。

（3）确定调研内容

在调研方案中，要将市场调研目的具体化，确定所需要的市场信息资料，将调研目标转换为市场调研的具体内容，并将调研内容通过市场调研指标的形式表现出来。

（4）确定调研对象和调研范围

调研对象就是根据调研目的确定调研的具体单位及其分布的范围，它是由某些性质相同的调研单位组成的。调研范围主要是指调研对象所处的地域范围、行业范围等。

（5）确定调研方式和方法

调研方式是选择具体调研样本的方法，即要明确对多少人调查，寻找这些调研样本的方案。

调研方法一般分为定性调研法和定量调研法两种。搜集新产品构想的市场定性调研方法分为个别访问法和小组座谈会法，定量调研方法有利益点构造分析法和问题点调查法两种。在调查时，采用何种调研方式和调研方法不必要求固定和统一，具体取决于调研主题的要求、调研对象的特点、调研经费的多少等因素。

（6）确定市场调研实施计划

市场调研实施计划也称调研进度安排，它既是调研实施过程中的具体工作计划，也是调研项目得以顺利实施的保证条件。

（7）编制调研经费预算

调研费用与调研范围、样本数、调研方法等密切相关，一般市场调研项目的经费预算构成是：策划费占30%，访问费占40%，统计费占10%，报告费占20%。如果是外部调查机构，需要增加预算的30%左右作为税款及利润。

（8）提交调研报告

确定提交市场调研报告的时间和表达形式，如最终报告是书面报告还是口头报告，是否有阶段性报告以及何时提交报告等。

（9）附录部分

附录部分要列出课题负责人及主要参与者的名单，并可简单介绍团队成员的专长和分工情况；指明抽样方案的技术说明和细节，说明调研问卷设计中有关的技术参数、数据处理方法、所采用的软件等。

1.2.2 新产品构想的市场调研方法

为了发现一些新的市场机会和需求，开发新的产品去满足这些需求；为了发现企业现有产品的不足及经营中的缺点，并及时加以纠正，使企业在竞争中立于不败之地。通过市场调研从消费者处获得新产品的构想，常用的方法有三种。

（1）使用习惯和态度研究

市场营销观念认为，满足消费者需求是新产品构想的出发点。使用习惯和态度（U&A）研究是指通过调查消费者的购买习惯和使用习惯，从中可以发现消费者有什么需求尚未被满足。此外，通过消费者使用习惯和态度研究中的缺陷分析，也可以发现消费者在哪些重要的产品特性上尚未被现有的品牌所满足，这些未被满足的需求就可以成为企业发展新产品构想的来源。

（2）利益点构造分析法

1）利益点项目的收集。所谓产品利益是指产品可以为消费者提供的好处，它是从消费者角度来考虑的。采用提纲式访问法实地当面访问或召开消费者座谈会（利益点收集头脑风暴法），把消费者在该项生活领域所期待的利益点挖掘出来。例如对于煮咖啡壶的调研中，了解到消费者在饮用咖啡时，期望煮咖啡壶的利益点如表1-1所列。

表1-1　煮咖啡壶的期望利益点

经济性	味道和香味
1）咖啡壶价格不能太贵。 2）更换过滤网等零件时不要太花费。	1）能保存原有的香味和风味。 2）能够永久保持同样的味道。 3）谁煮都能煮得同样好。 4）不会有恶臭附着在过滤网或容器上。
机能性和操作性	外观、情调、清洗和保管
1）使用（操作）要简单。 2）能很容易将咖啡放入。 3）能边做其他事情边煮咖啡。 4）能够自由调节咖啡的浓淡。 5）煮好咖啡后能够继续保湿。 6）能很容易地增减所煮的咖啡量。 7）在煮的过程中，不会有烫伤的危险，或失败的情形。	1）外观时髦漂亮。 2）可享受喝咖啡的独有情调。 3）可享受自煮咖啡的乐趣。 4）清洗时不费功夫。 5）各个角落都能洗得很干净。 6）属于不容易附着污垢的材料。 7）过滤网不容易堵塞。 8）维护、收藏均容易。
其他	
1）体积不要太大、不占空间。 2）品质坚实耐用。	

【做一做】

工作任务1-2　列出电动自行车期望利益点的调研提纲

　　文稿标题：电动自行车期望利益点的调研提纲

　　要求：控制器虽然是电动自行车的关键部分，但期望利益点的调研提纲不容易被直接列出，可从经济、功能、性能、品质、三防（防水、防腐、防振）和操作等方面写出电动自行车期望利益点的调研提纲。

工作任务1-3　用提纲式访问法实地调研电动自行车期望利益点

　　要求：对电动自行车修理店有经验的修理师傅进行提纲式访问，录音记下调查员的提问和修理师傅的回答。

工作任务1-4　找出电动自行车用控制器的期望利益点。

　　文稿标题：电动自行车用控制器的期望利益点

　　要求：根据电动自行车期望利益点的调研结果（录音），整理出电动自行车用控制器的期望利益点。

工作任务1-5　召开消费者座谈会

　　要求：根据主持人的调研提纲，讨论电动自行车用控制器的期望利益点。

1）座谈人员选择标准：①经常使用或关心某产品；②比较具有创新意识；③各种类型人员的合理搭配。

2）座谈程序和方法：①说明规则和目的——你最理想的电动自行车控制器应该具备什么特征；②设计讨论框架，即新产品概念的分解；③首先对任何想法都不加以评价，等所有创意都穷尽之后再讨论；④注意适当引导。

3）记录和录音参加座谈会所有人员的发言。

工作任务1-6 找出电动自行车用控制器的潜在期望利益点

文稿标题：电动自行车用控制器的潜在期望利益点

要求：根据小组座谈会的记录和录音，整理出电动自行车用控制器的潜在期望利益点。

2）定量调查的实施。利用问卷做个人访问调查，以测试消费者对上述每一项利益点的重视程度和满意程度。

例如：对利益点"不容易附着污垢的材料"的询问：

①"请问你对'不容易附着污垢的材料'重视程度如何？"

1. 不重视　　　　2. 不怎么重视　　　　3. 稍重视　　　　4. 很重视

②"请问你对目前使用的产品解决这个问题的满意程度如何？"

1. 不满意　　　　2. 不怎么满意　　　　3. 稍满意　　　　4. 很满意

3）资料分析和产品构想的形成。对每一利益点分别计算如下指标：

①重视度：计算所有被访者回答重视程度的分数的加权平均数≒4×选择"4"的比例+3×选择"3"的比例…

例如：访问600人，回答的结果如表1-2所列。

表1-2　"请问你对'不容易附着污垢的材料'的重视程度如何？"的回答结果统计

	很重视	稍有点重视	不怎么重视	不重视
分数	4	3	2	1
人数	312	168	114	6

重视度 = (4×312+3×168+2×114+1×6)/600 = 3.31

②满意度：计算所有被访者回答满意程度的分数的加权平均数 = 4×选择"4"的比例+3×选择"3"的比例…

例如：访问600人，回答的结果如表1-3所列。

表1-3　"请问你对目前使用的产品解决'不容易附着污垢的材料'的满意程度如何？"的回答结果统计

	很满意	稍满意	不怎么满意	不满意
分数	4	3	2	1
人数	136	187	179	98

满意度 = (4×136+3×187+2×179+1×98)/600 = 2.602

③不足度：重视度减去满意度后的值，即所谓的不满意程度。

在上例中，不足度 = 3.31 – 2.602 = 0.708。

然后对表1-1所列的各项利益点一一加以测定，即可知消费者对每一项利益点的重视程度和不满意度。表 1-4 给出了表 1-1 各项利益点的重视度和不足度。

从表 1-4 可以看出利益点（第 3 项利益点 1）"能保持原有的香味和风味"拥有最高的重视度，而且不足度也是最高。根据选择准则：①设定临界的重视度和不足度；②不足度高的利益点是潜在的新产品开发机会；③重视度高的利益点只有在存在不足时才是有价值的。所以如果能针对这点加以改良并发售新产品的话，一定可以大大增强商品力，创造更大的市场机会；另一方面，如果把这一点作为现有产品构想的出发点，也可创出很突出的产品构想，而对商品力提升也是很有帮助的。

表 1-4　利益点、重视度和不足度

项	利益点	重视度	不足度	项	利益点	重视度	不足度
第 1 项	1	2.760	−0.081	第 3 项	3	3.300	0.449
	2	2.880	−0.245		4	3.230	0.383
第 2 项	1	3.350	0.376	第 4 项	1	2.560	−0.204
	2	3.150	0.484		2	3.211	0.542
	3	2.810	0.283		3	3.200	0.345
	4	3.240	0.164		4	3.240	0.558
	5	2.850	0.301		5	3.310	0.708
	6	3.170	−0.016		6	3.330	0.756
	7	3.180	0.539		7	3.400	0.569
第 3 项	1	3.730	0.766		8	3.410	0.653
	2	3.380	0.538	第 5 项	1	3.140	0.188
					2	3.400	0.526

（3）问题点调查法

问题点调查法是用来建立产品构想的方法，其步骤与利益点构造分析法相类似。现以"婴儿尿片"为例说明其建立产品构想的步骤。

1）问题点的收集。对有关书籍、专家意见和调查资料加以分析，找出尿片的所有问题点。此外为了探讨潜在的问题点，召开婴儿母亲的小组座谈会，搜集问题点的方法同前，与利益点构造分析法不同的是，这个方法的思想是：问题最多的地方就是潜在机会最多的地方。

婴儿尿片调查提纲如下：

① 使用尿片的种类和素材；

② 购买时有什么不方便的地方；

③ 尿片使用时对下列各项感到不方便之点：a）大小；b）通气性；c）柔软度；d）吸水性；e）合身性；f）卫生感；g）气味；h）使用后处理；i）其他。

④ 夏天、冬天、梅雨季节有什么问题点？

⑤ 白天、晚上、外出时有什么问题点？

⑥ "纸尿片"的使用经验如何：a）（使用者）使用理由？不方便之点？b）（非使用者）不使用的理由？

调查结果获得将近 200 个问题点，整理归类后得到如下 30 个问题点：1）材料质地全部都有不够干爽的感觉。2）不能完全贴合在肌肤上，而有空隙。3）吸湿力不足。4）过分柔软。5）过分薄。6）过分厚。7）宽度和长度只有一种尺寸。8）太宽。9）太窄。10）长度太长。11）长度太短。12）体积大，外出携带不方便。13）除白色外没有其他颜色。14）长时间使用时会变歪。15）长时间使用时，会起毛。16）运动时流汗不透气。17）不透气会起汗疹。18）梅雨季、夏天很潮湿而且密不通风。19）使用时很费工夫。20）有一片不够使用而且必须使用两片。21）外面必须再包以尿片套。22）尿片湿了以后，婴儿会哭，一个晚上哭好几次。23）每尿一次即要更换尿片。24）一沾上污物，马上要更换清洗。25）每天有大量的尿片需要清洗。26）在下雨天，必须把尿片晒在屋内。27）弄脏的尿片不能随便丢弃。28）洗后的尿片不易干。29）臭味容易附着在尿片上。

【做一做】

工作任务1-7 列出电动自行车问题点的调研提纲。

文稿标题：电动自行车问题点的调研提纲

要求：控制器虽然是电动自行车的关键部分，但问题点的调研提纲不容易被直接列出，可从经济、功能、性能、品质、三防（防水、防腐、防振）和操作等方面写出电动自行车问题点的调研提纲。

工作任务1-8 用提纲式访问法实地调研电动自行车问题点。

要求：对电动自行车修理店有经验的修理师傅进行提纲式访问，录音记下调查员的提问和修理师傅的回答。

工作任务1-9 找出电动自行车用控制器的问题点。

文稿标题：电动自行车用控制器的问题点

要求：根据电动自行车问题点的调研结果（录音），整理出电动自行车用控制器的问题点。

工作任务1-10 召开消费者座谈会。

要求：根据主持人的调研提纲，讨论电动自行车用控制器的问题点。

1）座谈人员选择标准：①经常使用电动自行车；②比较具有创新意识；③各种类型人员的合理搭配。

2）座谈程序和方法：①说明规则和目的；②设计讨论框架；③让参与者自由发表自己的意见；④注意适当引导。

3）对参加座谈会所有人员的发言记录和录音。

工作任务1-11 找出电动自行车用控制器的潜在问题点。

文稿标题：电动自行车用控制器的潜在问题点

要求：根据小组座谈会的记录和录音，归类合并整理出电动自行车用控制器的潜在问题点。

2）定量调查的实施。利用问卷做个人访问调查，以测试每一个问题点的发生频率，以及消费者对问题的重视度、解决度。

① 发生频率的问法：这个问题平日发生的情况如何？（　　　　）

A. 经常发生（每天）

B. 常发生（三四天一次）

C. 偶尔发生（两三个星期一次）

D. 几乎很少发生（好几个月才发生一次）

② 重视度的问法：对这个问题的重视程度如何？（　　　）

A. 非常重视

B. 有点重视

C. 不怎么重视

D. 不重视

③ 解决度的问法：有没有发现能解决这个问题点的产品？（　　　）

A. 没有发现

B. 只发现有一种产品

C. 发现有两三种产品

D. 随时都有

3）资料分析和产品构想的形成。对每一个问题点分别计算如下：

$$发生频率 = \frac{回答经常发生的人数 + 回答常发生的人数}{有效样本数} \times 100\%$$

$$重视度 = \frac{回答非常重视的人数 + 回答有点重视的人数}{有效样本数} \times 100\%$$

$$未解决度 = \frac{回答没有发现能解决这个问题点的产品的人数}{有效样本数} \times 100\%$$

现以发生频率为纵轴，以重视度为横轴，在坐标图上把问题点标示上去，如图 1-1 所示。被评为高重视度和高发生频率的问题点，如其未解决度也高者，则是新产品开发的方向，也是现有产品在建立产品构想时的导向和基础。第 25、16、3、21、17、23、18 等问题

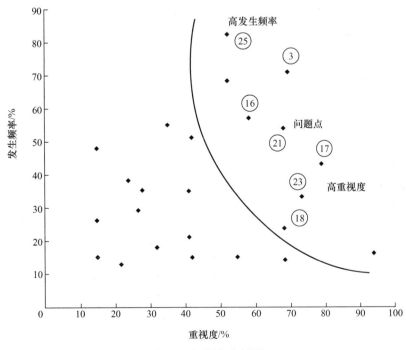

图 1-1　问题点分析图

点是高重视度、也是高发生频率的问题点，其中有些已经获得解决，但一定还有些问题未获得解决，未获得解决的问题点，即是产品开发或产品改良的方向，也是开发新的产品构想、增加商品力的有利方向。

1.2.3 市场调查问卷的设计

【案例导入】

电动自行车调查问卷

先生（女士）：

　　您好！

　　我是××公司市场部的访问员，为了给××市民提供更好的电动自行车，我们正在进行一项有关电动自行车需求和使用方面的调查，您的回答对我们非常重要，能不能耽误您几分钟的时间，请教您几个问题，希望得到您的支持与合作。谢谢！

　　访问员编号：_____　　问卷编号：_____

　　访问时间：_____年_____月_____日　　复查时间：_____年_____月_____日

　　访问员姓名：_____　　督导姓名：_____

1. 请问您上下班使用的交通工具是什么？
1）公交车　　　　2）自备轿车　　　3）摩托车　　　4）电动自行车
5）自行车　　　　6）燃油助力车　　7）其他_____

⋮

17. 如果电动自行车的各种条件都符合了您的要求，请问您什么时候可能会购买？
1）3个月内　　2）3~6（未含）个月　　3）6~12（未含）个月　　4）1年及以上
5）不一定　　6）绝不购买　　　　　　7）不知道

18. 客户基本资料栏
（1）性别：_____
1）男　　　　　　　　2）女
（2）年龄：_____
1）18~24岁　　　　　2）25~29岁　　　　3）30~34岁
4）35~39岁　　　　　5）40~44岁　　　　6）45~49岁
7）50~54岁　　　　　8）55~65岁　　　　9）65岁以上
（3）文化程度：_____
1）初中及以下　　　　2）高中　　　　　　3）职高及中专
4）专科、大学　　　　5）研究生及以上
（4）职业：_____
1）行政机关公务员　　2）事业单位干部　　3）教科文卫人员
4）公司职员　　　　　5）企业管理人员　　6）企业工人
7）学生　　　　　　　8）个体经营者　　　9）家务劳动者

10）离退休人员　　　　11）其他_____

（5）个人月收入：_____

1）800 元以下　　　　　　2）800～1200（未含）元　　　　3）1200～1600（未含）元

4）1600～2000（未含）元　　5）2000～3000（未含）元

6）3000～5000（未含）元　　7）5000 元以上

（6）姓名：_____

（7）电话：_____

（8）地址：_____市_____区_____路（街）_____幢_____号

1. 调查问卷的设计

1）调查问卷的结构。调查问卷的结构一般有标题、说明、内容、编码、被调查者基本情况和作业证明记载这 6 个方面：

① 问卷标题是概括说明调查的主题，使被调查者对所要回答的问题有一个概括性的了解。

② 问卷说明是向被调查者说明调查人员的身份、调查目的、调查的意义、调查的主要内容、问卷填写的有关要求及合作的意义等。

③ 调查内容是向调查者所要了解的基本内容，也是调查问卷中最重要的部分。

④ 编码是指编写的数字代码。

⑤ 被调查者基本情况主要反映被调查者的一些基本特征。

⑥ 作业证明记载。

2）提问的措辞。在实际调查中，针对同一个问题，往往会因为措辞的差异产生截然相反的效果。一般在斟酌措辞时应注意：

① 尽量使用语意具体、简明、清晰、准确的词语，避免使用含糊的形容词、副词，特别是在描述时间、数量、频率、价格等情况的时候。

② 尽量少使用专业术语，使提问更加通俗易懂、易于回答。

③ 尽量避免使用令人难堪的词语进行提问。

3）所提问题的顺序。所提问题顺序不同，被调查者回答的结果往往也会产生差异。一般说来，问卷中的问题应按一定的逻辑顺序排列，遵循先简单问题，后复杂问题；先次要问题，后主要问题；先事实性问题，后态度性问题和敏感性问题；总括性问题应先于特定性问题。另外，内容上应具有一定的连贯性，前后呈现递进关系，使被调查者易于回答。同时，由于访问的方式不同，问题的安排顺序也有一定的技巧。另外，涉及被调查者个人情况的资料应被列在调查问卷之后，避免引起被调查者的不满，影响调查效果。

4）设计问卷。被调查者接触问卷的第一印象，往往决定被调查者的合作态度和问卷的回收率，所以在设计问卷时应注意：

① 纸张的选择要好、印刷要精美，而且可适当配色并点缀一些小的图案，从而引起被调查者的重视，提高答卷质量和回收率。

② 纸张的大小要适宜，便于保管和携带。

③ 如果使用多页问卷时，应按顺序编号并编好页码，方便被调查者回答，也便于调查者进行统计整理。

5）对问卷进行试答并进行修改。一般说来，所有设计出来的问卷都可能存在一定的问题，因此，问卷设计结束后，应选择有经验的调查员，在小范围内进行试答，以便发现问题，进行修改。

6）定稿并印刷。根据小范围的试答情况，修改并完善问卷，进行定稿并大量印刷，以备调查之用。

2. 调查问卷的设计技巧

1）问卷开头的设计技巧。问卷的开头主要是指问卷的说明词部分，目的是引起被调查者的注意和兴趣，取得被调查者的支持和合作。通常开头设计技巧主要有：问卷要以书信的格式开头，称呼加冒号之后换行再书写其他内容，称呼要用尊称；语气要亲切、自然、诚恳、谦虚，使被调查者愿意合作；应注意说明调查的目的、意义、调查内容、问卷填写要求等，尤其应说明调查者的身份，身份说明可以放在开头，也可以放在说明的末尾，并标明单位地址、电话等，以增加信任感；另外，篇幅不宜过大，一般字数应在 200 字左右。

2）问卷主体部分的设计技巧。一般在进行问卷主体设计时应注意：

① 确定问题类型的技巧。利益点项目收集的问卷围绕利益点的重视度和满意度问题来设计，问题点项目收集的问卷围绕问题点的发生频率、重视度、解决度进行设计。

② 确定问题答案的技巧。一是选择有限顺位法（排队法）确定答案，二是确定答案的具体项目为 4 个较合适。

3）问卷结尾的设计技巧。问卷的结尾很简单，如果是面谈访问或电话访问，一般可不必设计结尾，可以直接用语言表达谢意。如果是寄卷访问或面卷访问，一般注明调查人员姓名、调查时间、调查地点等，同时还应对被调查者的合作表示感谢，必要时还可以留下被调查者的联系方式。由于一般人不愿意向别人透露自己的姓名、身份和电话，所以，如果想了解相关信息，态度要诚恳，语气要委婉。

【做一做】

工作任务 1-12 电动自行车用控制器期望利益点调查问卷的设计

文稿标题：电动自行车用控制器期望利益点调查问卷

要求：根据利益点构造分析法，设计电动自行车用控制器期望利益点调查问卷。

工作任务 1-13 电动自行车用控制器问题点调查问卷的设计

文稿标题：电动自行车用控制器问题点调查问卷

要求：根据问题点调查法，设计电动自行车用控制器问题点调查问卷。

1.2.4 市场抽样调查方式

市场调研方式分全面调查、重点调查、典型调查和抽样调查，在这里只介绍抽样调查。抽样调查是按照一定的方式，从调查总体中抽取部分样本进行调查，并根据调查结果推断总体的一种非全面调查。有效的抽样必须要考虑以下要点。

（1）调研总体

调研总体是指所要调查对象的全体。

（2）样本单位

样本单位简称样本，是从调研总体中抽选出来所要直接观察的全部单位。有时是个人，有时是家庭，有时是公司等。

（3）抽样框

抽样框是代表调研总体对象的样本列表。完整的抽样框中，每个调研对象应该出现一次，而且只能出现一次。完整的抽样框是存在的，但大部分情况下，调研人员无法获得完整的抽样框。抽样框的不完整，导致了抽样框误差的产生，但可以通过保证样本的代表性，使误差在合理的范围之内。

（4）常用的抽样方法

常用的抽样方法分类如下。

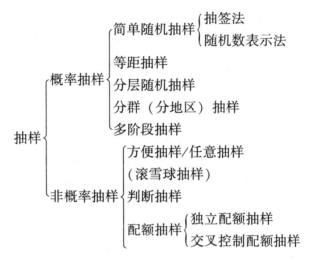

抽样设计作为调研设计的有机组成部分，总是根据调研方法的不同而采取不同的抽样技术。

由于调研的时效性要求越来越高，调研的频率也越来越频繁，调查人员也常采用非随机（概率）抽样技术，就是在抽样时加进研究人员自己的判断、把不符合要求的样本一开始就剔除在外。其中拦截时进行样本甄别是必需的，而甄别时进行样本配额控制也十分方便，因此采用了配额抽样技术，也就是说，要控制不同性别、不同年龄段和不同收入的被访者的比例。这可以大大降低访问的难度，节省费用，但缺少了随机性，所以配额抽样属于非随机抽样。

（5）样本量

样本量的确定原则是控制在必要的最低限度。样本量足以让调研者发现问题或获知解决问题的信息，这是希望的最低限度样本量。

（6）抽样实施计划

把上述各步的决定形成书面文字，并且特别详细地说明遇到各种特殊情况时的处理办法，这就是一份指导抽样员执行现场抽样的材料。

（7）抽样实施

抽样员在实施抽样过程中，要求腿勤、嘴勤、手勤。尤其是现场抽样，要完全熟悉抽取背景、抽样区域后，再进行抽样。

1.2.5　市场调研工具

市场调研工具是指配合市场调研而使用的工具，如记录笔、访问夹、手提袋（装文件）、手表（记录访问时间）、访谈提纲、录音设备、调查问卷等。

1.2.6　市场实地调研的基本技巧

（1）避免面访开始就遭拒访

自我介绍要按规范的形式进行，这是访问员和被调查者的首次沟通，对是否能顺利面访是一个关键的环节。通常在问卷设计中已精心编写了开场白（自我介绍词）。

访问员自我介绍时，应该快乐、自信，如实表明访问目的，出示身份证明。有效地开场白可增强潜在的被调查者的信任感和意愿。

如果被访者以"没有时间"拒访，访问员要主动提出更方便的时间，如傍晚6点，而不是问被访者"什么时间合适"。

另外，访问员的仪表、调查时间和调查地点的选择也非常重要。

（2）避免面访中途遭拒访

如选择适当的面访时间，可以减少或避免拒访的尴尬现象；被调查者如果要拒绝被访问，通常会找出许多借口，访问员要想出不同的对策。

如果被访者声称自己"不合格"或者"缺乏了解，说不出"，访问员应该告诉被访者："我们不是访问专家，调研的目的是让每个人有阐明自己看法的机会，所以你的看法对我们很重要。"

重要的是，找出被访者拒绝的原因并有针对性地说服。

（3）合理控制环境

理想的访问应该在没有第三者的环境下进行，但访问员总会受到各种干扰，所以要训练控制环境的技巧。

如果访问时，有其他人插话，应该有礼貌地说："你的观点很对，我希望待会儿请教你，但此时我只对被访者的观点感兴趣。"

访问员应该尽力使访问在脱离其他家庭成员的情况下进行。如果访问时由于其他家庭成员的插话，访问员得不到被访者自己的回答，则应该中止访问。

不要以为，一次访问有许多人的观点是好事，恰恰相反，这样的访问是无效的。

如果周围有收音机或电视机发出很大的噪声，访问员很难建议把声音关小。这时，如果访问员把说话声逐渐降低，被访者就注意到了噪声并会主动关掉。

有的被访者很难控制，他们不回答问题，一再声称自己不知道或没有意见，或者不停地谈与调研无关的事情。访问员要通过角色扮演实践来掌握战胜这类问题的技巧。

（4）保持中立

访问员的惊奇表情、对某个问答的赞同态度，这些都会影响到被调查者。

访问员在访问中，除了表示出礼节性兴趣外，不要做出任何其他反应。即使对方提问，访问员也不能说出自己的观点。要向被访者解释，他们的观点才是真正有用的。

还要避免向被访者谈及自己的背景资料。有的被访者好奇心强，一会儿问家庭，一会儿问工作。但即使对小问题的回答，也会影响访问的结果。实际上，访问员应该给出一个模糊的回答并鼓励被访者谈他们自己和他们的见解。

（5）提问与追问

访问员在访问过程中应按问卷设计的问题排列顺序及提问措辞进行提问。

如果第一次读问题，被访者没有理解，不要解释，慢慢重复一遍。提问速度的掌握也很重要。

对于开放题，一般要求充分追问。追问时，不能引导，也不要用新的词汇追问，要使被访者的回答尽可能具体。熟练的访问员能帮助被调查者充分表达他们自己的意见。追问技巧不仅给调研提供充分的信息，而且使访问更加有趣。

（6）记录

应该在访问过程中完成记录，如果来不及记录，应该放慢提问速度，并有意重复对方的话，有的访问员以为自己能记住，靠记忆在访问完成后才补填问卷，这是不允许的。

记录用的笔要有统一规定，因为问卷要经过很多程序，每个程序的笔是不同的，不要在记录时用红笔，那是编码用的颜色。

记录时，要写被访者的原话，不要用访问员自己的语言等。

（7）结束访问

当所有希望得到的信息都得到之后就需要结束访问了。此时，可能被访者还有进一步的自发陈述，他们也可能有新的问题，访问员工作的原则是认真记录有关的内容，并认真回答被访者提出的有关问题。总之，应该给被访者留下一个良好的印象。最后，一定要对被访者表示诚挚的感谢。

【做一做】

工作任务1-14 市场实地调查

要求：用利益点构造分析法定量调查问卷进行实地调查。

工作任务1-15 计算各个利益点的重视度、满意度和不足度

要求：列出利益点的重视度、满意度和不足度表、找出最高重视度、不足度。

工作任务1-16 市场实地调查

要求：用问题点调查法定量调查问卷进行实地调查。

工作任务1-17 计算每一个问题点的发生频率、重视度、未解决度，绘制问题点分析图

要求：

1）列出问题点的发生频率、重视度、未解决度表，找出高重视度、高发生频率的问题点。

2）以发生频率为纵轴，重视度为横轴，绘制问题点分析图。

模块 1.3　协助撰写市场调研报告

学习目标：

1）熟悉市场调研报告结构和格式。

2）熟悉市场调研报告内容。

3）熟悉撰写市场调研报告的步骤与技巧。

任务目标：

会协助撰写市场调研报告。

【案例导入】

新产品开发市场调研报告

1. 概要

（1）调研目的

1）企业准备在果汁饮料方面着手开发新的产品，为此必须先从市场方面获取有效的数据资料，通过对市场现有产品和消费的调查，为产品研发提供有效数据支持。

2）深入市场采集消费者消费习惯、爱好等一手资料，采用当前主流的4C整合营销理论，依据消费者的需求来决定新产品类型（口味、价格、包装及营销策略等）。

（2）调查范围和对象

1）调查范围　南方市场：上海、广东、福建；北方市场：沈阳、北京、西安。

2）调查对象　访问目标——消费者、营业员、经销商。以商场和超市购物的消费者、学校学生及市中心繁华地段流动人员为调查总体，从中进行随机抽取2000名消费者作为调查的具体对象。

（3）调研内容

调研饮料市场的消费者。

（4）调研方法

1）问卷调研；

2）直接访问调研：调研组成员现场访问。

（5）分析方法

统计方法。

2. 正文

由于竞争激烈、促销及宣传手段的趋同，传统的果汁饮料行业已进入微利时代，在此阶段，真正获得消费者的需求成为了决定胜负的因素。

（1）调研情况

调研问卷分为饮料选择依据、饮料类型、饮料包装、购买场所、××产品及"×××"品牌知名度等12个题目。其中11个题目采用封闭式设计，1个题目采用自由式设计，要求调查对象根据实际情况在各列的选项中选取一项或自由填写的方式作为对该题的回答。

调查问卷由调查组成员在商场和超市、学校及市中心繁华地段随机分发，当场回收。回收率为100%，有效率为87.60%。

（2）调研分析

1）消费者的性别构成。

1751名调查对象中男性消费者为882人，占总数的50.4%；女性消费者为869人，占总数49.6%，调查对象对性别的选取差别不大。

2）消费者的年龄组成。

如表1-5所示，35岁以下的消费者为1395人，占总数的79.7%，而36岁以上的消费者仅为385人，占总人数的20.3%，调查对象主要为饮料消费群的主力——年轻人。

表1-5　消费者的年龄组成

17岁以下 （人数/占比）	18~25岁 （人数/占比）	26~30岁 （人数/占比）	31~35岁 （人数/占比）	36~45岁 （人数/占比）	45岁以上 （人数/占比）
115/6.6%	791/45.2%	338/19.3%	151/8.6%	245/14.0%	111/6.3%

注：表中百分号为该年龄组人数在1751名调查对象中所占的百分比数，以下各表相同。

3）不同区域的消费者对××产品及"×××"品牌认知度不同。

如表1-6所列，不同区域的消费者对××产品及"×××"品牌认知度具有很大的差别。北方区域消费者对具有地方特色的××认知度在70%以上，对"×××"品牌的认知度也在65%以上，而对××及"×××"品牌不知道的仅在28%以下；南方区域消费者对××的认知度在62%左右，对"×××"品牌的认知度仅为56.7%，而对××及"×××"品牌不知道的高达36%以上。

表1-6　不同区域消费者对××产品及"×××"品牌认知度

认知	北方（人数/占比）			南方（人数/占比）		
	知道	听说过	不知道	知道	听说过	不知道
××产品	319/36%	330/37.2%	224/25.2%	203/23.3%	343/39.3%	327/37.5%
×××品牌	283/31.9%	306/34.5%	272/30.6%	145/16.6%	270/30.1%	313/35.9%

4）消费者对"×××"品牌认知渠道。

如表1-7所列，消费者在对"×××"品牌的认知，通过别人介绍的最多，占到了总数的40.0%；其次为电视与报刊，分别为25.6%和24.2%；其他方式的为10.1%。

表1-7　消费者对"×××"品牌认知渠道

认知渠道	电视	报刊	别人介绍	其他
人数/占比	347/25.6%	329/24.2%	543/40.0%	137/10.1%

5）新产品趋势。

①饮料类型趋势。如表1-8所列，消费者对饮料类型最喜好的仍是果汁饮料，占总人数的38.6%；其次为茶饮料与碳酸饮料，分别占总人数的23.2%和22.0%；保健饮料、运动饮料及其他仅为16.2%。

表1-8　消费者对6类饮料类型喜好程度

饮料类型	碳酸饮料	果汁饮料	茶饮料	保健饮料	运动饮料	其他
序号	1	2	3	4	5	6
人数/占比	411/22.0%	722/38.6%	434/23.2%	205/11.0%	88/4.7%	9/0.5%

② 影响消费者对饮料选择的因素。如表1-9所列，影响消费者对饮料的选择因素主要为饮料的口味，占到了总人数的38.7%；其次为品牌与广告，分别占总人数的20.7%和19.1%；消费者对价格并不十分看重，但也有部分消费群体，占总人数的11.4%；而对营养成分、优惠、赠品及其他方式影响不大，仅占10.1%。

表1-9　影响消费者对饮料选择的因素

影响因素	品牌	广告	口味	价格	营养成分	优惠/赠品	其他
序号	1	2	3	4	5	6	7
人数/占比	355/20.7%	327/19.1%	664/38.7%	196/11.4%	114/6.7%	52/3.0%	6/0.4%

③ 围绕"梨"汁样品不同性别在选择上的不同。如表1-10所示，男性对梨汁运动型饮料选择倾向最大，占到25.6%，其次为梨花蜂蜜饮料和梨汁保健型饮料分别占到21.9%和21.8%；女性对梨花蜂蜜饮料选择倾向最大，占到30.0%；其次为梨汁保健型饮料与梨汁运动型饮料，分别占到22.9%和18.6%；男性和女性对梨花型饮料与××花卉饮料的差别比较小，选择也都不是很大，分别为17%和12%左右。

表1-10　不同性别对梨汁饮料的接受程度

参考产品	梨花蜂蜜饮料	梨花型饮料	梨汁运动型饮料	梨汁保健型饮料	××花卉饮料
序号	1	2	3	4	5
男性（人数/占比）	193/21.9%	158/17.9%	226/25.6%	192/21.8%	97/11.0%
女性（人数/占比）	261/30.0%	154/17.7%	162/18.6%	199/22.9%	110/12.7%

④ 影响消费者对果汁和运动饮料选择的因素。如表1-11所列，消费者在对果汁饮料与运动饮料的选择中，所受影响的因素相差不大，影响消费者对果汁饮料选择的主要因素为富含维生素，占到总调查消费者的57.8%，而影响消费者对运动饮料选择的主要因素为补充矿物质，占到总调查消费者的56.4%，其次消费者对果汁饮料与运动饮料影响因素为口味，分别为29.5%和28.8%；而追求时尚型的消费者在果汁饮料与运动饮料所占比重并不大，仅为12.7%和14.8%。

表1-11　影响消费者对果汁和运动饮料选择的因素

影响果汁饮料因素	口味	富含维生素	时尚
人数/占比	504/29.5%	989/57.8%	217/12.7%
影响运动饮料因素	口味	补充矿物质	时尚
人数/占比	495/28.8%	968/56.4%	252/14.8%

⑤ 不同年龄段消费群对饮料口味的选择存在很大偏差。如表1-12所列，所有消费者对饮料口味的喜好排第1位的为偏甜，占到37.9%；其次为偏酸口味，百分比占到31.4%；在完全甜与酸口味上，完全甜口味的占22.5%，而酸性口味的仅占8.2%。不同年龄段消费者在选择饮料时，占首位的是偏甜口味，呈现出随年龄增长和喜好偏甜口味的消费者总数下降的趋势。

表 1-12　不同年龄消费者对饮料口味的选择存在的偏差

口味	19 岁以下	20～30 岁	31～45 岁	46 岁以上	消费者对饮料口味的选择
甜	17.0%	19.5%	26.5%	22.4%	22.5%
偏甜	45.0%	40.2%	38.1%	34.7%	37.9%
偏酸	28.0%	33.3%	26.5%	34.7%	31.4%
酸	10.0%	7.0%	8.8%	8.0%	8.2%

⑥ 不同购买场所与不同材料外包装对消费者的影响。如表 1-13 所列，塑料瓶的外包装对消费者的影响仍占据着饮料包装材料的首位，占到 47.1%；其次为高档型的易拉罐包装，占到 29.4%；传统的玻璃瓶外包装占到 13.8%；利乐包仅占到 9.6%。消费者在饮料的购买场所上，商场和超市已经是消费者购物的首选场所，占到购买场所的 2/3，即 67.7%；传统的小卖部与冷饮摊已经退居到次要位置，分别占到 15.9% 和 13.0%，酒店则仅为 3.5%。

表 1-13　不同购买场所与不同材料外包装对消费者的影响

包装类型	玻璃瓶	塑料瓶	易拉罐	利乐包
人数/占比	244/13.8%	831/47.1%	519/29.4%	169/9.6%
购买场所	商场和超市	小卖部	冷饮摊	酒店
人数/占比	1195/67.7%	280/15.9%	229/13.0%	62/3.5%

(3) 调研结果

这次×××年饮品新产品开发的消费者调研中，共计发出调查问卷 2000 份，回收 2000 份，回收率为 100%；有效问卷为 1751 份，有效率为 87.6%。统计分析表明，本次调研按性别构成分，男性消费者为 882 人，占 50.4%；女性消费者为 869 人，占 49.6%。按年龄段分，35 岁以下的消费者为 1395 人，占的 79.7%，而 36 岁以上的为 385 人，占 20.3%，体现了饮料消费群的主力军为年轻人。在不同区域的消费者对不同品牌认知度具有很大差别。北方区域综合认知度比较高，在 68% 以上；而南方区域综合认知度比较低为 58% 左右。消费者对 "×××" 品牌的认知多是通过别人介绍，占到 40.0%；电视与报刊方式两项相加不到 50%。消费者在对饮料类型最喜好的仍是果汁饮料，占到 38.6%。而在果汁饮料的影响因素中，又以富含维生素为首选，占到 57.8%。在运动饮料的影响因素中，以补充矿物质为首选，占到 56.4%。消费者对饮料选择的首选因素是饮料的口味，占到 38.7%，其次为品牌与广告，分别占总人数的 20.7% 和 19.1%。在 "梨" 计样品中，不同性别在选择上的不同，男性对梨汁运动型饮料选择倾向比较大，占到 25.6%，女性则对梨花蜂蜜饮料选择倾向比较大，占到 30.0%。而不同年龄段消费群对饮料口味选择也存在很大偏差，消费者对饮料口味的喜好占比最多的为偏甜，占到 37.9%，但偏甜口味呈现出随年龄增长消费者总数下降的趋势。消费者在饮料的购买场所上，商场和超市已经是消费者购物的首选场所，占到购买场所的 2/3。塑料瓶外包装已经是影响消费者选择的首要因素，占到 47.1%；其次为高档型的易拉罐包装，占到 29.4%。因此，可以说，在饮料进入竞争激烈的微利时代，只要我们能真正获得消费者的需求，为 "×××" 品牌后续营销策略和新产品开发提供可行依据，就会成为激烈竞争中的胜利者。

从本案例中可以看到，市场调研报告是以书面表达的方式把市场调查所获取的信息进行分析研究后形成的书面报告，它是市场调查结果的集中体现。市场调研报告与调研资料相比，便于阅读，能将死数字进行灵活分析，起到透过现象看本质的作用。

1.3.1 调研报告的结构和内容

市场调研报告从格式上一般由题目、目录、概要、正文及附件等几个部分组成。

（1）题目

题目就是调研报告的标题。拟定标题一般应注意语言要简单明了，内容要高度概括，揭示调查的主题思想，以提高调研报告的吸引力。标题一般可单设一页，标题页一般可以作为调研报告的封面，创造一种专业形象，以吸引读者。

标题的写法灵活多样，既可以采用单标题，也可以采用双标题，即正、副标题。

标题在写作方法上可采取 3 种形式，一是"直叙式"标题，就是直接叙述调研地点、调研意向、调研内容等方面的标题；二是"表明观点式"标题，即直接表明调研者的观点、看法，或对某事物的判断和评价；三是"问题式"标题，即以设问、反问等形式提出标题。

（2）目录

目录是关于报告中各项内容的一览表。如果调研报告的内容较多，为方便读者阅读，应使用目录形式列出报告各章节标题及页码，如果调研报告页数较少，目录也可省略。但如果列有目录，篇幅最好以一页为宜。

（3）概要

概要是对调研活动所获得的调研结果的概括性说明。概要是调研报告中十分重要的一部分，是报告的阅读者重点阅读的部分。

概要主要应阐述市场调研的主要结果，包括简单介绍调研目的、调研对象、调研内容、调研方法及分析方法等。

在撰写概要时一定要注意，虽然概要的位置是在调研报告的最前面，但是一般是调研报告完成后最后才写的部分。

（4）正文

正文是报告的主要部分，一般结构包括调研情况、调研分析、调研结果、建议；内容包括引言、论述和结尾 3 个部分。

1）引言。引言即调研报告的开头，其形式有：开门见山，揭示主题；结论先行，逐步论证；交代情况，逐层分析；提出问题，引入正题。开头的方式灵活多样，可根据具体情况进行选择。

2）论述。论述部分是调研报告的核心，应根据调研所掌握的资料进行分析、说明现象的产生、发展、变化的过程，揭示原因、表明结果、提出意见和建议。

3）结尾。结尾部分是调研报告的结束语，可以采用概括全文、形成结论、提出看法和建议、展望未来、说明意义等形式结尾。

（5）附件

附件是指调研报告正文没有提及但与正文有关的附加说明部分，以备读者参考。附录的目的基本上是列出必要的有关资料，这些资料可用来论证、说明或进一步阐述已经包括在报告正文之内的资料，每个附录都应编号。在附录中出现的资料种类常常包括：调研问卷，抽样有关细节的补充说明，原始资料的来源，调研获得的原始数据图表等。

1.3.2　撰写市场调研报告的步骤与技巧

（1）撰写市场调研报告的步骤

1）构思。调研报告的构思是根据思维运动的基本规律，从感性认识上升到理性认识的过程。它主要包括三个阶段：

① 通过收集到的资料，初步认识客观事物；

② 通过调研中获得的实际数据资料及各方面背景材料，认识客观事物；

③ 在认识客观事物的基础上，确立主题思想，确立观点，列出论点、论据，作出正确的结论。

2）选材。调研报告的选材就是要围绕主题研究选取数据资料，有无丰富的、准确的数据资料做基础，这是撰写报告成败的关键。

3）拟订提纲。主体明确后，应先构思好报告的整体框架，并将这种框架转变为具体的撰写提纲。设计和拟订提纲，可以帮助我们找到撰写调研报告的最佳方案，调研报告的主题是否突出，表现主题的层次是否清晰，材料的安排是否妥当，内在的逻辑联系是否紧密等，都可以在拟订提纲时解决。

4）写出初稿。根据写作提纲的要求，由单独一人或数人分工负责撰写初稿，对初稿各部分的写作格式、文字数量、图表和数据要协调，要统一控制。

5）定稿。写出初稿后，一般需要修改才能定稿，修改包括内容的修改和文字的润饰。内容的修改一般在对问题作进一步的研究思考或听取意见后进行，文字的润饰则是逐字逐句地推敲，使语言简洁通畅。无论是对内容还是形式的修改，都要认真进行，不可忽视。

（2）撰写市场调研报告的技巧

文字表达技巧包括叙述、说明、议论、语言运用四个方面。

1）叙述技巧。市场调研报告中常用的叙述技巧有概述叙述、按时间顺序叙述、叙述主体的省略三种。

2）说明技巧。市场调研报告常用的说明技巧有数字说明、分类说明、对比说明、举例说明。

3）议论技巧。市场调研报告中常用的议论技巧有归纳论证和局部论证。

4）语言运用技巧。包括用词技巧和句式技巧。用词中应以数词、专业用词显示特色，句式中应大量使用陈述句。

总之，一篇好的调研报告应该是观点准确、材料恰当、论据充分；能够用数据和事实说话；重点突出，中心明确；结构合理，层次分明，条理清晰；采用叙述、说明、议论相结合的表达方式；修辞方法恰当，语句精练、生动，富有说服力；能够将定量分析和定性分析相结合，数据资料和文字表达相结合，充分体现调研报告的价值和水平。

【想一想】

1）如何撰写市场调研报告？

2）撰写市场调研书面报告应注意哪几个基本要素？

【做一做】

工作任务1-18 协助撰写电动自行车用控制器新产品开发市场调研报告

文稿标题：电动自行车用无刷直流电动机控制器新产品开发的市场调研报告

要求：

1）根据市场调研报告格式、内容，以及撰写市场调研报告的步骤与技巧，撰写出电动自行车用无刷直流电动机控制器新产品开发的市场调研报告。

2）市场调研报告由题目、目录、概要、正文及附件等几部分构成，其中附件包括：

① 电动自行车期望利益点的调研提纲；

② 电动自行车问题点的调研提纲；

③ 电动自行车用控制器期望利益点；

④ 电动自行车用控制器问题点；

⑤ 电动自行车用控制器期望利益点调查问卷；

⑥ 电动自行车用控制器问题点调查问卷；

⑦ 有关抽样细节的补充说明；

⑧ 原始资料的来源；

⑨ 各个利益点的重视度、满意度和不足度表；

⑩ 各个问题点的发生频率、重视度、未解决度表；

⑪ 问题点分析图。

项目 2　协助拟定产品标准

学习目标：

1）熟悉电子产品的基础知识。

2）熟悉电子产品的功能需求及软件实现。

3）熟悉电子产品的国家或行业标准。

4）熟悉标准的编制方法。

5）熟悉标准结构和编写

任务目标：

1）会熟练使用产品标准编写模版 TCS2009 软件。

2）会协助拟定目标电子产品标准。

3）会协助撰写目标电子产品标准文件。

模块 2.1　控制系统的认知

1. 电动自行车基础知识

目前市场上国产电动自行车的品种规格较多，驱动器多数用有刷或无刷的轮式直流电动机，工作电压为 36V 或 48V，功率在 180W～500W 之间；蓄电池一般用的是免维护铅酸电池，容量为 12Ah、17Ah 和 20Ah，充电时间在 3～8h 之间，充电一次行驶里程约 50km，车速低于 20km/h，爬坡能力在 4°以下；车型有简易型和豪华型，车重约 35kg，载重约 70kg，百公里耗电量 1kW 左右。

（1）电动自行车的构成

电动自行车主要由四个部分组成：车架、电源（蓄电池）、驱动电动机和控制系统。车架部分不作讨论，其他部分介绍如下。

1）电源（蓄电池）。电源为电动自行车动力系统及控制系统提供能量。蓄电池的电能容量、伏安特性、寿命等质量因素对整个动力系统有非常大的影响。目前电动自行车用蓄电池基本是经济实惠的铅酸电池。大多数电动自行车采用 48V 17Ah、48V 20Ah 铅酸电池，在 JB/T 10888—2008《电动自行车及类似用途用电动机技术要求》中电动机与蓄电池的配对建议见表 2-1。环保效能更好的镍氢电池和锂电池则因为成本较高，导致配载这两种电池的电动自行车售价偏高。

2）驱动电动机。电动自行车使用的电动机一般是轮毂电动机，具体又细分为：有刷无齿、有刷有齿、无刷无齿和无刷有齿。如果将电动机、辐条、车圈做成一体，称之为一体化轮毂电动机。电动机辐条、车圈分开的，受冲击时缓冲性好于一体化的，但坚固程度不如一体化的。电动自行车电动机普遍选择无刷直流电动机（BLDCM），采用这种电动机的原因在于控制方法较简单，整车成本相对低廉，控制性能可以满足自行车要求。无刷直流电动机没有电刷和换向器，而在寿命、安全方面比较优越。而轮毂驱动中又以后轮驱动为好，前轮驱动性能相对较差。绝大多数电动自行车采用的是直流轮毂电动机，它们为外转子式，这样定子可以固定在轴承上，非常适用于电动车的驱动。无刷直流电动机分为有位置传感器和无位置传感器的无刷直流电动机。目前电动车行业内使用的无刷直流电动机，普遍采用有位置传感器的无刷直流电动机。

表 2-1　电动机与蓄电池的配对表

电动机额定功率	蓄电池容量/（A·h）
36V　180W	10、12
36V　240W	12、14
48V　240W	10、12
48V　350W	17、20
48V　500W	24、32

3）控制系统。控制系统包括电源开关、调速手把、左（前）闸把（刹把）、右（后）闸把、控制器等。控制器是电气系统的核心，通过对各种信号的处理，有效地控制送往电动机的电流，控制电动机旋转速度，并对整车的电气系统进行有效的保护。

（2）电动自行车工作原理

电动自行车由蓄电池提供电能，通过调速手把（转把）、左闸把、右闸把和控制器将受控的电流输送到电动机，使电动机旋转，驱动自行车起动、加速、减速或停车等。电力驱动部分结构及控制器原理示意图如图 2-1 所示。

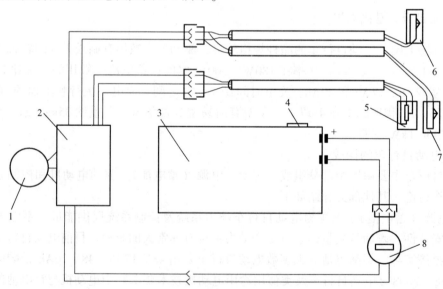

图 2-1　电力驱动部分结构及控制原理示意图
1—电动机　2—控制器　3—蓄电池组　4—充电器插座　5—调速手把（转把）
6—左闸把　7—右闸把　8—电源开关

蓄电池输出的电流，流经控制器并被输送到电动机，其电流将受到以下几方面的控制：

1）调速手把（转把）。旋转调速手把将调速信号输送到控制器，控制电动机的起动、加速、减速、停止转动等。

2）左、右闸把。在捏动左、右闸把中的任意一个闸把时，将制动信号输送到控制器，控制器立即切断输送到电动机的电流，电动机失去旋转动力，继续捏闸把实现电动自行车的减速或制动。

3）控制器。控制器除接受上述信号实现调速、切断电动机电流外，还设有欠电压和过电流保护。当蓄电池电压过低或电动机过载、电流过大并达到了设定值时，控制器便自动切断电源停止供电，以保护蓄电池和电动机。

4）电动自行车的主要技术要求。在 GB 17761—1999《电动自行车通用技术条件》中对电动自行车的主要技术要求规定如下：

① 电动自行车最高车速应不大于 20km/h。

② 电动自行车整车重量应不大于 40kg。

③ 电动自行车必须具备脚踏骑行功能，30min 的脚踏行驶里程应不小于 7km。

④ 电动自行车一次充电后的续行里程应不小于 25km。

⑤ 电动自行车的制动功能。当以最高车速行驶时干态制动距离应不大于 4m，湿态制动距离应不大于 15m。

⑥ 电动机的额定连续输出功率应不大于 240W。

⑦ 蓄电池标称电压应不大于 48V。

⑧ 电动自行车轮胎宽度应不大于 54mm。

⑨ 电动自行车车体各个部件（电器部件除外）的质量要求、安装尺寸，一律执行自行车行业相关标准。

⑩ 电动自行车的安全标准执行《GB 3565—2005 安全要求》的规定。

以上几项技术条件中"①、②、③"项是电动自行车最重要的技术特征。如果电动自行车车速超过 20km/h，将不属于非机动车；不具备脚踏骑行功能，就不属于电动自行车，而是机动车。

2. 无刷直流电动机系统的基本结构与工作原理

（1）无刷直流电动机系统的基本结构

以电流驱动模式的不同将永磁无刷直流电动机分为两大类：方波驱动电动机和正弦波驱动电动机。前者称之为无刷直流电动机（BLDCM）或电子换相直流电动机（ECM），后者曾有人称之为无刷交流电动机（BLACM），现在常称之为永磁同步电动机（PMSM）。无刷直流电动机是方波（或梯形波）电流驱动，而永磁同步电动机是正弦波电流驱动。

有位置传感器的无刷直流电动机，在电动机内部安装有霍尔位置传感器，用来检测转子在运行过程中的位置变换，永磁体被安装在转子侧，转子位置传感器与电子换向线路替代了有刷直流电动机的机械换向装置，这种有位置传感器的无刷直流电动机系统的结构框图如图 2-2 所示。

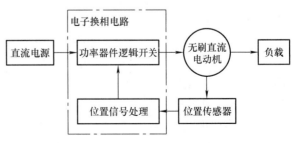

图 2-2　无刷直流电动机系统的结构框图

当无刷直流电动机的定子绕组的某一相通以电流时，该电流与转子永久磁钢的磁极所产生的磁场相互作用而产生转矩，驱动转子旋转，再由位置传感器将转子磁钢位置信息变换成电信号，去控制功率驱动电路，从而使各相定子绕组按照一定的次序导通。驱动电路中的功率开关器件的导通次序是与转子转角同步的，从而起到了机械换向器的换向作用。

无刷直流电动机转子的永久磁钢与永磁有刷电动机中所使用的永久磁钢的本质作用相似，都是在电动机的气隙中建立足够的磁场，其不同之处在于无刷直流电动机中永久磁钢装在转子上，而有刷电动机的磁钢装在定子上。

无刷直流电动机的电子开关线路是用来控制电动机定子上各相绕组通电的逻辑顺序和先后时间，主要由功率器件逻辑开关单元和位置传感器信号处理单元两个部分组成。功率器件逻辑开关单元是控制电路的核心，其功能是将电源的功率以一定的逻辑关系分配给无刷直流电动机定子上各相绕组，使得电动机产生持续不断的转矩。而各相绕组导通的顺序和时间主要取决于来自位置传感器的检测信号。但位置传感器所产生的信号一般不能直接用来控制功率逻辑开关单元，往往需要经过一定的逻辑处理后才能去控制逻辑开关单元。综上所述，组成无刷直流电动机系统的各主要部件框图，如图 2-3 所示。

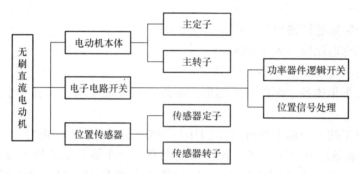

图 2-3　无刷直流电动机系统的各主要部件框图

（2）无刷直流电动机系统的工作原理

三相无刷直流电动机的定子绕组一般是由 3 个空间完全对称的单相绕组组成的，三相绕组采用星形接法。电动机的转子上粘有已充磁的永磁体，为了检测有位置传感器的无刷直流电动机转子的极性，从而反馈电动机位置信号。

无刷直流电动机系统的控制原理如图 2-4 所示，通过电动机内部的转子位置传感器的反馈信号得到电动机当前的位置信号，控制器根据转子的位置反馈信号输出驱动信号，通过换相驱动电路导通功率逆变器的相应功率管，从而实现对电动机三相绕组的通电。

对应于常见的三相桥式逆变器的六种状态的工作方式，在 360°（电角度）的一个电周期时间内，可将其均分为六个区间，或者说，三相绕组导通状态分为六个状态。三相绕组端 A、B、C 连接到由六个大功率开关器件组成的三相桥式逆变器三个桥臂上。绕组为星形接法时，这六个状态中任一个状态都有两个绕组串联导电，一相为正向导通，一相为反向导通，而另一相绕组端对应的三相桥式逆变器桥臂上两器件均不导通。这样，观察任意一相绕组，它在一个电周期内，有 120°是正向导通，然后 60°为不导通，再有 120°为反向导通，最后 60°是不导通的。

设无刷直流电动机的开始导通的是 A、B 两相绕组，此时功率管 VT_1 和 VT_6 导通，电流由 A 相流入，由 B 相流出。这种状态下维持 60°电角度后开始换相，VT_6 关断，VT_2 导通，

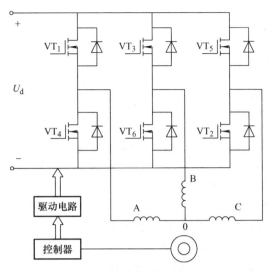

图 2-4　无刷直流电动机系统工作原理

此时导通相为 A、C 相，电流由 A 相流入，由 C 相流出，这种状态下维持 60°电角度后又开始换相，依次类推，整个过程形成了三相六拍状态，各功率管的导通顺序为：$VT_1VT_6 \rightarrow VT_1VT_2 \rightarrow VT_3VT_2 \rightarrow VT_3VT_4 \rightarrow VT_5VT_4 \rightarrow VT_5VT_6 \rightarrow VT_1VT_6 \cdots$电流状态由 AB、AC、BC、BA、CA、CB 形成 6 个状态，每个状态维持 60°电角度，每相绕组导通 120°电角度，则控制过程逻辑状态如表 2-2 所示。其中 H_1、H_2 和 H_3 是对应的霍尔位置传感器输出的逻辑电平。

表 2-2　三相无刷直流电动机顺时针导通顺序表

电角度	0°~60°	60°~120°	120°~180°	180°~240°	240°~300°	300°~360°
三相绕组	A		B		C	
通电顺序	B	C		A		B
VT_1	导通					
VT_2		导通				
VT_3			导通			
VT_4				导通		
VT_5					导通	
VT_6	导通					导通
电角度	0°~60°	60°~120°	120°~180°	180°~240°	240°~300°	300°~360°
电流流向	A→B	A→C	B→C	B→A	C→A	C→B
H_1	1	1	0	0	0	1
H_2	0	1	1	1	0	0
H_3	0	0	0	1	1	1

（3）无刷直流电动机用霍尔传感器

在矩形波驱动的永磁无刷直流电动机中，只需要离散的转子位置信息，即有限个数的换相点时刻即可。所以采用简易型的位置检测器就可以，因为对检测转子位置的分辨率要求低得多，所以成本也较低。

位置传感器的作用是检测主转子在运动过程中对于定子绕组的相对位置，将永磁转子磁场的位置信号转换成电信号，为逻辑开关电路提供正确的换相信息，以控制它们的导通和截止，使电动机定子绕组中的电流随着转子位置的变化而按次序换相，形成气隙中步进式的旋转磁场，以驱动永磁转子连续不断地旋转。

1）开关型霍尔集成电路。开关型霍尔集成电路传感器是无刷直流电动机最主要使用的转子位置传感器，由电压调整器、霍尔元器件、差分放大器、施密特触发器和输出级等部分组成的集成电路。其输出为与开关（逻辑）信号。霍尔开关的输入信息是以磁通密度 B 来表征的，当芯片法线方向上的 B 值增大到一定的程度后（动作值 B_{op}），霍尔开关内部的触发器翻转，霍尔开关的输出电平状态也随之翻转为低电平；当 B 值降低到低于返回值 B_{rp}，霍尔开关的输出为高电平。动作值 B_{op} 与返回值 B_{rp} 之差称为回差。输出端一般采用集电极开路输出，能够与各种类型电路兼容。

2）锁存型霍尔集成电路。开关型霍尔集成电路中有一种称为锁存型霍尔集成电路，其特征为：动作值和返回值相对 S 极和 N 极磁场是对称动作的，有 $B_{op} \approx -B_{rp}$。例如 UGN3175 锁存型霍尔集成电路就是这样的双极性对称的开关霍尔集成电路。锁存型霍尔集成电路典型的输出特性如图 2-5 所示。大多数霍尔集成电路的极性是这样规定的：当永磁体的 S 极面向霍尔集成电路标志面时，磁通密度 B 定义为正。其输出特性是：当 B 为正，并大于

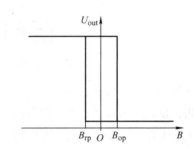

图 2-5　典型锁存型霍尔集成电路输出特性

动作值 B_{op} 时，霍尔集成电路输出 U_{out} 为低电平，即逻辑 0；当 B 为负，并小于返回值 B_{rp}，霍尔集成电路输出 U_{out} 为高电平，即逻辑 1。这种霍尔集成电路在转子磁场交替变化下，输出波形占空比接近 1∶1，符合无刷直流电动机对位置传感器的要求。因此，作为无刷直流电动机位置传感器采用锁存型霍尔传感器集成电路比一般的开关型霍尔集成电路更为合理。

由于输出特性图的动作值 B_{op}、返回值 B_{rp} 和实际使用的磁通密度 B 相比都很小，在确定霍尔传感器位置时，可以忽略其回差，将锁存型霍尔集成电路的输出特性理解为：当霍尔集成电路标志面面向永磁体的 S 极时，其输出为逻辑 0，当霍尔集成电路标志面面向永磁体的 N 极时，其输出为逻辑 1。

3）位置传感器的安装方式。霍尔位置传感器有两种安装方式，一种是与电动机本体分离的安装方式。无刷直流电动机的霍尔位置传感器可以和电动机本体一样，也是由静止部分和转动部分组成，即位置传感器定子和传感器转子。它可以直接利用电动机本体的永磁转子兼作传感器转子，也可以在转轴上另外安装传感器专用的永磁转子，它与电动机转子有相同的极数，一同旋转，用以指示电动机转子的位置。若干个霍尔集成电路按一定的间隔距离安装在传感器定子上，将几个霍尔片及一些阻容元器件焊接在一块印刷电路板上是常见方法，再将电路板安装到定子支架或端盖上。单独安装方式便于调整传感器定子的位置，类似于有刷直流电动机中调节炭刷架那样，便于找到正确位置；或为了调整初始角使之提前导通达到较好运行效果。因此单独安装的霍尔位置传感器显然比较麻烦，但是其灵活性要高一些。

另外一种安装方式是与电动机本体一体安装方式，将霍尔芯片直接安装在定子铁心的槽口或齿顶的凹槽上。这种方式可以节省空间，但容易受到定子电枢反应磁场变化的干扰和发热的影响。电动自行车用无刷直流电动机的霍尔位置传感器的安装就采用这种方式。通常将

霍尔集成电路芯片放在定子气隙处（例如，位于定子铁心槽口，或齿顶开槽，或线圈骨架靠近铁心处），以便利用电动机转子磁极和磁场作为霍尔位置传感器的转子磁极和磁场；并且约定：霍尔电路标志面向外，朝向磁极；并且假定选用的霍尔集成电路在芯片封装时内部霍尔敏感元器件是准确放置在芯片中线位置的。

（4）电动自行车用电动机的额定值

电动自行车用电动机的5项重要额定参数（电气性能）是指额定功率或转矩、额定电压、额定转速、额定电流和额定效率。标准规定这5项额定参数是出厂检验和型式检验时的必检项目。

以下将对标准中的额定参数要求予以说明。

1）额定功率。在 JB/T 10888—2008《电动自行车及类似用途用电动机技术要求》中规定了额定功率（输出功率）的等级为 120W、150W、180W、240W、350W、500W、800W、1000W、1200W、1500W。

2）额定电压。在 JB/T 10888—2008 中规定电动机的额定电压等级规定为 24V、36V、48V、60V、72V 五种，这些电压等级是参考铅酸蓄电池和镍镉、镍氢蓄电池组的标称值制定的。无刷直流电动机的额定电压是指加在控制器输入端的电压，其控制器输出电压的占空比为100%。

3）额定转速。对于一台电动机，转速是由电压和功率决定的，并只有唯一的对应关系。对于有减速机构的电动机，应当指明额定转速是电动机轴上的还是减速机构输出轴（或轮毂）上的。

4）额定电流。额定电流是指在额定电压、额定功率及相应转速下的电流。电流是由电压和功率决定的，并只有唯一的对应关系。

5）额定效率。额定效率是指在电动机在额定电压、额定功率及相应转速下的效率。

电动机的功率、转矩、电压、转速、电流、效率6个变量中只有4个是独立的自变量。

电动机额定功率与额定转矩的关系见表2-3，电动机的效率和输出功率的关系见表2-4。

表2-3　电动机额定功率与额定转矩的关系

电动机额定功率 P/W	额定转矩/（N·m）
$120 < P \leq 180$	≥ 5
$180 < P \leq 240$	≥ 6
$240 < P \leq 350$	≥ 8
$350 < P \leq 500$	≥ 10
$500 < P \leq 800$	≥ 12
$P > 800$	≥ 15

表2-4　电动机的效率和输出功率的关系

电动机种类	60%额定输出功率时的效率 η_2（%）	100%额定输出功率时的效率 η_1（%）	130%额定输出功率时的效率 η_3（%）
电动车用无刷无齿直流电动机	74	81	78
电动车用有刷无齿直流电动机	67	75	72
电动车用无刷有齿直流电动机	70	78	75
电动车用有刷有齿直流电动机	67	75	72

电动机种类	60%额定输出功率时的效率 η_2（%）	100%额定输出功率时的效率 η_1（%）	130%额定输出功率时的效率 η_3（%）
分离式无刷直流电动机	67	75	72
倒置式无刷直流电动机	67	75	72
电动三轮车用无刷直流电动机	67	75	72
电动三轮车用有刷直流电动机	67	75	72
其他类似用途无刷直流电动机	67	75	72
其他类似用途有刷直流电动机	67	75	72

注：1. 无刷直流电动机的效率是带控制器进行测试的。

2. 分离式电动机的效率是带减速器进行测试的。

3. 电动自行车用无刷直流电动机控制器

（1）电动自行车用控制器硬件系统框图

电动自行车用控制器硬件系统的总体控制原理框图如图2-6所示，无刷直流电动机处于两相导通、三相六状态工作方式。单片机接收电动自行车转把给定的速度信号，并根据电流反馈调整输出的PWM（脉冲宽度调制）信号的占空比，控制着电动机转子的转速。无刷直流电动机内部的霍尔元器件的输出信号经过位置信号检测电路，将电动机转子的当前位置反馈给单片机，单片机根据此反馈信号计算出电动机的转速，同时输出对应的换相信号。驱动电路根据单片机的输出指令控制三相桥式逆变器电路中上、下功率管的导通顺序和导通时间，实现对无刷直流电动机的转速调节。

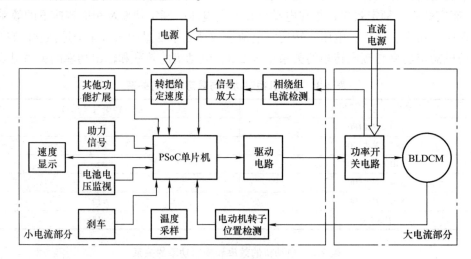

图2-6　电动自行车用控制器硬件系统框图

（2）可编程片上系统（PSoC）简介

PSoC（Programmable System On Chip）是美国赛普拉斯半导体有限公司推出的新一代功能强大的8位可配置的嵌入式单片机，它的出现使设计者逐步摆脱了板级电子系统设计方法层次而进入芯片级电子系统设计。

PSoC 与传统单片机的根本区别在于其内部集成了数字模块和模拟模块，用户可以根据不同设计要求调用不同的数字和模拟模块，完成芯片内部的功能设计，实现使用一块芯片就可以配置成具有多种不同外围元器件的微控制器，从而建立一种可配置式嵌入式微控制器，用以实现从确定系统功能开始，到软/硬件划分，并完成设计的整个过程。因此，PSoC 能够适应非常复杂的实时控制需求，使用它进行产品开发可以大大提高开发效率，降低系统开发的复杂性和费用，同时增强系统的可靠性和抗干扰能力，特别适用于各种控制和自动化领域。

PSoC 的另一个重要特性就是具有动态重新配置能力，在设计时可以调用已构建的模块，将之组合成需要的模拟的或数字的外围设备，就好像是现场可编程门阵列（FPGA）设计中做的一样，即使是在系统运行时，也可以对其硬件进行升级。也就是说，当 PSoC 芯片工作时，根据系统不同时刻的需求，可以通过编程动态地改变存储在片内闪速存储器中设定的参数，重新定义系统所需要的功能模块的种类和数量，动态地完成芯片上资源的重新分配，实现新的外围元器件的功能。PSoC 的这种动态重新配置能力大大增强了芯片的灵活性，提高了芯片资源的使用效率，节约了成本，给设计人员带来极大的便利。

选用 PSoC 系列中的 CY8C24533 作为系统的主控芯片，十分适合产品低成本的需要。

综上所述，PSoC 将传统的单片机系统集成在一颗芯片里，并辅以外围的模拟和数字阵列，可供设计人员根据设计需要随意配置，从而减少了外围电路的设计，提高了设计效率，具有很大的灵活性和性价比。

（3）电动自行车用控制器产品型号的编制

1）控制器型号。在 JB/T 10888—2008 中，由产品名称代号、性能参数代号、控制器相位角代号和派生代号四个部分组成。

示例：

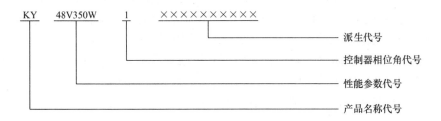

① 产品名称代号。控制器产品名称代号为：

KY 为有刷直流电动机控制器；KW 为无刷直流电动机控制器。

② 性能参数代号。性能参数代号为 5 位阿拉伯数字和 2 位英文字母。前 2 位阿拉伯数字为电动机额定电压值（单位为 V），第 3 位是字母 V，第 4~6 位是电动机额定功率值（单位为 W），第 7 位是字母 W。

③ 控制器相位角代号。相位角代号用 1 位阿拉伯数字表示。有刷电动机的代号为 0；无刷电动机的控制相位角为 60°的代号为 1，120°相位角代号为 2，60°和 120°相位角均能兼容的型式代号为 3，其他型式为 4。

④ 派生代号。派生代号由企业自行决定，建议可以根据控制器功能以及所用芯片等不同而定。

2）控制器型号。在 QB/T 2946—2008 中，由型式代号、电压等级、电流等级代号和派生代号四个部分组成。

示例：

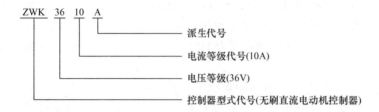

① 控制器型式代号。控制器型式代号定义为：

ZK 为有刷直流电动机控制器；WZK 为无刷直流电动机控制器；KCK 为开关磁阻电动机控制器；YCK 为永磁同步电动机控制器；YXK 为三相异步电动机控制器。

② 电压等级。电动机采用直流 24V、36V 和 48V。

③ 电流等级代号。控制器电流等级由两位阿拉伯数字组成，代表控制器母线电流最大安培数，不含小数位，不足两位的数在数字前面冠以 0。

④ 派生代号。用大写汉语拼音字母 A、B、C……表示，但不能使用 I、O。其命名举例：ZK3610B 为有刷直流电动机控制器，电压 36V，最大电流 10A，派生代号 B；WZK4812C 为无刷直流电动机控制器，电压 48V，最大电流 12A，派生代号 C。

4. 电动自行车用控制系统的功能需求及软件实现

（1）电动自行车用控制器的功能

蓄电池电压为 48V，手把输出电压为 0~5V，正常运行时的最大电流值为 15A；当出现异常情况，导致电流急剧上升，电流值超过 25A 时，进入过电流保护以关闭驱动。控制器功能包括调速、巡航、柔性电子刹车（EABS）、堵转保护、限流、过电流保护、欠电压保护、骑行助力、防飞车、温度控制等。其中主要功能要求如下。

1）高可靠性功能。防水、防腐、防振，采用环氧树脂全灌封工艺；能抗拒线路之间的任何相互短路，一旦出现输出短路等故障时，12μs 时间内保护功能起动。

2）兼容功能。控制器能够自动识别，兼容 120° 和 60° 电动机；与任何一种电动机匹配均能实现起动超静音，无振动。

3）智能辅助功能。

① 定速：调速转把在任意角度（任意车速）且 15s 内保持不变时，可将车速锁定（也称巡航）即为定速，其方式分为自动定速和选择定速两种。同时要求在制动、转把二次归零、响应各种保护功能后能够解除定速。

② 速度助力：在骑行时，脚踏轴的转动速度，通过传感器被送给控制器，控制器控制电动机给出一定的电压，实现助力行驶；同时要求转把和助力可自动切换。

③ 欠电压保护：当蓄电池电压下降到预定的欠压值时，控制器能自动侦测，同时关闭 PWM 输出。

④ 分段限流保护：在骑行状态下，控制器能自动侦测蓄电池电压，当蓄电池电压下降到预定的电压值时，控制器的最大电流输出值，会随之逐渐减少一定的量，直至到欠电压点。

⑤ 堵转保护：控制器能侦测到任何情况下导致的电动机停转时，且在 2s 后自动停止电动机供电，以防止烧坏电路。

⑥ 位置传感器缺相保护：电动机位置传感器的某一相发生短路、开路、虚接等故障时，控制器能自动侦测到，并能停止输出，进行保护，以免因故障给出产生错误的换相信号，导致控制器烧毁。进入此功能后，仪表能显示。

⑦ 防盗锁死电动机功能：控制器能在某一条件下，利用反转矩将电动机锁在某一位置不动。

⑧ 上电自检保护：控制器初始上电时，对转把、制动开关等进行安全检测，控制 "飞车" 等不安全故障的出现；同时仪表板能显示故障点。

⑨ 柔性 EABS 制动、反充电功能：制动时噪声低、柔和且不损伤电动机、安全性好，同时将电动机绕组内的电能回馈到蓄电池，起到自充电效果。

⑩ 智能显示：控制器通过数字传输给译码电路，用 LED 管显示出当前蓄电池电量及当前控制器工作状态（电动、助力、定速、发电、速度、故障点）等。

4）主要参数指标

① 调速占空比：转把电压为 5V 时，输出 1.3 ~ 3.8V，实现 0 ~ 100% 的连续可调。

② 限流保护值：不大于额定工作电流的 2.5 倍。

③ 输出短路保护响应时间：≤12μs。

④ 欠电压保护值：（41 ± 0.5）V（同时要求有 5V 的滞回宽度）。

⑤ 定速：转把停顿 15s 后自动定速或选择定速。

⑥ 制动断电 50ms。

⑦ 工作环境温度：- 20℃ ~ 45℃。

（2）单片机程序需要完成的各项任务

根据以上控制器需要实现的功能，单片机程序需要完成的各项任务包括：

1）电子换相。单片机检测电动机霍尔位置信号的变化，根据 60°/120° 相位选择信号，给出对应的电动机换相信号，由于不同的电动机结构上的差异，极对数多的电动机换相快，最快换相时间间隔可到几个毫秒，因此电动机换相延时不能太长；通过检测霍尔状态的变化还可以判断电动机是否处于堵转状态，如若堵转，则自动进行保护。

2）电流采样检测。由于电动机是一个大感性负载，电流变化的速度比单片机及其电流取样电路的响应速度慢得多，因此，在正常情况下，单片机负责检测电流值的变化情况，当检测到电流超过限流值时，通过减小 PWM 占空比的方法把电流限制在设定值之内。

3）电源监视、温度监视。控制器需要时时监视电源（即蓄电池）的情况，在蓄电池能量消耗殆尽时，大的电流输出会缩短蓄电池的使用寿命，此时需要对控制器及时进行欠电压保护；为了防止控制器温度过高烧毁元器件，还需要对控制器进行温度监控。

4）刹车扫描。需要时刻检测控制器是否有刹车信号，以便及时响应用户的要求。

5）速度控制计算。这个任务需要综合电流值、转把速度值、助力、定速、限速等情况来实现。

【想一想】

1）电动自行车用控制器的哪些主要性能指标需要提高？

2）电动自行车用控制器的目标产品的优势在哪里？

模块 2.2　协助拟定产品标准的步骤

【案例导入】

江苏××电动车股份有限公司企业标准

Q/××××××.××—××××

代替 Q/××××××—××××

电动车用控制器

2010-12-27 发布　　　　　　　　　　　　　　　**2011-01-15 实施**

江苏××电动车股份有限公司　发布

前　言

本标准参照 QB/T 2946—2008《电动自行车用电动机及控制器》、QC/T 792—2006《电动摩托车和电动轻便摩托车用电动机及控制器技术条件》有关内容并结合本公司实际而制定。

本标准代替 Q/××××××—××××《电动车用控制器》。

本标准与 Q/××××××—××××原标准内容相比，主要变化如下：

——由于 Q/××××××.××—××××《企业标准体系及其编码规则》标准的修订发布，本标准是对原标准号的替换，即为 Q/××××××.××—××××。

——对原标准的格式、章节重新进行了编排。

——原标准第 3 章中，电压等级：增加 80V；派生代号改为：改进（变更）顺序号。

——原标准第 4 章中，表 3、表 4：取消 24V；增加 80V。

——取消原标准表 5 中"198 定子/23 对极　510r/min　35±1V　40±2km/h"内容。

本标准自实施之日起 Q/××××××—××××作废。

本标准由江苏××电动车股份有限公司提出。

本标准由江苏××电动车股份有限公司工程技术中心标准化部归口。

本标准起草单位：江苏××电动车股份有限公司工程技术中心。

本标准起草人：×××、×××、×××。

本标准于 2009 年首次发布，本次为第一次修订。

制定单位			
编制		审核	
会签单位			
批准			年　月　日

电动车用控制器

1　范围

本标准规定了电动车用控制器的型号命名、要求、试验方法、检验规则、标志、包装、运输、贮存。

本标准适用于电动自行车及电动轻便摩托车用控制器。

2　规范性引用文件

下列文件中的条款通过本标准的引用而成为本标准的条款，凡是注日期的引用文件，其随后所有的修改单（不包括勘误表）或修订版均不适用于本标准。凡是不注日期的引用文件，其最新版本适用于本标准。

GB/T 191　包装储运图示标志。

GB/T 2423.5　电工电子产品环境试验第 2 部分：试验方法试验 Ea 和导则：冲击。

GB/T 2423.10　电工电子产品环境试验第 2 部分：试验方法试验 Fc 和导则：振动。

GB/T 4208　外壳防护等级（IP 代码）。

GB/T 26846　电动自行车用电动机和控制器的引出线及接插件。

3　型号命名

控制器的型号命名由控制器公司代码、控制器型式代号、电压等级、电流等级代号和改进（变更）顺序号五部分组成。

示例：

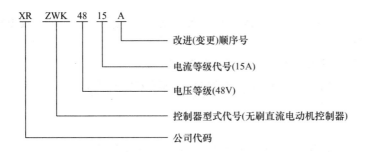

1）公司代码：由××二字的第一个汉语拼音字母 X、R 组成。

2）控制器型式代号：

ZK为有刷直流电动机控制器；ZWK为无刷直流电动机控制器；KCK为开关磁阻电动机控制器；ZCK为无刷直流侧置电动机控制器。

3）电压等级：控制器电压采用直流36V、48V、60V、64V、72V、80V…电压等级用两位阿拉伯数字表示，代表控制器的标称电压，不含小数位。

4）电流等级代号：控制器的电流等级以两位阿拉伯数字组成，代表控制器最大限流值，不含小数位，不足两位的数在数字前面冠以0。

5）改进（变更）顺序号

采用大写汉语拼音字母A、B…表示，但不能使用O和I字母。改进（变更）顺序号用于同一厂家同一规格控制器内部功能或外部功能产生改变时，由制造商加以区分的代号，改进（变更）顺序号应符合双方共同确认的技术标准或产品技术条件的规定。

4 要求

4.1 使用环境条件

控制器应能在下列条件下正常工作：

——环境温度（-25~60）℃；

——相对湿度：最湿月份月平均最高相对湿度为90%，同时该月的月平均最低温度不大于25℃；

——大气压力（86~106）kPa。

4.2 外观

控制器的表面应光滑，无裂痕，美观，洁净，无沙眼、裂纹、缺损，无螺钉松动现象，布线不允许有飞线现象，且表面不允许出现锐角。

4.3 外形和安装尺寸

控制器的外形和安装尺寸应符合双方共同确认的图样或产品技术条件的规定。

4.4 引出线

4.4.1 引出线定义

控制器电源输入线的颜色分别为：电源正极为红色，电源负极为黑色。控制器速度信号输出线的颜色应为绿色，控制器刹车信号输入线的颜色为黄/绿双色。控制器与电动机相线相接的引出线颜色应与电动机对应线的颜色一致；控制器与电动机霍尔线相接的引出线颜色应与电动机对应线的颜色相一致。在有刷电动机控制时，电动机绕组线相对应的引出线应与控制器电源线有明显的区分标志。

4.4.2 引出线强度

电源输入线与电动机相线连接的引出线应能承受20N拉力，其他引出线应能承受9N拉力，试验后引出线应完整无损。

4.4.3 控制器的引出线不得裸露，且应符合GB/T 26846规定。

4.4.4 控制器的其他引出线的颜色、线径、长度应符合双方共同确认的图样或产品技术条件的规定。

4.5 接插件

4.5.1 插接器的插头护套与插座护套的外观颜色一致，表面无明显变形、划痕、裂纹等缺陷，接插件的接口应符合协议要求。

4.5.2 D型接插件出线口处要求涂热熔胶进行防水密封。

4.5.3 其余应符合 GB/T 26846 规定。

4.6 绝缘电阻

控制器的绝缘电阻应能符合表2-5的规定，绝缘电阻的测定用绝缘电阻表，其试验电压按表2-6的规定。

4.7 绝缘介电强度

控制器功率线（包括控制器电源输入线与电动机相线相接的控制器输出线）与机壳或散热片之间应能承受频率为50Hz、电压（AC）为500V、历时1min的绝缘介电强度试验，试验过程中应无击穿或飞弧现象。

表 2-5 控制器的绝缘电阻

需测试的部位	常态/MΩ	低温/MΩ	高温/MΩ	恒定湿热/MΩ
控制器功率线与机壳或散热片之间	≥100	≥50	≥10	≥1

表 2-6 测量绝缘电阻时的试验电压

额定电压/V	绝缘电阻表的电压/V
≤36	250
>36 ~ 500	500

4.8 控制器最大输入电流

控制器最大输入电流应符合双方共同确认的技术标准或产品技术条件的规定。

4.9 控制器额定输入电流

控制器额定输入电流应符合双方共同确认的技术标准或产品技术条件的规定。

4.10 控制器静态功耗

控制器静态功耗应不大于控制器输入电压与额定输入电流乘积的5%。

4.11 控制器工作电压范围

控制器的工作电压范围应符合表2-7的规定，如额定电压不在该表中则以双方共同确认的技术标准或产品技术条件的规定。

表 2-7 控制器的工作电压范围

控制器额定输入电压/V	36	48	60	64	72	80
工作电压范围/V	32 ~ 45	43 ~ 60	53 ~ 75	57 ~ 80	64 ~ 90	72 ~ 100

4.12 控制器短时过载

控制器应能承受2倍控制器额定输入电流的过载试验，时间为30min。

4.13 控制器的主要功能

4.13.1 调速功能

控制器应能对电动机进行无级调速。转把的输入电压在1.1 ~ 4.2V 的范围内时控制器能对电动机进行正常调速。

4.13.2 欠电压保护功能

控制器应有欠电压保护功能，欠电压保护值应满足表2-8的规定，当控制器的输入电压降到其欠电压保护规定值时，应能自动断电而停止工作。如额定电压不在表2-8中则以双方共同确认的技术标准或产品技术条件的规定。

表2-8　控制器的欠电压保护值

控制器的额定输入电压/V	36	48	60	64	72	80
控制器欠电压保护值/V	32.5	43.5	53.5	57.5	64.5	72.5

4.13.3　过电流保护功能

当控制器电流超过规定值时，控制器应能自动限流，限流值应不大于电动机额定电流的3倍。控制器过电流保护值应符合双方共同确认的技术标准或产品技术条件的规定。

4.13.4　制动断电功能

控制器应能在制动时自动切断电源电流，其有效性为100%；输入给控制器的刹车断电信号为低电平有效。

4.13.5　堵转保护功能

控制器在电动机堵转情况下，5 s内应自动切断电源电流。

4.13.6　相间短路保护功能

当电动机的相线有两根发生短路时，控制器在1 s内应自动控制电动机停止转动。

4.13.7　防飞车保护功能

4.13.7.1　起动时防飞车功能

当接通控制器电源时，若转把此时没有复位，控制器应自动控制电动机停止转动，待转把重新复位后才能恢复正常调速功能。

4.13.7.2　运行时防飞车功能

当转把连接控制器的3根信号线中任一根或3根同时脱落时，控制器应自动控制电动机停止转动。

4.13.8　仪表速度输出信号隔离保护及速度输出电压

带仪表速度输出信号的控制器，其仪表输出信号应取霍尔信号经运算后得到的相应电压，不得直接取相线电压作为控制器的仪表输出信号，带速度输出信号的控制器应具有信号隔离保护功能。控制器仪表速度输出信号与电动机对照见表2-9，如仪表速度输出信号不在该表中则以双方共同确认的技术标准或产品技术条件的规定。

表2-9　控制器仪表速度输出电压信号与电动机对照表

电动机类型	电动机空载转速/(r/min)	控制器仪表输出信号的电压/V	仪表指针对应的数值/(km/h)
198定子/23对极	350	24±1	30±2
266定子/28对极	400	33±1	35±2
266定子/35对极	400	28±1	35±2

4.13.9　防盗功能

有防盗功能的控制器，其防盗功能应符合双方共同确认的技术标准或产品技术条件的规定。

4.13.10　1:1助力功能

有1:1助力功能的控制器，其助力传感器接收到磁盘连续5个脉冲信号后，控制器对电动机进行调速，最大调速占空比约为全速的 70%，当接收不到磁盘的脉冲信号时停止对电动机的调速。

4.13.11　语音提示功能

有语音提示功能的控制器，其语音提示功能应符合双方共同确认的技术标准或产品技术条件的规定。

4.13.12　自动巡航功能

有自动巡航功能的控制器，当转把旋转到调速状态后并维持（6~8）s，松开转把后电动机能继续工作在之前调速状态时的转速下（任意转速），以下几种方法可解除巡航：

a）刹车；

b）转把归零后，重新旋转转把使其调速信号电压≥1.1V；

c）在转把旋转到巡航状态后继续加大转把的旋转角度；

d）欠电压保护；

e）断开电源或有相关故障时。

4.13.13　电刹功能

有电刹功能的控制器，其电刹功能应符合双方共同确认的技术标准或产品技术条件的规定。

4.13.14　限速功能

有限速功能的控制器，其限速功能应符合双方共同确认的技术标准或产品技术条件的规定。

4.13.15　提速功能

有提速功能的控制器，其提速功能应符合双方共同确认的技术标准或产品技术条件的规定。

4.14　温升

控制器在正常使用过程中（环境温度为 25℃），控制器表面最大温升应不大于 50K（50℃），控制器表面温度在 120℃ 以下时应能正常工作。

4.15　低温

当环境温度达（-25±1）℃时，持续 6h 后，加 2 倍额定输入电流运行 30min，并不间断调速断电，控制器应能正常工作，试验后绝缘电阻应符合 4.6 条的规定，

4.16　高温

当环境温度达（60±2）℃时，持续 4h 后，加 2 倍额定输入电流运行 30min，并不间断调速断电，控制器应能正常工作，试验后绝缘电阻应符合 4.6 条的规定。

4.17　恒定湿热

控制器应能承受（40±2）℃、相对湿度（90~95）%、历时 4 天的恒定湿热，试验后外观应无明显的质量变坏及影响正常工作的锈蚀现象，试验后绝缘电阻应符合 4.6 条的规定。

4.18　防淋水

应符合 GB/T 4208 中 IP03 的规定。

4.19　振动

控制器固定在试验台上，按表 2-10 的振动条件进行振动试验，试验后控制器应工作正常。

表 2-10 控制器振动试验的条件

振动频率/Hz	振幅/mm	扫频次数	每一轴线振动 时间/min	3 个相互垂直轴线方向 振动总时间/min
10 ~ 55	双振幅 1.5	10	45	135

4.20 冲击

控制器固定在试验台上，按表 2-11 的冲击条件进行冲击试验，试验后控制器应工作正常。

表 2-11 控制器冲击试验的条件

峰值加速度/(m/s^2)	脉冲持续时间/ms	波形	每一轴线冲击次数	3 个相互垂直轴线 6 个 方向冲击总次数
150	11	半正弦	3	18

4.21 道路可靠性试验

将控制器安装在车上做道路骑行及爬坡试验，控制器各项功能应工作正常。

4.22 重量

控制器的重量应符合双方共同确认的技术标准或产品技术条件的规定。

4.23 说明书

每个控制器应附有说明书（提供同一客户、同一批次控制器产品可只提供一份说明书）。说明书印刷应规范，且应具有下列内容：

a）控制器的生产厂家、生产日期、型号；

b）控制器的外形及安装尺寸、接口及接线定义、控制器的正确接线方法；

c）控制器的额定电压、欠电压保护值、过电流保护值、相位角、调速电压、刹把电平及其他特有功能；

d）说明书内容应与实物一致。

5 试验方法

5.1 试验条件

控制器应能在下列试验条件下工作：

a）环境温度为（5 ~ 30）℃；

b）相对湿度为 45% ~ 75%；

c）大气压力为 86 ~ 106kPa；

d）电器测量仪表精度应不低于 0.5 级（绝缘电阻表除外）；

e）测功仪精度应不低于 1%；测速仪精度应不低于 1%；

f）直流电源纹波系数应不大于 5%；

g）声级计精度为 ±1.5dB；

h）千分表精度为 1%；

i）示波器的频率范围应不低于 20MHz。

5.2 外观

用目测方法检查控制器的外观质量，应符合 4.2 条的要求。

5.3 外形和安装尺寸

用保证尺寸精度要求的量具检查控制器的外形及安装尺寸，应符合 4.3 条的要求。

5.4 引出线

5.4.1 用目测方法检查控制器的引出线的颜色和外观，应符合4.4.1条的要求。

5.4.2 引出线的强度：使引出线的出线端朝下，沿引出线的轴向，在其端部逐渐施加20N拉力，加力时应使导线芯与绝缘层均匀受力，其结果应符合4.4.2条的要求。

5.5 接插件

5.5.1 用目测方法检查控制器的接插件的颜色和外观，应符合4.5.1、4.5.2条的要求。

5.5.2 用拉力计或专用检具检查接插件的插接力及接触电阻，应符合4.5.3条的要求。

5.6 绝缘电阻

用4.6条规定绝缘电阻表测量绝缘电阻值，其结果应符合4.6条的要求。

5.7 绝缘介电强度

用耐压试验仪进行绝缘介电强度试验，其结果应符合4.7条的要求。

5.8 控制器最大输入电流

将电动机固定在测功机上，使控制器与电动机相连，给控制器施加额定电压，调节速度到最大使电动机运转，通过测功机给电动机逐渐增加转矩，控制器的直流母线电流应能达到4.8条规定的输入电流。

5.9 控制器额定输入电流

将电动机固定在测功机上，使控制器与电动机相连，给控制器施加额定电压，调节速度到最大使电动机运转，通过测功机给电动机逐渐增加转矩，直至控制器的直流母线电流至4.9条规定的控制器额定输入电流，连续2h控制器应能正常工作。

5.10 控制器静态功耗

将电动机固定在测功机上，使控制器与电动机相连，给控制器施加额定电压，调节速度到最大使电动机运转，通过测功机给电动机逐渐增加转矩，控制器的直流母线电流至4.9条规定的控制器额定输入电流，通过功率分析仪读出控制器的输入电压、输入电流及控制器的输出功率，控制器的输入功率为控制器的直流母线电压与控制器直流母线电流的乘积，控制器的输入功率与控制器的输出功率的差值为控制器的功耗值，应符合4.10条的要求。

5.11 控制器工作电压范围

控制器的工作电压范围应符合4.11条的要求的电压范围，在此范围内控制器能正常工作。

5.12 控制器短时过载

将电动机固定在测功机上，使控制器与电动机相连，给控制器施加额定电压，调节速度到最大使电动机运转，通过测功机给电动机逐渐增加转矩，使工作电流达到2倍额定电流值，维持30min的时间，应符合4.12条的要求。

5.13 控制器的主要功能

5.13.1 调速功能

电动机接电源后，在额定负载下调节控制器的速度控制部件，电动机的转速从0开始逐渐升至最高转速值，应符合4.13.1的要求。

5.13.2 欠电压保护功能

调节直流稳压电源输出电压为控制器的额定值，调节控制器到高速位，使电动机工作正常，然后将稳压电源输出电压调低直到电动机自动断电而不工作，此值为欠电压值，应符合到4.13.2条的要求。

5.13.3　过电流保护功能

调节直流稳压电源输出电压为控制器的额定值，调节控制器到高速位，使电动机工作正常，改变负载使电流指示逐渐上升到不能继续上升时即自动限电流，该电流值为限流值，应符合4.13.3条的要求。

5.13.4　制动断电功能

将电动机固定在具有制动性能的模拟台架上，调节直流稳压电源输出电压为控制器额定值，调节控制器到高速位，使电动机工作正常，当产生制动动作时应符合4.13.4条的要求。

5.13.5　堵转保护功能

调节直流稳压电源输出电压为控制器的额定值，调节控制器到高速位，使电动机工作正常，通过测功机给电动机逐渐增加转矩，直到电动机转速降为0，控制器应符合4.13.5条的要求。

5.13.6　相间短路保护功能

调节直流稳压电源输出电压为控制器的额定值，调节控制器到高速位，使电动机工作正常，通过测功机给电动机逐渐增加转矩至额定转矩，将电动机的相线中的任意两根进行短路，控制器应符合4.13.6条的要求。

5.13.7　防飞车功能

5.13.7.1　起动防飞车功能

将控制器与电动机相连，给控制器施加额定电压，当接通控制器电源时若调速把此时没有复位，控制器应自动控制电动机停止转动，转把重新复位后才能恢复正常调速功能。

5.13.7.2　运行防飞车功能

将控制器与电动机相连，给控制器施加额定电压，调节速度至最大，使电动机正常运行，将转把连接控制器的3根信号线中任一根或3根同时脱落时，控制器应自动控制电动机停止转动。

5.13.8　仪表速度信号隔离保护及速度输出电压

5.13.8.1　速度信号隔离保护信号

将电动机固定在台架上，调节直流稳压电源输出电压为控制器额定值，调节控制器到高速位，使电动机工作正常，将速度信号输出线与控制器额定电源输入正极线、地线和电动机相线分别短接，控制器应能正常工作，确保速度信号输出线与以上3根线断开连接后输出的电压信号正确无误。

5.13.8.2　速度输出电压

将控制器与电动机相连，给控制器施加额定电压，缓慢调节速度至最大，速度输出电压应匀速上升，同时符合4.13.8条规定。

5.13.9　防盗功能

有防盗功能的控制器，应符合4.13.9条的要求。

5.13.10　1∶1助力功能

将有1∶1助力功能的控制器与电动机相连，给控制器施加额定电压，保持转把不动在低电位，手动使传感器获得信号，控制器应对电动机自动进行调速，最大调速占空比约为全速的70%，当接收不到磁盘的脉冲信号时停止对电动机的调速（控制器已进入巡航功能除外）。

5.13.11 语音提示功能

有语音提示功能的控制器，应符合4.13.11条的要求。

5.13.12 自动巡航功能

有自动巡航功能的控制器，应符合4.13.12条的要求。

5.13.13 电刹功能

有电刹功能的控制器，应符合4.13.13条的要求。

5.13.14 限速功能

有限速功能的控制器，应符合4.13.14条的要求。

5.13.15 提速功能

有提速功能的控制器，应符合4.13.15条的要求。

5.14 温升

将电动机固定在测功机上，使控制器与电动机相连，给控制器施加额定电压，调节速度到最大使电动机运转，通过测功机给电动机逐渐增加转矩至控制器的额定转矩，运行30min后测量控制器表面最大温升应不超过50K（环境温度为25℃）；再加载到2倍的额定转矩后运行15min，控制器内部温度在120℃范围内时应能正常工作。

5.15 低温

将控制器安装在试验支架上，放入低温试验箱内，逐渐降低箱温至（-25±1）℃时，持续6h后，在箱内通电和加载测试，应符合4.15条的规定。

5.16 高温

将控制器安装在试验支架上，放入高温试验箱内，逐渐升高箱温至（60±2）℃时，持续2h后，在箱内通电和加载测试，应符合4.16条的规定。

5.17 恒定湿热

将控制器安装在试验支架上，不通电，放入试验箱内，逐渐改变箱温，保持（40±2）℃、相对湿度90%~95%、历时4天的恒定湿热，试验后外观应无明显的质量变坏及影响正常工作的锈蚀现象，试验后绝缘电阻应符合4.6条的规定。

5.18 防淋水

将控制器处于非通电状态，按GB/T 4208—2008中IP03的试验方法进行试验，试验中引出线朝下，试验后应符合4.18条的要求。

5.19 振动

将控制器固定在试验台上，按GB/T 2423.10中的规定进行振动试验。其振动频率、振幅、扫频次数，每一轴线的振动时间按4.19条中表2-10的规定。试验在3个垂直方向进行。在进行初始振动时如出现危险频率，应记录该频率和所施加的振幅值，并在每一危险频率上，以相同的振幅值振动30min。试验中控制器进行空载运行，试验后应符合4.19条的规定。

5.20 冲击

将控制器固定在试验台上，按GB/T 2423.5中的规定进行冲击试验，其峰值加速度、脉冲持续时间、波形、冲击次数按4.20条中的表2-11的规定。试验中控制器空载运行，试验后控制器应符合4.20条的规定。

5.21 道路可靠性试验

将控制器安装在车上做道路骑行试验，载重75kg（包括骑行者重量，不足者配重），连续骑行里程100km；将控制器用布包裹安装在车上做爬坡骑行试验，载重75kg（包括骑行者重量，不足者配重），坡度8°~10°，坡长300m，连续10次爬坡试验，控制器外壳温度在120℃以下时应能正常工作。试验后控制器应符合4.21条的规定。

5.22 重量

用感量为1%的衡器，称取控制器的重量，应符合4.22条的要求。

5.23 说明书

查阅制造厂所附说明书，应符合4.23条的要求，并与实物相符。

6 检验规则

6.1 出厂检验和型式检验

检验分出厂检验和型式检验，见表2-12。

表2-12 出厂检验和型式检验

序号	检测项目	技术要求	检验方法	出厂检验	型式检验
1	外观	4.2	5.2		
2	外形及安装尺寸	4.3	5.3		
3	引出线及接插件	4.4、4.5.1、4.5.2	5.4、5.5.1、5.5.2		
4	绝缘电阻	4.6	5.6		
5	绝缘介电强度	4.7	5.7		
6	最大输入电流	4.8	5.8		
7	额定输入电流	4.9	5.9		
8	功耗	4.10	5.10		
9	工作电压范围	4.11	5.11		
10	短时过载	4.12	5.12		
11	调速功能	4.13.1	5.13.1		
12	欠电压保护功能	4.13.2	5.13.2		
13	过电流保护功能	4.13.3	5.13.3	每批次	√
14	制动断电功能	4.13.4	5.13.4		
15	堵转保护功能	4.13.5	5.13.5		
16	相间短路保护功能	4.13.6	5.13.6		
17	防飞车功能	4.13.7	5.13.7		
18	速度信号隔离保护及速度输出	4.13.8	5.13.8		
19	防盗功能	4.13.9	5.13.9		
20	1:1助力功能	4.13.10	5.13.10		
21	语音提示功能	4.13.11	5.13.11		
22	自动巡航功能	4.13.12	5.13.12		
23	电刹功能	4.13.13	5.13.13		
24	限速功能	4.13.14	5.13.14		
25	提速功能	4.13.15	5.13.15		

序号	检测项目	技术要求	检验方法	出厂检验	型式检验
26	温升	4.14	5.14		
27	低温	4.15	5.15		
28	高温	4.16	5.16		
29	恒定湿热	4.17	5.17		
30	防水	4.18	5.18	—	每半年
31	振动	4.19	5.19		
32	冲击	4.20	5.20		
33	可靠性	4.21	5.21		
34	重量	4.22	5.22		
35	说明书	4.23	5.23	每批次	√

注：18~25为可选功能，如控制器无此功能则不需检测此功能。

6.2 入厂检验

控制器入厂检验时，每批次应附制造厂产品合格证。抽样检验方法按 GB/T 2828.1 中计数抽样检验程序执行。

6.3 型式检验

6.3.1 试验条件

型式试验应在下列条件之一时进行。

a) 新产品设计定型时；

b) 更换材料和工艺后影响性能时。

6.3.2 抽样规则

型式试验每半年一次，应从入厂检验合格的产品中抽取，共6台，其中2台专做寿命试验，2台做寿命试验以外的所有检验项目，2台存放作为复检备用。

6.3.3 判定规则

型式试验中有一只控制器任何一项不合格，允许从备检样品中抽取复检，经复检后仍不合格，则判定为型式检验不合格。

7 标志、包装、运输、贮存

7.1 标志

7.1.1 产品标志

控制器应有牢固清晰的铭牌标贴，内容应包括：

a) 型号规格；b) 功能参数；c) 出厂编号；d) 出厂日期；e) 厂家代码。

7.1.2 包装箱标志

控制器包装箱外应有下列标志：

a) 产品名称、规格型号、数量；b) 产品标准编号；c) 每箱的净重和毛重；d) 标明"防潮""不准倒置""轻放"等标志，其标志应符合 GB/T 191 的规定；e) 制造厂商信息。

7.2 包装

7.2.1 控制器的包装应符合防潮、防振的要求。

7.2.2　包装箱内文件

包装箱内应装入随同产品供应的下列文件：

a）装箱单；b）产品合格证。

7.3　运输

控制器在运输和装卸过程中应注意：

a）在运输中，产品避免受剧烈机械冲撞、曝晒、雨淋、化学腐蚀性药品及有害气体侵蚀；

b）在装卸过程中，产品应轻搬轻放，严防摔掷、翻滚、重压。

7.4　贮存

控制器在下列条件下贮存：

a）产品应贮存在温度（-10~40）℃，相对湿度不大于90%、干燥、清洁及通风良好的仓库内；

b）应不受阳光直射，距离热源不应少于2m；

c）不应受任何机械冲击或重压。

协助拟定产品标准包括标准的结构和编写要求、产品标准的编写两大部分。

2.2.1　标准的结构和编写

GB/T 1.1—2009《标准化工作导则 第1部分：标准的结构和编写》是对标准化工作标准化的重要标准之一，它的实施将能够有效地保证标准的编写质量。该标准的规定用以指导如何起草标准，它是编写标准的标准。

GB/T 1.1—2009 的主要技术内容为：规定了编写标准的原则、标准的结构、起草标准中的各个要素的规则、要素中条款内容的表述、标准编写中涉及的各类问题的规则以及标准的编排格式。

1. 编写标准的原则

标准的第4章规定了编写标准的原则，对这些原则的总体把握，能够更加深入地理解编写标准的具体规定，并能够将相应的规定更好地贯彻于标准编制的全过程。

1）统一性。统一性是对标准编写及表达方式的最基本的要求。统一性强调的是标准内部（即标准的每个部分、每项标准或系列标准内）的统一，包括：标准结构的统一，即标准的章、条、段、表、图和附录的排列顺序的一致；文体的统一，即类似的条款应由类似的措辞来表达，相同的条款应由相同的措辞来表达；术语的统一，即同一个概念应使用同一个术语；形式的统一，即标准的表述形式，诸如标准中条标题、图表标题的有无应是统一的。

2）协调性。协调性是针对标准之间的，它的目的是"为了达到所有标准的整体协调"。为了达到标准系统整体协调的目的，在制定标准时应注意和已经发布的标准进行协调。遵守基础标准和采取引用的方法是保证标准协调的有效途径。标准中的附录 A 给出了最通用的部分基础标准清单。遵守这些标准将能够有效地提高标准的协调性。

3）适用性。适用性指所制定的标准便于使用的特性，主要针对以下两个方面的内容。

第一，适于直接使用。第二，便于被其他文件引用，GB/T 1.1—2009 对于层次设置、编号等的规定都是出于便于引用的考虑。

4）一致性。一致性指起草的标准应以对应的国际文件（如有）为基础并尽可能与国际文件保持一致。起草标准时如有对应的国际文件，首先应考虑以这些国际文件为基础制定我国标准，在此基础上还应尽可能保持与国际文件的一致性，按照 GB/T 20000.2—2009 确定一致性程度，即等同、修改或非等效。

5）规范性。规范性指起草标准时要遵守与标准制定相关的基础标准以及相关法律法规。我国已经建立了支撑标准制修订工作的基础性系列标准，包括：GB/T 1《标准化工作导则》、GB/T 20000《标准化工作指南》、GB/T 20001《标准编写规则》、GB/T 20002《标准中特定内容的编写》。

2. 标准的结构

标准的第 5 章从内容和层次两个方面对标准的结构进行了规定。搭建标准的结构是正式起草标准之前必不可少的工作。

（1）按照内容划分

对标准的内容进行划分可以得到不同的要素，依据要素的性质、位置、必备和可选的状态可将标准中的要素归为不同的类别。

1）按照要素的性质划分，可分为如下两点。

● 规范性要素：声明符合标准而需要遵守的条款的要素；

● 资料性要素：标示标准、介绍标准、提供标准附加信息的要素。

2）按照要素的性质和在标准中的位置划分，可分为如下 4 点。

● 资料性概述要素：标示标准，介绍内容，说明背景、制定情况以及该标准与其他标准或文件的关系的要素，即标准的"封面、目次、前言、引言"。

● 资料性补充要素：提供附加内容，以帮助理解或使用标准的要素，即标准的"资料性附录、参考文献、索引"。

● 规范性一般要素：给出标准的主题、界限和其他必不可少的文件清单等通常内容的要素，即标准的"名称、范围、规范性引用文件"。

● 规范性技术要素：规定标准的技术内容的要素，通常标准中的"术语和定义，符号、代号和缩略语，要求，……，规范性附录"等为规范性技术要素。

3）按照要素必备的和可选的状态划分，可分为如下两点。

● 必备要素：在标准中不可缺少的要素，即标准中的"封面、前言、名称、范围"。

● 可选要素：在标准中不一定存在的要素，其存在与否取决于特定标准的具体需求。标准中除了四个必备要素之外，其他要素都是可选要素。

（2）按照层次划分

标准的层次可划分为部分、章、条、段、列项和附录等形式。

1）部分。部分是一项标准被分别起草、批准发布的系列文件之一。部分是一项标准内部的一个"层次"。一项标准的不同部分具有同一个标准顺序号，它们共同构成了一项标准。部分应使用阿拉伯数字从 1 开始编号，编号应位于标准顺序号之后，与标准顺序号之间用下脚点相隔，例如：××××.1，××××.2等。

2）章。章是标准内容划分的基本单元，是标准或部分中划分出的第一层次。标准正文中的各章构成了标准的规范性要素。每一章都应使用阿拉伯数字从1开始编号。在每项标准或每个部分中，章的编号从"范围"开始一直连续到附录之前。每一章都应有章标题，并置于编号之后。

3）条。条是对章的细分。凡是章以下有编号的层次均称为"条"。第一层次的条可分为第二层次的条，第二层次的条还可分为第三层次的条，需要时一直可分到第五层次。条的编号使用阿拉伯数字加下脚点的形式，编号在其所属的章内或上一层次的条内进行，例如第6章内的条的编号：第一层次的条编为6.1，6.2，…，第二层次的条编为6.1.1，6.1.2，…，一直可编到第五层次，即6.1.1.1.1.1，6.1.1.1.1.2，…。条的标题是可以选择的，每个第一层次的条最好设置标题，如果设标题，则位于条的编号之后。

4）段。段是对章或条的细分，没有编号。为了不在引用时产生混淆，应避免在章标题或条标题与下一层次条之间设段。

5）列项。列项需要同时具备两个要素，即引语和被引出的并列各项。在列项的各项之前应使用列项符号（破折号"——"或圆点"·"），或在需要识别时的项前使用字母编号［后带半圆括号的小写拉丁字母，如a）、b）、c）等进行标示］。在字母编号的列项中，如果需要对某一项进一步细分成需要识别的若干分项，则在各分项之前使用数字编号后带半圆括号的阿拉伯数字，如1）、2）、3）等进行标示。

6）附录。附录是标准层次的表现形式之一。附录按其性质分为规范性附录和资料性附录。每个附录均应在正文或前言的相关条文中明确提及。附录的顺序应按在条文中提及它的先后次序编排。每个附录的前三行内容提供了识别附录的信息。第一行为附录的编号，例如："附录A""附录B""附录C"等。第二行为附录的性质，即"规范性附录"或"资料性附录"。第三行为附录标题。每个附录中章、图、表和数学公式的编号均应重新从1开始，编号前应加上附录编号中表明顺序的大写字母，字母后跟下脚点。例如：附录A中的章用"A.1""A.2"等表示；图用"图A.1""图A.2"等表示。

规范性附录的作用是给出标准正文的附加或补充条款。资料性附录的作用为给出有助于理解或使用标准的附加信息。

3. 要素的编写

标准的第6章规定了如何起草标准中的各个要素。各个要素内容的选择和编写是初步搭建标准结构后需要进行的工作。

（1）封面

封面是资料性概述要素，同时又是一个必备要素。在标准封面上根据具体情况需要给出识别标准的信息：标准的层次、标准的标志、标准的编号、被代替标准的编号、国际标准分类号（ICS号）、中国标准文献分类号、备案号（不适用于国家标准）、标准名称、标准名称对应的英文译名、与国际标准的一致性程度标识、标准的发布和实施日期、标准的发布部门或单位。在标准征求意见稿和送审稿的封面显著位置还应按GB/T 1.1—2009的规定，给出征集标准是否涉及专利的信息。

（2）目次

目次是一个可选的资料性概述要素。如果需要设置目次，则应以"目次"作标题，将其置于封面之后。根据标准中要素的具体情况，目次中应列出的内容为：前言、引言、章的编号和标题、附录编号（包括附录性质，即"规范性附录"或"资料性附录"）和附录标题、参考文献、索引。除了上述内容，目次中还可列出：条的编号和标题、附录章的编号和标题、附录条的编号和标题、图的编号和图题、表的编号和表题等。具体编写目次时，在列出上述内容的同时，还应列出其所在的页码。

（3）前言

前言是资料性概述要素，同时又是一个必备要素。前言应位于目次（如果有的话）之后，引言（如果有的话）之前，用"前言"作标题。前言中不应包含要求和推荐型条款，也不应包含公式、图和表。前言主要陈述本文件与其他文件的关系等信息，应视具体情况依次给出下列内容。

1）标准结构的说明：对于系列标准或分部分标准，在第一项标准或标准的第一部分前言的开头应说明标准的预计结构；在每一项标准或每一个部分中应列出所有已经发布或计划发布的其他标准或其他部分的名称。

2）标准编制依据规则的阐述：按照 GB/T 1.1 的规定编制的标准应包含该项内容，例如：本标准按照 GB/T 1.1—2009 给出的规则起草。

3）所代替标准与原标准或文件的说明，需要说明两方面的内容：与先前标准或其他文件的关系；与先前版本相比的主要技术变化。

4）与国际文件、国外文件关系的说明：以国外文件为基础形成的标准，可在前言陈述与相应文件的关系；与国际文件存在着一致性程度（等同、修改或非等效）对应关系的标准，应按照 GB/T 20000.2 的有关规定陈述与对应国际文件的关系。

5）有关专利的说明：凡可能涉及专利的标准，如果尚未识别出涉及专利，应按照 GB/T 1.1—2009 的规定在前言中给出有关专利的说明。

6）归口和起草信息的说明：在标准的前言中应视情况依次给出标准的提出（可省略）、归口、起草单位、主要起草人等信息。

7）所代替标准版本情况的说明：如果所起草的标准的早期版本多于一版，则应在前言中说明所代替标准的历次版本的情况。

（4）引言

引言是一个可选的资料性概述要素，如果需要设置引言，则应用"引言"作标题，并将其置于前言之后。在引言中不应包含要求。

引言主要说明标准的背景、制定情况等和文件本身内容相关的信息。引言中可给出下列内容：

● 编制标准的原因；

● 有关标准技术内容的特殊信息或说明；

● 如果标准内容涉及了专利，则应在引言中给出有关专利的说明。

引言不应编号。如果引言的内容需要分条时，应仅对条编号，引言的条编为 0.1、0.2 等。引言中如果有图、表、公式，均应使用阿拉伯数字从 1 开始进行编号，正文中相关内容的编号与引言中的编号连续。

（5）标准名称

标准名称是标准的规范性一般要素，同时又是必备要素。标准名称应置于范围之前，并且应在标准的封面中标示。标准名称应明确表示出标准的主题，使该标准与其他标准相区分。标准名称由几个尽可能短的要素组成，通常不多于三种，依次为：

● 引导要素：表示标准所属的领域（可选要素）；

● 主体要素：表示在上述领域内所涉及的主要对象（必备要素）；

● 补充要素：表示上述主要对象的特定方面，或给出区分该标准（或部分）与其他标准（或其他部分）的细节（可选要素）。

（6）范围

范围是标准的规范性一般要素，同时也是一个必备要素。范围应位于每项标准正文的起始位置，它永远是标准的"第1章"。

范围的内容分为两个方面：界定标准化对象和涉及的各个方面的内容，在特别需要时可补充陈述不涉及的标准化对象；给出标准中的规定的适用界限，在特别需要时可补充陈述不适用的界限。范围的陈述应简洁，以便能够作为标准的"内容提要"使用。

（7）规范性引用文件

规范性引用文件是标准的规范性一般要素，同时又是一个可选要素。如果标准中有规范性引用的文件，则应以"规范性引用文件"为标题单独设章，以便给出标准中规范性引用的文件清单。该章内容的表述形式由"引导语 + 文件清单"组成。

1）引导语。规范性引用文件一章中，在列出所引用的文件之前应有一段固定的引导语，即：下列文件对于本文件的应用是必不可少的。凡是注日期的引用文件，仅注日期的版本适用于本文件。凡是不注日期的引用文件，其最新版本（包括所有的修改单）适用于本文件。

2）文件清单。在引导语之后，要列出标准中所有规范性引用的文件。对于标准中注日期的引用文件，应在文件清单中给出文件的年号或版本号以及完整的名称，对于引用的标准则给出标准的编号和名称，例如：GB/T 1031—2009 表面粗糙度参数及其数值。

对于标准中不注日期的引用文件，不应在文件清单中给出文件的年号或版本号，对于引用的标准则仅给出标准的代号、顺序号和标准名称，例如：GB/T 15834—2011 标点符号用法标准中如果直接引用了国际标准，在文件清单中列出这些国际标准时，应在标准编号后给出国际标准名称的中文译名，并在其后的圆括号中给出原文名称。

（8）术语和定义

"术语和定义"是规范性技术要素，在非术语标准中该要素是一个可选要素。如果标准中有需要界定的术语，则应以"术语和定义"为标题单独设章，以便对相应的术语进行定义。"术语和定义"的表述形式由"引导语 + 术语条目"构成：

1）引导语。在给出具体术语条目之前应有一段引导语。只有标准中界定的术语和定义适用时使用引导语"下列术语和定义适用于本文件。"除了标准中界定的术语和定义外，其他文件中界定的术语和定义也适用时使用引导语"……界定的以及下列术语和定义适用于本文件。"只有其他文件界定的术语和定义适用时使用引导语"……界定的术语和定义适用于本文件。"

2）术语条目。术语条目最好按照概念层级进行分类编排。属于一般概念的术语和定义应安排在最前面。任何一个术语条目应至少包括四个必备内容：条目编号、术语、英文对应词、定义。根据需要术语条目还可增加以下附加内容：符号、专业领域、概念的其他表述方式（例如：公式、图等）、示例和注等。

（9）符号、代号和缩略语

"符号、代号和缩略语"是规范性技术要素，在非符号、代号标准中该要素是一个可选要素。如果标准中有需要解释的符号、代号或缩略语，则应以"符号、代号和缩略语"或"符号""代号""缩略语"为标题单独设章，以便进行相应的说明。标准中"符号、代号和缩略语"章中的符号、代号或缩略语清单宜按照字母顺序编排。

（10）参考文献

参考文献为资料性补充要素，并且是一个可选要素。在编写标准的过程中经常会资料性地引用一些其他文件，当需要将被引用的文件列出时，应在标准的最后一个附录之后设置参考文献，并且将资料性引用的所有文件在参考文献中列出。

在列出参考文献时，应在文献清单中的每个参考文献前的方括号中给出序号。参考文献中如果列出国际、国外标准或其他国际、国外文献，则应直接给出原文，无须将原文翻译后给出中文译名。

（11）索引

索引可以为我们提供一个不同于目次的检索标准内容的途径，它可以从另一个角度方便标准的使用。

索引为资料性补充要素，并且是一个可选要素。如果需要设置索引，则应用"索引"做标题，将其作为标准的最后一个要素。

4. 要素的表述及其他规则

标准 GB/T 1.1—2009 的第 7 章规定了要素中条款内容的表述，第 8 章给出了编写标准中涉及各类问题所遵循的规则，第 9 章规定了标准的编排格式。

（1）条款的表述

标准的要素是由条款构成的，根据条款所起的作用可将其分为如下三种类型。

1）陈述型条款：是表达信息的条款，可通过汉语的陈述句或利用助动词来表述。表达陈述型条款的助动词有三种："可"或"不必"；"能"或"不能"；"可能"或"不可能"。

2）推荐型条款：是表达建议或指导的条款，通常用助动词"宜"或"不宜"来表达。

3）要求型条款：是表达如果声明符合标准需要满足的准则，并且不准许存在偏差的条款。要求型条款可以通过汉语的祈使句或利用助动词来表述。表达要求型条款的助动词有"应"或"不应"。

（2）条款内容的表述形式

标准中的要素是由各种条款构成的，在表述条款的内容时根据不同的情况可采取以下 5 种表述形式。

1）条文：条文是条款的文字表述形式，也是表述条款内容时最常使用的形式。标准中的文字应使用规范汉字。标准条文中使用的标点符号应符合 GB/T 15834—2011《标点符号用法》的规定。标准中数字的用法应符合 GB/T 15835—2011《出版物上数字用法的规定》的规定。

2）图：图是条款的一种特殊表述形式，当用图表述所要表达的内容比用文字表述得更清晰易懂时，图这种特殊的表述形式将是一个理想的选择。

3）表：表也是条款的一种特殊表述形式，当用表表述所要表达的内容比用文字表述得更简洁明了时，表这种特殊的表述形式也将是一个理想的选择。

4）注和脚注：注和脚注是条款的辅助表述形式。在注或脚注中可以对标准的规定给出较广泛的解释或说明，由此起到对条款的理解和使用提供帮助的作用。注和脚注都属于要素中的资料性内容。

5）示例：示例是条款的另一种辅助表述形式。在示例中可以给出现实或模拟的具体例子，以此帮助标准使用者尽快地掌握条款的内容。示例可以存在于任何要素中，所有示例都属于资料性的内容。示例属于要素中的资料性内容。

（3）其他规则

在编写标准时还会涉及一些其他问题，例如，标准中用到的一些组织机构的全称、简称如何表述，标准中的缩略语如何编写，涉及商品名、专利等问题的处理，还有数值的选择与表述，量、单位及其符号、数学公式、尺寸和公差的表达等等，在标准的第8章给出了这些问题的表述规则。在标准的第9章给出了标准编排格式的要求。

2.2.2　产品标准的编写

产品标准是产品质量的衡量依据，是为保证产品的适用性，对产品必须达到的某些要求或全部要求做出的规定。产品技术条件的编制按产品标准执行。

1. 原则

（1）目的性原则

目的性原则是指根据产品功能和制定产品标准的目的，有针对性地选择标准内容。一项标准可能涉及或分别侧重品种控制、健康、安全、环保、接口、互换性、兼容性和相互配合及相互理解等目的。

1）适用性。首先明确产品适用性，即产品与用户直接相关的性能，如工作环境、电源电压及使用性能。为保证产品的适用性，需要规定产品的外形尺寸、力学、声学、电学等特性的技术要求。

2）品种控制。对于广泛使用的物资、材料、零件等，品种控制是制定标准的重要目的。品种可以包括尺寸及其他特征，标准中通常优化产品系列，给出供选择的系列参数。为了便于批量生产，应以尽可能少的品种满足尽可能多的需要。

3）健康、安全、环保。产品中如果涉及健康、安全、环保要求时，标准中就应包括相应要求，这些要求可能需要含有极限值，如绝缘电阻、绝缘耐压等；还可能包括某些结构细节。如 AX 继电器鉴别销的规定。

4）接口、互换性、兼容性和相互配合。接口、互换性、兼容性和相互配合可能成为影响产品能否正常使用的决定性因素，必要时应对它们进行标准化，如 AX 系列继电器的插座。同时，为解决用户个性化需求与批量生产的矛盾，必须对产品与产品零部件的互换、接口要求做出统一规定，以满足尺寸互换性和功能互换性的要求。如机笼与印制板配合时的尺寸要求，螺钉和螺母配合时的螺纹要求。

5）相互理解。为促进相互理解，通常对标准中的术语下定义，对符号和标志给予说明，对标准中规定的每项技术要求确定抽样方法和试验方法。

（2）最大自由度原则

最大自由度原则又称性能原则，是以性能特性表达，只规定产品性能要求，使实现这些要求的手段能有最大自由度，给技术发展留有最大的余地。也就是说产品标准只规定性能要求和指标，而不规定如何达到这些要求的手段和方法，而不限定工艺、材料等，更不能规定产品制造过程中的要求，如零部件等半成品的技术要求。

标准中不应规定生产工艺的要求，而应以成品试验来代替，给生产留有选择新工艺的余地。例如针对电子产品的性能要求，产品标准中不应规定焊点用波峰焊还是手工焊、是人工检验还是用设备检验焊点质量，而应通过型式试验和出厂检验的各种试验保证产品性能。

如果企业为提高产品质量和技术进步制定严于上级标准的企业标准，作为企业内部组织生产依据，可以不遵循最大自由度原则。

（3）可证实性原则

可证实性原则是指不论标准目的如何，只应列入能被证实的技术要求，即标准中的技术要求应能用试验的方法加以验证。

可证实性原则要求：

1）标准中的主要技术要求，即使用功能的要求应用明确的数值表示，不应使用如"应有足够强度"或"应有阻燃功能"之类的表述。

2）如果不能在短时间内证实产品是否符合稳定性、可靠性或寿命等要求时，则不应规定这些要求。生产者做出的保证虽然有用，但是只是商业概念或合同概念，不是技术概念，不应代替上述要求。

3）有些技术要求还没有科学方法进行验证或不能可靠地验证时，不应列入标准。

2. 结构及各部分名称

根据 GB/T 1.1—2009 和 GB/T 1.2—2009 中有关规定，产品标准一般由概述要素、规范性技术要素和补充要素构成。

概述要素包括封面、目次、前言和引言；规范性技术要素包括产品标准名称、范围、规范性引用文件、术语和定义、产品分类、技术要求、试验方法、检验规则及标志、包装、运输、贮存、规范性附录构成；补充要素包括资料性附录和参考文献。根据产品具体要求也可增减某些内容。

3. 内容

（1）产品分类

产品的品种、规格、代号、牌号、型号等都是由产品按某种原则规定而确定的，这是区分产品种类的依据和标记，统一称之为产品分类。产品分类内容一般是明确产品品种、型式和规格的划分及系列，具体的产品分类往往用产品型号，并指明编制方法，让使用者明白每个字母和数字的含义，目的是为书写简洁，检索方便，便于沟通和理解。

在产品分类中，要规定产品结构尺寸时，一般应绘出结构尺寸图，并注明产品长、宽、高的外形尺寸。

（2）技术要求

我国在 GB/T 1. ×—2009 中对产品标准技术要求作出一些原则性的规定，一般包括以下几个方面：

1）环境条件。任何产品的生产目的都是为满足其使用要求，而产品出厂后到使用地，所经历的外界环境条件是多种多样的，为使产品在各种环境条件下能正常工作，必须规定产品工作环境条件，主要是产品对温度、湿度、烟雾、气压、冲击、振动、辐射等环境因素适应的程度。

2）使用性能。使用性能指标是技术要求的重要内容，它包括三个方面的指标。

——直接反映产品使用性能的指标，如继电器的电气特性、时间特性，发送器的载频频率等；

——间接反映产品使用性能的代用指标，如继电器的接触电阻和电子产品的绝缘电阻等；

——可靠性指标。是指产品在规定条件下和规定时间内完成规定功能的能力，如平均无故障时间、平均寿命。继电器的电寿命和机械寿命即属此类；

3）理化性能。产品的有些质量要求是通过理化性能指标保证的，如机柜的刚度和抗振动能力，电子产品的电磁兼容指标等。

4）稳定性要求。是指气候、温度、酸碱度等对产品的影响，以及产品抗振、抗磁、抗老化、抗腐蚀的性能。

5）安全、卫生和环保。这方面的技术要求主要是防火、防触电、防污染、防辐射等方面的防护要求和噪声要求等。规定这方面的要求时应规定其极限值，如外壳防护等级不低于 IP32、防火等级不低于 V2 等。

6）耗能要求。包括耗电、耗水等。

7）外观和感官要求。用户对产品外观有直接感受，所以应重视外观质量，明确规定凭视觉、手感能确定的要求。如漆层应光滑，色彩均匀一致，无影响装饰或保护质量的毛刺、凸瘤、型砂、焊渣及焊接飞溅物等缺陷。

8）材料要求。对直接影响产品质量的重要原料和特殊材料，可在产品标准中作出规定，同时还应补充"……或其他已经被证明同样适用的材料。"

9）工艺要求。一般指压力锅炉等产品，为保证产品质量和安全必须限定工艺条件时，可以在产品标准中规定，但一般的工艺要求，如表面处理、加工方法等不应写在标准中。规定工艺要求时建议以附录形式提出。

10）其他要求。

上述几个方面不是编写时应遵循的先后顺序，或每种产品标准编写时都要写入，也不是某个性能指标一定是属于某项要求，应根据产品的具体情况，决定技术要求内容及编写次序。

（3）试验方法

对产品技术要求进行试验、测定、检查的方法统称为试验方法。它是鉴定具体产品是否合格的定量鉴定方法，只有通过统一的试验方法，才使试验结果具有可靠性和可比性。

编写试验方法时应符合以下 5 项要求：

1）每项技术要求均应规定相应的试验、测定或检查方法，保证互相匹配一致，一一对应。

2）一项要求一般只规定一个检验方法，如必须规定两种或以上试验方法时，应规定一种仲裁方法。

3）试验中所有的仪器、设备应规定精度等级，并在检定有效期内，否则不能保证测试结果的可靠性，但不能规定其生产单位及商标等。

4）试验的精密度是指在确定条件下，多次测试所得结果之间的一致程度，精密度应根据产品精度要求选择。

5）试验中间数据可以多一位，但试验结果与技术要求量值有效位数应保持一致。

一般来说，编写试验方法时可考虑：原理、材料要求、仪器及设备要求、试验装置、试验条件、试验程序、试验结果的计算与评定及精密度等。

特别注意的是：当试验程序会影响试验结果时，应明确试验程序，保证试验结果的准确性。要充分利用已有的通用试验方法标准，在已有同类产品试验方法标准时，应尽量直接引用，不必另行编写。

（4）检验规则

检验规则是对试验结果做出合格与否的测定，是判定产品是否合格的准则，主要包括检验分类、每类检验所包含的试验项目，产品组批、抽检，检验结果的测定规则和复检规则等。

产品检验大多分为型式试验和出厂检验两类。对产品质量进行全面的考核，对产品标准中规定的技术条件全部进行检验，必要时还可增加检验项目，称为型式检验，又称例行检验。型式试验主要适用于产品定型鉴定和评估产品质量是否全面达到标准和设计要求。出厂检验又称交收检验，出厂检验的项目是型式试验项目的一部分，所有产品出厂前都要进行出厂检验。

检验项目建议采用表格的形式呈现。

抽检应尽量采用标准的抽检方法，如 GB/T 2828.1—2012 和 GB/T 2829—2002。

对每一类检验，无论是出厂检验还是型式试验，都要给出判定规则和判定产品合格或不合格的条件。

（5）标志、包装、运输、贮存

在产品标准中对产品的标志、包装、运输和贮存作出统一规定，目的在于使产品制成出厂后到交付使用过程中，便于识别产品并保证产品在运输和贮存过程中不受损伤，质量完好。

标志是产品、包装上用图形文字、颜色等表示产品的某些特征或某些要求的记号，一般内容为：制造厂名、产品名称、商标、产品型号、制造日期、生产批号或出厂日期及编号、产品主要参数、产品质量等级或认证标志和有效期限。包装标志包括产品包装外表上的收发货标志、包装储运标志等，这些规定应符合 GB/T 191—2008《包装储运图示标志》和 TB 1498—1984《铁路通信信号产品包装技术条件》。

如果需要对产品包装提出要求，可将有关内容编入标准，也可引用有关包装标准。有些产品还应规定产品的随带文件，如产品合格证、使用说明书、装箱单等。

在运输方面有要求的产品，应在产品标准中规定运输要求，包括运输方式（如公路、空运）、运输条件（运输时防护条件，如遮蓬、保温等）及其他注意事项（装、卸、运时的特殊要求）。

凡对贮存有要求的产品，应在产品标准中对贮存要求做出明确规定。主要内容有：贮存场所（如库存、露天存放和遮棚存放等）、贮存条件（贮存场所温度、湿度、通风等）、贮存期限、贮存期内维护要求及定期不定期抽检等。

【做一做】

工作任务 2-1 编写出电动自行车用控制器企业标准文本。

标准名称：电动自行车用无刷直流电动机控制器

要求：熟悉 GB/T 1.1—2009《标准化工作导则 第 1 部分：标准的结构和编写》、和"标准编写模版 TCS2009"的使用指南，以电动自行车用控制器国家或行业或企业标准为参考范本，结合收集的现成资料、市场调研报告、未来市场的发展趋势，以及目标产品的性能和功能特点，协助拟定出电动自行车用无刷直流电动机控制器的企业标准，编写出电动自行车用无刷直流电动机控制器企业标准文本。

项目3 协助设计电路

模块 3.1 协助制定产品的设计和开发控制程序

学习目标：

熟悉产品的设计开发控制程序。

任务目标：

会协助制定电子产品设计任务书和计划书。

【案例导入】

文件号：C009-A

版　本：　　A

分发号：

ISO 9001：2000 质量管理体系程序文件
——设计和开发控制程序

拟　　制_____　日期_____

审　　核_____　日期_____

管理类别：　□受控　　□非受控

批　　准：　　　　　　　　　　　　　　　生效日期：2008.7.1

1 目的

本程序规定了本公司产品设计和开发的基本程序，明确了产品设计开发不同阶段的活动内容和责任，便于最大限度地提高产品设计质量，缩短开发周期，以确保设计结果满足顾客和相关标准、法律法规的要求。

2 范围

本程序适用于新产品开发和定型产品改进的设计和开发的控制。

3 职责和权限

3.1 技术部为产品设计和开发的归口管理部门，负责开展产品的设计和开发、编制设计开发相关文件以及对设计开发的更改进行控制。

3.2 总工根据市场及顾客需求，组织相关部门确定开发项目，并下达设计任务书。

3.3 技术部长负责对设计和开发的全过程进行管理，审批计划书，并监督产品设计开发的全过程，以确保各项工作按策划时间节点开始和完成。

3.4 各相关部门及人员负责产品设计和开发过程中的设计评审和设计确认。

3.5 生产部负责小批试制生产。

3.6 品管部负责设计和开发的检验及验证工作。

3.7 市场部负责采购设计开发过程所需的物料。

4 工作程序

产品设计和开发是产品实现过程的关键环节，它决定了产品的固有质量，只有在设计和开发优良的前提下，通过生产服务提供才能提供优质产品。

4.1 设计和开发的策划

4.1.1 设计和开发项目来源

（1）自主开发的情况：市场部门会同技术开发部进行市场调研，了解产品发展动态、水平和顾客需求，国内外同类产品的特点、价格等内容，结合公司发展规划，编制市场调研报告，上报给公司领导。

（2）顾客委托开发的情况：市场部将顾客反应的与产品有关的要求提供给相关部门，按《产品要求确定评审程序》的规定进行评审，并形成文件。

4.1.2 总工领导技术部、市场部、品管部、生产部有关人员（必要时请顾客代表参加）对市场调研报告或与产品要求的评审结果（合同、技术协议）等文件、资料进行决策，形成设计任务书；设计任务书由各相关部门会签，报总工审批后被发送到技术部。

4.1.3 设计任务书是产品设计、试制、试验、评审和鉴定的依据，其内容可包括：

（1）功能和性能的要求；

（2）法律法规和地方法规要求；

（3）实施行业强制性标准或行业规范；

（4）产品简要说明和用途；

（5）来源于以前类似设计和开发活动中提供的信息；

（6）市场与经济分析，顾客要求及社会需求；

（7）标准化综合要求以及其他设计和开发所必需的要求。

4.1.4 技术部根据设计任务书编写设计计划书，其内容包括：

（1）确定设计和开发阶段；

（2）明确各阶段任务、职责和权限、人员、资源配置和进度安排；

（3）明确适合各阶段的评审、验证和确认活动；

（4）设计计划书由项目负责人编制、技术开发部长审核后实施；

（5）设计计划书可随着设计进展适时被修改，经重新审批后发放实施。

4.1.5 设计人员和资源

每个设计开发项目中，技术部长应指定项目负责人，并为该项目配备必要的技术人员和资源（包括信息、资料和工作手段等）。

4.1.6 组织和技术接口

明确参与设计和开发过程的各部门之间以及内部各职能部门之间的接口和相互关系，规定信息种类和传递方式，以确保各部门之间有效的沟通。

（1）技术部负责将设计任务书和设计计划书及相关背景资料，提供给有关部门及设计人员，设计人员编制产品试制计划、采购零件明细表和检验规范；

（2）生产部根据产品试制计划组织试制及小批试生产；

（3）市场部根据采购零件明细表采购所需产品；

（4）品管部根据检验标准，组织试制产品的检验、测量和试验；

（5）市场部负责与顾客的沟通。

4.2　设计和开发的输入

4.2.1　技术部接到设计/开发任务书后，收集与设计开发项目相关的信息，形成设计和开发的输入，输入的内容包括：

（1）产品的功能和性能要求；该要求主要来自顾客或市场的需求与期望，一般包含在合同、订单中；

（2）适用的法律、法规要求；

（3）以前类似设计/开发任务书中提供的适用信息；

（4）产品的安全性和适用性至关重要的特性要求，包括安全、包装、运输、贮存、维护及环境等；

（5）其他必需的要求。

4.2.2　项目负责人组织设计开发人员和相关部门对设计开发的输入进行评审，对其中不完善、含糊或矛盾的要求作出澄清和解决，确保设计开发的输入满足任务书的要求。

4.3　设计和开发的输出

4.3.1　设计人员依据"设计/开发任务书"和"设计/开发计划书"等文件，开展设计开发工作，编写相应的设计/开发的输出文件。

4.3.2　设计和开发的输出文件，应以针对设计和开发的输入进行验证的方式提出，以便于证明满足输入要求，为生产运作提供适当的信息，用以获得到批准。设计/开发的输出文件可包括：

（1）指导生产、包装等活动的图样和文件，如作业指导书、零件图、部件图、总装图、电气原理图、生产工艺及包装设计等；

（2）包含或引用相关的验收准则；

（3）采购清单，包括元器件、外协件、外购件清单；

（4）产品技术规范或企业标准；

（5）用户手册或使用说明书等；

（6）根据产品特点规定对安全和正常使用至关重要的产品特性，包括安装、使用、搬运、维护及处置的要求。

4.4　设计和开发的评审

4.4.1　在设计和开发的适当阶段，应依据所策划的安排对设计和开发进行系统的评审。评价设计和开发的结果满足要求的能力、资源配置的适应性、识别和预测存在问题的部位和薄弱环节，提出纠正措施，确保最终设计满足顾客的要求。

4.4.2　设计和开发评审的阶段划分及评审的主要内容：

（1）对设计和开发的输入的评审。

1）该阶段的评审主要是根据设计/开发任务书中产品的设计要求，对设计和开发的输入信息进行评审，以确保输入的信息是充分与适宜的。

2）评审的主要内容可包括：

- 产品设计的依据和原则；
- 产品要达到的功能和性能要求；
- 能否符合相关法律法规的要求（如国际和国家标准、行业标准、检定规程等）；
- 以前类似设计/开发任务书中相关内容的引用；
- 新工艺、新技术、新材料的应用计划；
- 设计和开发的输入所需的其他要求的评审。

（2）对设计和开发输出的评审

在设计和开发的输出环节之后、设计和开发的验证环节之前进行的评审。

1）该阶段的评审主要是对设计和开发的结果进行系统的评审，以评价设计和开发的结果满足要求的能力，识别存在的问题，以便在早期改正产品的各种缺陷。

2）评审的主要内容可包括：

- 各项技术参数是否满足新产品开发任务的要求；
- 各部件的配合尺寸是否满足预定要求；
- 所确定的技术难点与对策是否可行；
- 模块系列化、标准化、通用化程度；
- 预定的使用条件和环境条件下的工作能力；
- 可靠性、可维修性方面的要求；
- 其他认为需要评审的内容；

（3）对设计和开发的更改的评审

当需要更改设计和开发时，应对设计和开发的更改进行评审，以确认设计改进的正确性。评审内容包括：

1）更改部分的各项技术参数及相关要求；

2）更改部分对产品其他组成部分和已经交付产品（包括正在生产的产品）的各种可能影响。

4.4.3　评审的方式有：会议评审、专家评审、逐级审查、同行评审等；公司对一般的设计开发项目采用会议评审方式，也可根据实际需要选择其他一种或多种进行评审。

4.4.4　参加评审的部门及人员：技术部、品管部、市场部、生产部及与设计开发项目有关的其他人员等。

4.4.5　各部门在参加评审前应准备好评审项目所需要的资料。

4.4.6　项目负责人指定专人对评审结论、所采取的改进或纠正措施进行记录，评审后形成"设计和开发评审报告"。技术部负责跟踪措施的执行情况，并填入"设计和开发评审报告"的相应栏中。

4.5　设计和开发的验证

4.5.1　依据策划内容，对设计和开发进行验证，即通过检查和提供客观证据，确保设计和开发的输出满足输入的要求。

4.5.2　设计和开发的验证方法可以是以下的一种或几种：变换方式进行计算；进行样

机试验验证；与同类已获证实的产品进行比较；计算机模拟分析、验证。

4.5.3 设计和开发验证的方法由项目负责人根据现阶段所具备的设计验证能力决定。当现阶段不具备验证某种产品的能力时，该产品的设计验证可委托外单位进行。

4.5.4 项目负责人综合所有验证结果，编制《设计和开发验证报告》，记录验证的结果、所采取的措施及实施情况跟踪的措施，报总工批准，确保设计和开发的输入中每一项设计性能、功能指标都有相应的验证记录。

4.5.5 样机验证通过后，公司即可进行小批量试产，技术部根据试产情况，填写《小批量试产总结报告》，报总工审核后，作为批量生产的依据。

4.6 设计和开发的确认

4.6.1 为确保产品能够满足规定的或已知预期使用或应用的要求，依据策划内容对设计和开发进行确认，确认工作应在产品交付前完成。确认方式有如下3种方式可选择：

1）技术部负责编制并实施确认计划，组织召开新产品鉴定会，会同公司内外有关设计、工艺和质量方面专家、顾客代表及有关领导参加，对设计和开发予以确认，形成《产品鉴定报告》；

2）试生产合格的产品，由市场部门沟通，将产品交顾客使用一段时间，形成《客户试用报告》，了解顾客对产品符合标准或合同要求的满意程度及对产品通用性的评价。这种顾客的满意度即可当作设计开发的确认；

3）新开发的产品，可按产品标准送往国家授权的试验室进行检测和型式试验，由其出具合格报告，同时提供《顾客满意调查表》，即可作为对设计和开发的确认。

4.6.2 通过设计和开发确认的产品，技术部将设计和开发的输出文件整理归档，作为批量生产的依据。

4.6.3 当设计和开发产品需要其他认证时，需经相关检测认证机构的确认。

4.7 对设计和开发的更改的控制

4.7.1 当顾客反馈、产品实现中发现设计疏忽或错误，对产品功能或性能在设计验证后需要更改，安全、环保法规或社会要求改变时，需对其进行更改设计。

4.7.2 当更改的数量和复杂性较大时，或涉及功能、性能指标的改变，以及人身安全或法律法规要求更改时，项目负责人应就其对产品组成部门和已交付产品的影响作出评价，甚至再次进行正式的设计评审、验证和确认。

4.7.3 设计和改进引起的文件更改按《文件控制程序》执行。

5 相关文件

CX2001《文件控制程序》。

6 相关记录

（1）J0901 设计/开发任务书；

（2）J0902 设计/开发计划书；

（3）J0903 设计/开发评审报告；

（4）J0904 设计/开发验证报告；

（5）J0905 小批量试制总结报告；

（6）J0906 产品鉴定报告；

（7）J0907 客户试用报告。

设计/开发任务书

编号：J0901   顺序号：

项目名称		型号/规格		起止日期	

项目来源：

依据的标准或法律法规（条款）：

产品功能描述：

技术参数与性能指标：

主要零部件结构：

说明书要求：

合格证要求：

其他要求：

备注：

会签

技术部：   制造部：   品管部：   市场部：

编制：   年 月 日   审批：   年 月 日

70

设计/开发计划书

编号：J0902   顺序号：

项目名称		型号/规格	
项目起止日期		项目负责人	

资源配备：

设计阶段的划分及主要内容		责任部门/人员	配合部门/人员	完成期限 （年月日）
输入				
输入的 评审				
输出				
输出的 评审				
验证				
确认				

备注：

参与设计人员签名：

编制：　　　年　月　日　　　　　　　　　　　　批准：　　　年　月　日

设计/开发评审报告

编号：J0903   顺序号：

项 目 名 称				型号/规格	
设计开发阶段				负责人	
评审人员	部门	职务或职称	评审人员	部门	职务或职称

评审内容：

存在问题及改进建议：

评审结论：

对纠正、改进措施进行跟踪和验证的结果：

备注：

编制：   年 月 日   审批：   年 月 日

设计/开发验证报告

编号：J0904   顺序号：

项目名称		验证方法	
试制产品名称		型号/规格	
试制日期		试制数量	

试制过程简介：

测试内容摘要及结论：

试制结论及建议：

编　制：　　　　年　月　日

审　核：　　　　年　月　日

备注：

总工程师意见：

签　字：　　　　年　月　日

73

小批量试制总结报告

产品名称		试制数量	
型号/规格		试制起止日期	

试制过程简介（由样品到小批量试制转化中主要的困难及克服办法、主要质量控制点、工艺合理性评价、设备加工能力评价、人员能力是否满足要求等）：

产品检验、试验结果简介及其结论（附各阶段的检测报告记录）：

试制结论及建议：

签名：　　　　　　　日期：

总工程师审批意见：

签名：　　　　　　　日期：

产品鉴定报告

顺序号：

项目名称		型号/规格	
鉴定会议的时间		鉴定会议的地点	

鉴定过程及内容：

鉴定结论及建议：

鉴定参加人员	部门或单位	职务或职称	鉴定参加人员	部门或单位	职务或职称

编制：   年 月 日   审批：   年 月 日

客户试用报告

编号：J0907   序号：

项目名称		型号/规格	
试样数量		生产日期	
客户名称		试用报告	

地址：

电话：	传真：	邮编：	联系人：

客户试用情况（包括对产品的适用性、符合标准或合同要求的情况）：

客户试用结论及建议：

客户签名：

公章：

日期：

（可另加页叙述）

以上案例是将产品和服务的设计和开发相关内容在企业中的具体体现。

1. 总则

组织应建立、实施和确保适合的设计和开发过程，以确保后续的产品和服务的提供。

2. 设计和开发策划

在确定设计和开发的各个阶段和控制时，组织应考虑：
1）设计和开发活动的性质、持续时间和复杂程度；
2）所需的过程阶段，包括适用的设计和开发的评审；
3）所需的设计和开发的验证及确认活动；
4）设计和开发过程涉及的职责和权限；
5）产品和服务的设计和开发所需的内部和外部资源；
6）设计和开发过程参与人员之间接口的控制需求；
7）顾客和使用者参与设计和开发过程的需求；
8）对后续产品和服务提供的要求；
9）顾客和其他相关方期望的设计和开发过程的控制水平；
10）证实已经满足设计和开发要求所需的成文信息。

3. 设计和开发的输入

组织应针对所设计和开发的具体产品和服务，确定必需的要求。其要求应考虑：
1）功能和性能的要求；
2）以前类似设计和开发相关的信息；
3）相关法律和法规的要求；
4）实施相关的标准或行业规范；
5）由产品和服务性质所导致的潜在失效后果。
针对设计和开发的目的，输入应是充分和适宜的，且完整、清楚。
相互矛盾的设计和开发的输入应得到解决。
组织应保留设计和开发的输入的相关成文信息。

4. 设计和开发控制

组织应对设计和开发过程进行控制，以确保以下过程顺利进行：
1）规定预期的结果；
2）实施评审活动，以评价设计和开发的结果满足要求的能力；
3）实施验证活动，以确保设计和开发的输出满足输入的要求；
4）实施确认活动，以确保产品和服务能够满足规定的使用要求或预期用途；
5）针对评审、验证和确认过程中确定的问题采取必要措施；
6）保留这些活动的成文信息。
注意： 因设计和开发过程中评审、验证和确认的目的不同，可根据组织的产品和服务的具体情况，对其进行单独或组合方式进行。

5. 设计和开发的输出

组织应确保设计和开发的输出：

1）满足输入的要求；

2）满足后续产品和服务的需要；

3）监视和测量的要求，适当时包括接收准则；

4）规定产品和服务特性，这些特性对于达到预期目的、产品和服务的安全和正常供给是必需的。

组织应保留有关设计和开发输出的成文信息。

6. 设计和开发更改

组织应对产品和服务设计和开发期间以及后续所做的更改进行充分的了解、评审和控制，以确保这些更改对满足要求不会产生不利影响。

组织应保留下列方面的成文信息：

1）设计和开发的更改；

2）评审的结果；

3）更改的授权；

4）为防止不利影响而采取的措施。

【做一做】

工作任务 3-1　制定电动自行车用控制器的设计/开发任务书、设计/开发计划书

文稿标题：

1）电动自行车用控制器的设计/开发任务书

2）电动自行车用控制器的设计/开发计划书

要求：

1）采用 PSoC 单片机作为信号处理器；

2）采用无刷直流电动机作为驱动电动机。

模块 3.2　协助制定、确定和论证电路设计方案

学习目标：

1）熟悉电子产品设计方法。

2）熟悉电子产品总体设计方案的确定方法。

3）熟悉电子产品总体设计方案的论证方法。

任务目标：

1）会协助制定电子产品设计方案。

2）会协助确定电子产品设计方案。

3）会协助论证电子产品设计方案。

3.2.1 协助制定电路设计方案

【案例导入】

电动自行车用控制器方案

1. 概述

近年来，随着改革开放和经济发展日益深刻，人民生活水平日渐提高，出行交通工具也发生前所未有的变化。老百姓出行不仅考虑快捷、方便，还追求时尚环保，因此近年来电动自动自行车日益受老百姓喜爱。控制器是电动自行车的关键，其控制性能的好坏决定车子的平稳、安全、舒适程度，因此一个功能全面、可靠性好、符合要求的控制器决定了电动自行车的质量。为了使电动自行车有良好的体验和可靠的质量保证，本文介绍一种控制器的设计方案。

2. 系统需求分析

（1）具有安全检测功能

1）需要检测电池电流，电池电流不能过大，防止损伤电池；

2）需要检查电动机中的电流，并且识别电动机是堵转还是车子上坡或者负载过大，并且限制电动机电流17A以下，在15~17A间变化，防止长时间大电流烧坏电动机；

3）检测电池电压，电池电压大于电动机额定电压120%时，发出报警铃声，提醒电压过大，不能驱动电动机。

（2）显示速度和里程数

1）利用三位数码管显示里程数，范围为0~999km，保证每分钟更新一次；

2）用5个发光二极管显示速度，表示5个挡位，每个挡位间隔速度为10km/h，即表示的速度为10km/h、20km/h、30km/h、40km/h、50km/h，速度在某个挡位时对应发光二极管闪亮。

（3）具有转向灯控制电路

当打开转向灯开关时，对应的转向灯每隔0.5s闪一次，每次持续0.5s。

（4）具有照明灯控制电路

当打开照明灯时，用一个发光二极管在仪表盘上显示照明打开。

（5）具有报警功能

当钥匙开关不再车上时，若轮子速度有变化，即发出报警声音。

3. 系统分析

（1）电动车控制器框图

图3-1是整车的控制系统框图，主要有电源、电动机、控制器等，其中控制器位于核心地位，是整个控制系统的关键，也是负责组织各个部分协调工作的中心，其具体的控制框图如图3-2所示。

从图3-2中可以看出，控制器由单片机及其外围电路构成，包括输入信号处理电

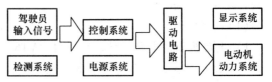

图3-1 电动自行车的控制系统框图

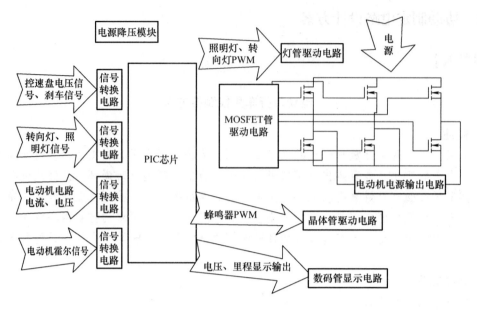

图 3-2　电动自行车的控制系统的具体框图

路、输出信号处理电路、电源电路等。

（2）控制器关键功能分析

1）改变电动机速度。即调速功能，检测车把电压，根据转把来调节速度设定。同时检测霍尔传感器计数值，将其作为当前速度，通过 PID 调节来计算应该输出的 PWM 波形。

2）刹车功能。检测刹车信号，当刹车有效时，将速度设定值强制变为零，输出 PWM 值也变为零。

3）过电压、过电流检测电路。检测电源电压，低压报警，防止损伤电池；检测电源电流，当电流过大时适当降速，限制电流在合理区间，防止烧坏电动机、电源。

4）显示电池电压、车速、里程数。将车子的速度用数码管显示在仪表盘上，将电池电压通过发光二极管显示在仪表盘上。

5）防盗。当车子锁上时，车轮有转动则报警。

6）照明灯控制开关、转向灯控制开关。可以采用双刀双掷开关，一个控制强电信号，另一个控制单片机检测信号。

4. 控制器设计

控制器是电动自行车的核心，要实现的功能有：可以改变电动机速度；可以刹车；有过电压、过电流检测电路；显示电池电压、车速、里程数；防盗。

控制器不仅要具有以上功能并且引出相关信号线，而且要有合适的外观尺寸，并且可以对内部电路进行保护。

（1）硬件设计

1）电动机驱动电路设计。由 VT1 ~ VT6 六只功率管构成的全桥式驱动电路可以控制定子绕组的通电状态。按照功率管的通电方式，可以分为两两导通和三三导通两种控制方式。由于两两导通方式提供了更大的电磁转矩而被广泛采用。在两两导通方式下，每一瞬间有两个功率管导通，每隔 1/6 周期即 60° 电角度换相一次，每只功率管持续导通 120° 电角度，对应定子每相绕组持续导通 120°，在此期间相电流方向保持不变。

为保证产生最大的电磁转矩，通常需要使绕组合成磁场与转子磁场保持垂直。由于采用换相控制方式，其定子绕组产生的是跳变的磁场，使得该磁场与转子磁场的位置保持在 60°~120° 相对垂直的范围区间。

2）照明灯、转向灯、速度显示仪表。单片机检测到照明灯亮暗、转向灯亮暗及方向，将其显示在仪表盘上，灯的亮暗是通过三个发光二极管来显示的。由于一般的发光二极管 20mA 的电流就可以驱动，因此可以用单片机 I/O 引脚直接驱动。

至于速度显示，可以通过数码管显示，数码管可以用 3 个，显示范围是 0.0~99.9km/h，可以用晶体管控制选择端，每次选择一个数码管，对其进行给值，单片机输出的是四位信号，可以显示 0~9 的 BCD 码，通过数码管显示驱动芯片将其转换为数码管的 7 段码，则选中的数码管显示对应的数字，通过不断给数码管写值则可以达到看起来连续的效果，如图 3-3 所示。

或者要节省成本，其实速度显示可以仅显示挡位，比如 0~5km/h、5~10km/h、10~15km/h、15~20km/h、20~25km/h 5 挡，每挡对应一个发光二极管，当速度在对应的挡位时，对应的发光二极管亮，其他的不亮。

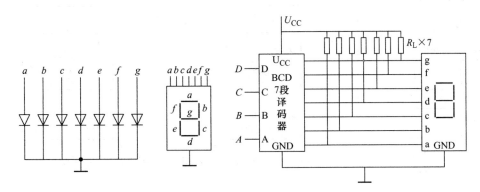

图 3-3　数码管显示电路

3）电池电压检测电路。检测电池电压时需要对电池电压进行采样，采样电路的作用是强弱分离，对单片机引脚进行保护，同时对电池电压进行变换，变到适合单片机 A-D 引脚采样的范围。

采样电路中可以先用电容进行滤波，然后接上一个输入电阻很大的变换电路，可以通过 LM741 等运算放大器实现，然后对比较后的电压进行电阻分压转换，转换到 0~3.3V，适合单片机采样。

4）电动机电流检测、电池电流检测、漏电检测。在待检测的电路中串入阻值很小的电阻（注意大电流电路中电阻必须要有较大的功率），然后对电阻两侧的电压取样，经过后级差值比较电路得出压差。差值转换可以采用 LM741，然后再进行放大或缩小变化，转换成 0~3.3V 的范围，再接入单片机 A-D 引脚进行电压检测，然后除以电阻的变比等即可得到对应线路的电流。通过对每个线路设定的电流阈值及车状态检测，即可得到是否过流、是否漏电等信息。

5）报警电路。单片机通过 I/O 引脚输出报警信号，然后通过晶体管驱动蜂鸣器来提示是否有紧急情况。通过不同频率的信号分辨不同的报警信息。

6）防盗电路。防盗检测其实是通过检测轮子是否转动来实现的，即利用霍尔器件检测速度，若速度大于某个去掉干扰后的阈值就认为有被盗的可能，就驱动蜂鸣器报警。

（2）软件设计

1）软件流程图设计。软件主要流程（包括初始化、主循环）如图 3-4 所示，速度调整程序流程如图 3-5 所示，显示子函数程序流程如图 3-6 所示，速度调控流程如图 3-7 所示，安全检测程序流程如图 3-8 所示。

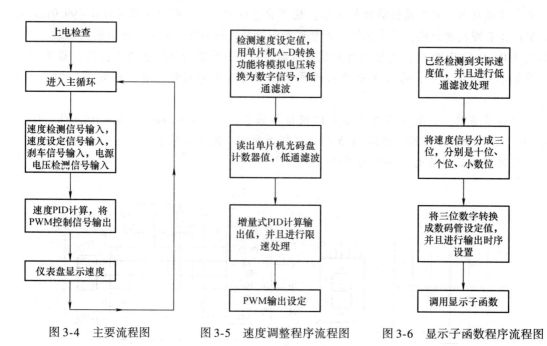

图 3-4　主要流程图　　　图 3-5　速度调整程序流程图　　　图 3-6　显示子函数程序流程图

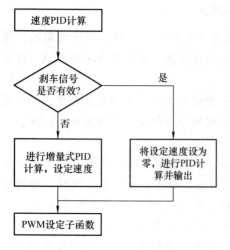

图 3-7　速度调控流程图

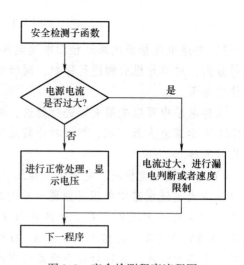

图 3-8　安全检测程序流程图

2）软件功能设计。

① 速度 PID 设计。

● 可以采用增量式 PID，在不同电压、不同速度下比例–积分–微分系数有所不同；

● 带刹车检测，刹车时将设定速度设为 0，电动机 PWM 输出为零；

● 超速限制，当速度超过 20km/h 时，进行适当减速，限制在 20km/h 以下；

● 起步限速，开始时速度慢慢上升，防止突然起动。

② 安全检测设计。

● 检测电压电流，当电压较低时报警，以免损坏电池；

● 电流检测，防止超过限制电流烧坏电动机、电源或者电线，当电流大于最大电流时减速，使电流在最大电流值以下附近一个区间内波动；

● 上电检测，当电动机未起动时，若有较大电流则可能漏电，进行报警；

● 当车钥匙拔出来，并且开启报警功能后，若车轮光码盘有读数，说明车子可能被盗，要进行报警。

③ 显示设计。

● 速度显示设计。用三段数码管显示速度的十位、个位和小数位，采用共阴极数码管，用 LM373 锁存数字，3 个 I/O 口选通数码管，一次显示一位，每个循环周期控制一次；

● 照明灯显示设计。主控电路用开关实现，单片机仅检测开关是否开启，并用一个 I/O 口来控制晶体管电路驱动发光二极管来显示是否开启照明灯，左右的转向灯采用相同的设计；

● 电源电压显示设计。将检测到的电压用多个发光二极管显示，亮的越多电压越高，当电压低于报警电压时，所有二极管熄灭；驱动电路采用晶体管驱动，每个循环周期进行一次显示。

1. 高性能电动自行车用控制器方案

智能型无刷直流电动自行车控制器采用性能优异的赛普拉斯单片机作为主控芯片，来实现控制和保护电动自行车的电动机、电池，使电动自行车驱动系统工作在最佳状态，从而提高产品的可靠性和使用寿命；采用霍尔电子无级调速系统，具有欠电压保护、过电流保护、堵转保护等保护功能，可靠地对电动自行车电动机和电池进行保护，确保电动自行车使用及安全；加入了全新的无刷电动机控制理论，具有 EABS 刹车功能、倒车功能，用户在关掉电源的情况下可把电动机锁死，使车子很难被推动，另外还加入 1∶1 助力系统，具有巡航功能、模式切换功能、三挡变速，实现了真正的智能控制。

该电动自行车的参数和特点如下。

1）工作电压为 DC 41～62V。

2）欠电压保护为 DC 41.5V ±1V（也可根据用户要求设定）。

3）电动模式为霍尔电子无级调速系统，调速范围（0～100）%，1.1～4.2V。

4）限流电流。350W 限流电流 ≤17A，450W 限流电流 ≤24A，500W 限流电流 ≤31A（根据用户要求设定）。

5）限速功能。最高车速可达 35～45km/h（根据电动机而定），限速行驶速度控制在 20km/h 以内。

6）起动方式。手柄控制方式，控制灵活。

7）刹车。EABS刹车功能。

8）巡航模式。具有自动巡航和手动巡航两种可选功能，8s进入巡航模式，行驶速度稳定，无须手柄控制，同时具有LED灯指示巡航功能。

9）1:1助力功能。控制器根据骑车者脚踏力的大小（速度快慢），给出相应比例的电动机动力，实现了在骑行中辅以动力，让骑行者感觉更轻松。转速智能型车具有LED灯指示1:1助力功能。

10）堵转保护功能。自动判断电动机在过流时是处于完全堵转状态还是在运行状态或电动机短路状态，如过电流时是处于运行状态，控制器将限流值设定在固定值，以保持整车的驱动能力；如电动机处于纯堵转状态，则控制器2s后将限流值控制在10A以下，以保护电动机和电池，节省电能；如电动机处于短路状态，控制器则使输出电流控制在2A以下，以确保控制器及电池的安全。

11）防飞车功能。解决了无刷控制器由于转把或线路故障引起的飞车现象，同时具有起动中防飞车功能，提高了系统的安全性。

12）电动机锁死功能。在关闭电门锁的情况下，控制器能自动将电动机锁死，实现了部件级的防盗功能，解决了防盗型控制器在警戒状态下控制器还必须工作、工作电流大的不利因素。

13）遥控功能。在关闭电门锁的情况下，控制器在接收到遥控报警信号时，自动将电动机锁死，同时具有报警功能。

14）滑行时反充电功能。滑行时可对电池进行反充电，同时具有LED灯指示反充电功能，在延长了电池的续行时间的同时增加了电池的使用寿命，解决了电池的续行时间短和使用寿命不长的问题。

15）EABS刹车时反充电功能。EABS刹车时可对电池进行反充电，同时具有LED灯指示反充电功能，使用户在使用过程中可随时对电池进行充电，增加行驶里程。

16）120°/60°电角度的选择。通过内部与外部两种选择方式实现120°与60°电角度相互切换，解决因相位角不同而控制器无法通用的现象（自动兼容）。

17）倒车功能。通过按键可切换正常的行进模式与倒车模式，使用户在使用的过程中能方便地进行倒车。

18）三挡变速功能（超三速）。利用按键或拨挡开关，可将电动车速度设置为低速、中速、高速三挡不同的运行速度，同时具有LED灯指示低速、中速、高速，用户可根据自身的喜好或路况去选择不同的速度，以最大限度地节约电池电量，增加电池的续行里程。

19）附加功能。控制器还可与多种显示面板相配套使用，从而使其性能更完善，更能满足不同客户的需求。

20）无霍尔传感器功能。完全零起动，无死角，起动力矩大，操作简单，能很好地用于二级市场。

21）自学习功能。分为转把和手拨两种，自动识别能力强，可加入倒车功能，能很好地满足二级市场，性能很稳定。

22）简易防盗功能。完全零功耗，以最大限度地节约电池电量，增加电池的续行里程。分为五种，一种是关电门锁电动机，一种是关电门延时10s锁电动机，一种是关电门按钮锁电动机，一种是关电门遥控锁电动机，还有三速防盗锁死电动机。

23）指示灯显示

① 指示灯常灭：控制器进入运行状态；

② 指示灯亮 0.5s、灭 0.5s、闪烁一次，灭 1s：控制器进入待机状态；

③ 指示灯亮 0.5s、灭 0.5s、闪烁二次，灭 1s：刹车信号；

④ 指示灯亮 0.5s、灭 0.5s、闪烁三次，灭 1s：MOSFET 管损坏；

⑤ 指示灯亮 0.5s、灭 0.5s、闪烁四次，灭 1s：飞车保护；

⑥ 指示灯亮 0.5s、灭 0.5s、闪烁五次，灭 1s：电流故障；

⑦ 指示灯亮 0.5s、灭 0.5s、闪烁六次，灭 1s：电源欠电压保护；

⑧ 指示灯亮 0.5s、灭 0.5s、闪烁七次，灭 1s：霍尔信号故障；

⑨ 指示灯亮 0.5s、灭 0.5s、闪烁八次，灭 1s：未接入手柄信号。

2. 电子产品设计方案的类型

随着科学技术的快速发展，电子产品功能要求的日益增多，智能性增强，更新换代速度加快，要求电子产品的设计方法也要跟上时代发展的需要。目前，可以将电子产品设计方案概括为下述四大类型。

（1）元素化设计方法

元素化设计方法的主要特点是：将整个电子产品设计看成由若干个设计元素组成的一个系统，每个设计元素具有独立性又存在着有机的联系，所有的设计元素结合后，即可实现设计系统所需完成的任务。元素化设计方法是将生产需求作为产品功能构思，进行元器件设计、线路规划、动作控制等，从电子产品开发的宏观过程出发，根据功能分布情况，将生产需求信息合理而有效地转换为电子产品开发各阶段的技术目标和操作规程的方法。由于设计者研究问题的角度不同，进行方案设计时可采用设计元素法，即用四个设计元素（功能、原理、元器件和电气参数）来描述产品，通常认为一个电子产品的四个设计元素值确定之后，该产品的所有特征即已确定。也可采用"构思—设计"法，将产品的方案设计分成"构思"和"设计"两个阶段。"构思"阶段的任务是寻求、选择满足设计任务要求的过程。"设计"阶段的工作则是具体实现构思阶段的过程。

（2）功能化设计方法

功能化设计方法的主要特点是：设计任务是以功能化的元器件为基础，引用已有的元器件表达设计任务，分解任务时考虑每个分任务是否存在对应的元器件，这样能够在产品规划阶段就注意到设计过程中可能存在的矛盾，以及产品开发设计过程中计划的可调整性，由此提高设计的效率和可靠性。在电子产品功能分析的基础上，将产品分解成具有某种功能的一个或几个模块化的基本元器件，通过选择和组合这些模块化基本元器件组建成不同的电子产品。这些基本结构可以是几个元器件，甚至是一个系统。理想的功能化基本结构应该具有标准化的接口，并且是系列化、通用化、集成化、灵便化、经济化，具有互换性、兼容性。

（3）集成化设计方法

集成化设计方法的主要特点是：用计算机能够识别的语言描述产品的特征，建立相应的知识库及推理机制，再利用已存储的领域知识和建立的推理机制实现计算机辅助产品方案设计。欲实现这一阶段的计算机辅助设计，首先建立知识库，即根据功能将元器件进行分类，并利用代码描述功能和元器件类别，在此基础上建立"功能-元器件"的知识库。针对复杂电气自动控制系统的方案设计，采用集成化的知识表达方式较好。在研制复杂电气控制方案中，将构思、设计和程序控制等知识有机地结合在一起，以适应设计中不同类型知识的描述。将多种单一的知识表达方法，按面向对象的要求不同，组成一种集成化的知识表达形式。

（4）智能化设计方法

智能化设计方法的主要特点是：借助于智能化设计软件、网络技术以及多媒体等工具进行电子产品的开发设计、表达产品的构思、描述产品的结构和功能，进行产品组装设计等。在产品开发过程中将多媒体技术以及网络技术综合应用，有利于产品多功能的实现和开发，还提高了设计效率，使电子产品适应时代发展的需要。

综上所述，元素化设计方法将设计任务由抽象到具体进行层次划分，拟定出每一层要实现的目标和方法，由浅入深地将各元素有机地联系在一起，使整个设计过程系统化，使设计有规律可循，有方法可依。功能化设计方法以具有某种功能的结构为一个模块，通过功能模块的组合，实现电气产品的方案设计。对于特定种类的电子产品，由于其组成部分的功能较为明确且相对稳定，功能模块的划分比较容易，可采用功能化方法进行方案设计。集成化设计便于产品多功能的实现。智能化设计使电子产品的开发向着自动化、网络化、人性化的方向发展。

目前，电子产品的方案设计正向着计算机辅助实现、微型化设计和智能化设计的方向迈进，综合运用上述四种类型设计方法是达到这一目标的有效途径，它们各有特点其间又相互联系。虽然这些方法综合运用涉及的领域较多，不仅与电子产品设计的知识有关，而且还涉及单片机技术、PLC 与电气控制技术、计算机辅助设计、网络技术等各方面的领域知识，但仍是电子产品方案设计努力的方向。

【做一做】

工作任务3-2 制定电动自行车用控制器总体设计方案

文稿标题：电动自行车用控制器总体设计方案

要求：

1）采用 PSoC 单片机作为信号处理器；

2）采用无刷直流电动机作为驱动电动机；

3）撰写出 2 个或 2 个以上电动自行车用控制器总体设计方案。

3.2.2 协助确定和论证电路总体方案

对于所接受的设计任务，首先要进行性能指标、工作条件等分析，然后根据所能获得的知识和资料，提出可能的设计方案。一般是在分析比较各种设计方案的基础上，对所设计方案的合理性、先进性、可靠性和经济性等各方面进行综合比较，最后选择最优者为设计方案；有特殊要求者，应针对特殊要求，突出其特点来确定设计方案。总体设计方案中应当将总体功能按要求分解成若干个单元电路，最后按功能和总体工作原理构成方案框图。总体方案确定后，要进行设计方案的论证，设计方案论证报告如表 3-1 所示。

表 3-1 设计方案论证报告

1. 产品设计开发的目的及意义
2. 国内外发展趋势及国内需求
3. 设计开发的主要目标和任务
4. 现有基础条件（有关的开发和设计情况以及人员队伍，基础设施等）
5. 投资估算
编制：　　　　　　校对：　　　　　　审核：

工作任务 3-3　确定电动自行车用控制器总体设计方案

文稿标题：电动自行车用控制器总体设计方案的确定报告

要求：

1）从合理性、先进性、可靠性和经济性等各方面进行综合比较，最后选择最优者为设计方案；

2）有特殊要求者，应针对特殊要求，突出其特点来确定设计方案。

工作任务 3-4　论证电动自行车用控制器总体设计方案

文稿标题：电动自行车用控制器总体设计方案的论证报告

要求：论证已经确定的电动自行车用控制器总体设计方案。

模块 3.3 协助电路设计

学习目标：

1）熟悉无刷直流电动机的数学模型、逆变器、PWM 调制、电流 PI 和速度模糊自适应 PID 双闭环控制算法等知识。

2）熟悉电子产品可靠性设计、电磁兼容设计、绿色设计知识。

任务目标：

1）会协助电子产品的硬件设计。

2）会协助电子产品的软件设计。

【案例导入】

××电动车用控制器

1. 电动车用控制器产品介绍

（1）××电动车用控制器特点如下：

1）力道大，比市场同类产品大20%；

2）温度低，比市场同类产品低30℃；

3）一致性好，从小功率锂电池到大功率24个MOSFET管其稳定性一样；

4）通用性强，两轮、三轮车电动机通用；

5）使用方便，导电丝用铜条，配备软件二次烧写。

（2）建议赛普拉斯单片机主要针对高端市场客户。该产品典型特点：

1）内含霍尔自动修复；

2）在全电压范围内，起动噪声都很小；

3）采取欠电压的软起动，延长行驶里程15%。

（3）系列控制器主要参数及功能特点如下：

1）额定电压：可适用12V、18V、24V、36V、48V、60V、72V、80V、96V。

2）欠电压值：是蓄电池额定电压的0.875倍，误差为±1V。

3）电动机匹配：XW接口，60°/120°相位，适合各种结构电动机。

4）普通刹车断电：H/L接口，低电平刹车或高电平（6.6V以上）刹车。

5）EABS刹车制动：通过EABS接口的柔性EABS制动避免了机械式ABS带来的噪声和对电动机冲击损伤，并且制动迅速，实现了和汽车EABS刹车一样的舒适性。

6）自由滑行发电功能：在手把松开时电动车的自由滑行能够将一部分滑行动能转化成电能储存在电池中，系统具有充电指示功能。

7）超静音：起动及全程行驶过程中噪声极低，大大超越了传统的无刷控制器，减小电动机振动，有效延长电动机的寿命。

8）低发热：采用同步整流技术，大幅度降低控制器的热损耗和温度，提高了整车的能量使用效率，延长了续行里程。比市场同类产品温度低30℃。

9）多重限流保护：硬件上有过流保护，软件上有平均值和峰值限流保护。峰值限流是防止超过MOSFET管（金属—氧化物半导体场效应晶体管）的最大允许电流；平均值限流使控制器能够在各种不同的电动机上保持相同的限流值，这样便于生产调试和整车厂检验。

10）防飞车功能：电动机起动时自动检测转把或因线路故障引起的飞车现象，提高了系统的安全性。

11）堵转保护功能：电动机长期堵转时，可自动进入保护，可有效防止烧毁控制器和电动机。

12）相短路保护功能：控制器长期在大电流运行情况下，因高温可能导致相线熔化或者相线接头碰在一起，系统一旦检测到相短路情况，将立即进行保护，可保证控制器和电动机的安全。

13）缺相运行功能：电动机在运行过程中，若出现一根相线脱落，电动机可照常运行（这时会有点噪声），而不会立即停车，这样可让骑车人骑到相应的修理店或家里。

2. 指示灯闪烁标志及含义

电动车无刷直流电动机控制器故障指示灯含义如下。

1）快闪2次：表明已经加了上电前转把信号，或者转把地线和主板连接不好，或者转把电路有问题；

2）快闪3次：表明电动机处于长期堵转状态，即堵转后一直未松开转把；

3）慢闪2次：表明一直处于刹车状态；

4）慢闪3次：表明电流采样电路出问题；

5）慢闪4次：表明下MOSFET管有一个坏，或者是下MOSFET管驱动电路有问题（导致下MOSFET管一直导通）；

6）慢闪5次：表明上MOSFET管有一个坏，或者是上MOSFET管驱动电路有问题（导致上MOSFET管一直导通）；

7）慢闪6次：表明60°/120°相位角的电动机霍尔相位不对，或者霍尔传感器连线有问题；

8）慢闪7次：表明电流过大，进入过电流保护；

9）慢闪8次：表明电源欠电压或者欠电压电路有问题，还有一种原因是电源电路有问题；

10）慢闪9次：表明相线短路。电动机在长期大电流运行时，可能会因高温导致相线或者接头熔化导致短路。

注：若故障指示灯不亮，问题通常出现在下面几部分电路：无5V供电电源；指示灯本身或与其相连线路；过电流电路；ABS电路；防盗电路。

3. 电路工作原理及相关故障分析

（1）赛普拉斯单片机引脚和功能接口

赛普拉斯CY8C24533A单片机共有28个引脚，如图3-9所示。在不同版本功能程序中，一个端口可能具有不同功能。现在列出对应引脚（功能端口）的主要功能：

① P0_7　XZ 低速挡；

② P0_5　SD 转把信号线；

③ P0_3　H_C 模拟霍尔 c；

④ P0_1　H_B 模拟霍尔 b；

⑤ P2_7　HU 霍尔信号；

⑥ P2_5　HV 霍尔信号；

⑦ P2_3　HW 霍尔信号；

⑧ P2_1　PWM_A－（A 相下桥驱动）；

⑨ P3_0　1∶1（一般用于一键修复按钮）；

⑩ P1_7　CZ 高速指示；

⑪ P1_5　PWM_B－（B 相下桥驱动）；

⑫ P1_3　DZ 低速指示；

⑬ P1_1　PWM_C－（C 相下桥驱动）；

⑭ V_{SS}　　地；

⑮ P1_0　PWM_C＋（C 相上桥驱动）；

⑯ P1_2　ZZ 中速指示；

⑰ P1_4　PWM_B＋（B 相上桥驱动）；

⑱ P1_6　LED 故障指示灯；

⑲ P3_1　YY 一键通语音；

⑳ P2_0　PWM_A＋（A 相上桥驱动）；

㉑ P2_2　P2 自动巡航；

㉒ P2_4　过电流保护；

㉓ P2_6　SS 高速挡；

㉔ P0_0　SC 刹车信号；

㉕ P0_2　H_A 模拟霍尔 a；

㉖ P0_4　电流采样；

㉗ P0_6　电压采样；

㉘ V_{DD}　　5V 电源。

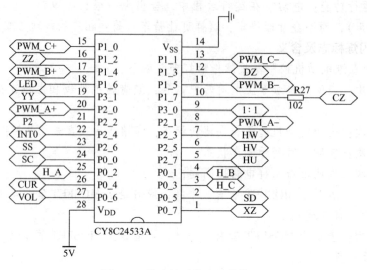

图 3-9 单片机引脚和功能接口

（2）电源电路

电源电路通过两级电压变换，得到控制电路所需的两组电压：+14.5V 和 +5V。+14.5V 作为功率驱动电路的电源，+5V 作为单片机及其他控制电路的电源。

1）6 管电源电路

6 管电源电路如图 3-10 所示。LM317 是调压管，它的第 3 引脚（电压 V_1）为输入脚，第 2 引脚（电压 V_2）为输出脚。当 V_1 高于 14.5V 时，V_2 才能稳定输出 14.5V。输出电压 V_2 可近似为

$$V_2 = (1 + R_{40}/R_{41}) \times 1.25V = 14.5V$$

14.5V 电压经 78L05 稳压输出得到的 V_3 为 5V。而 LM317 的功率为

$$P = (V_1 - V_2) I_i$$

其中，$(V_1 - V_2)$ 为 LM317 的输入/输出电压差，I_i 为流进 LM317 的电流。如果选用的 LM317 功率太小，其热量无法及时散出，则会导致高温情况下不能稳定输出 14.5V。因此，高温情况下车子的开停与 LM317 选用具有一定的关系。对于 78L05 的选择，也要注意功率要求。

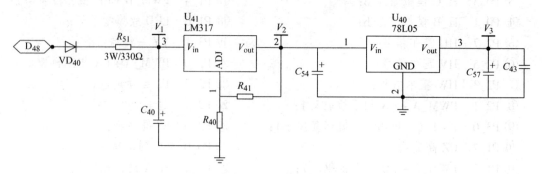

图 3-10 6 管电源电路图

在实际电路中，若 V_3 端没有 5V 输出，可通过下面三种方法查出具体原因：

① 如果 V_2 端没有 14.5V 输出，则首先查看 U_{41}（LM317）是否正确连接，再看 R_{51} 功率

电阻阻值是否满足要求，以及 R_{40}、R_{41} 是否虚焊。

② 如果 V_2 端有 14.5V 输出，则可能 U_{40}（78L05）器件损坏或插错。最简单检查办法是将 78L05 换掉，再测量 V_3 端的电压。

③ 用万用表测 V_3 端对地电阻值，正常值在 $1k\Omega$ 多一点，若阻值过小，可能电路短路或单片机损坏。

提示：有些品牌的 78L05 因温度性能不稳定，不宜用于电动车用控制器中。

2）9 管、12 管电源电路

图 3-11 是一个典型的开关电源电路。它采用电压负反馈方式得到稳定的 5V 和 14.5V 电压输出。该电路优点是功耗低，输入电压范围宽，在 $33\sim80V$ 输入电压范围内，都有稳定的 5V 和 14.5V 输出。因此，开关电源电路适宜用于高压控制器。

注意：VT_{45} 请选用 A1013 开关管（注意插件方向）。

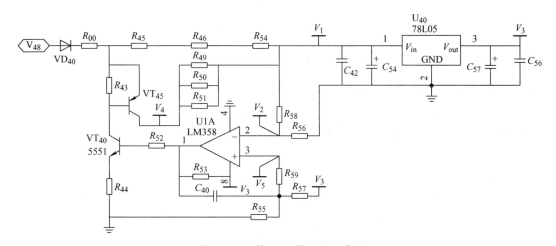

图 3-11　9 管、12 管电源电路图

该电路基本工作原理如下：

上电时，VT_{40} 和 VT_{45} 两个开关管处于关断状态，电门锁电压 V_{48} 通过二极管 VD_{40}，再通过 R_{00}、R_{45}、R_{46}、R_{54} 给电源电路供电，C_{54} 电容电压 V_1 充电到 7V 左右时（即原本是 14.5V 电压的那个点），V_3 端基本就有稳定的 5V 输出，此时 LM358 的第 3 脚电压 V_5 高于第 2 脚电压 V_2，LM358 的第 1 脚输出高电平，其中

$$V_5 = 5R_{55}/(R_{55} + R_{57})$$

$$V_2 = V_1 R_{56}/(R_{56} + R_{58})$$

此时 VT_{40} 和 VT_{45} 打开，而且 VT_{45} 处于饱和状态，V_{48} 直接加到 R_{49}、R_{50}、R_{51} 3 个并联电阻的输入端（假设 R_{00} 为 0，此时 V_4 几乎等于 V_{48} 电压），此时 V_1 快速升高（因 3 个并联电阻阻值较小，给 C_{54} 充电时间常数变小）。当 V_1 电压升高到 14.5V 的时候，因 78L05 输出的 V_3 还是 5V，此时 LM358 的第 3 脚电压 V_5 低于第 2 脚电压 V_2，则 LM358 第 1 脚输出低电平，VT_{40} 和 VT_{45} 关断。此时电源供电回路又回到通过 R_{00}、R_{45}、R_{46}、R_{54} 这个回路给电路供电，因这个回路电阻阻值比较大，V_1 端电压会下降，又导致 LM358 的第 3 脚电压 V_5 高于第 2 脚 V_2，VT_{40} 和 VT_{45} 又再次打开，供电回路主要通过 R_{49}、R_{50}、R_{51} 三个并联电阻，V_1 电压又得到提高。如此反复，就有了稳定的 14.5V 和 5V 输出。R_{45}、R_{46}、R_{54} 这 3 个电阻又叫起动电

阻，同时还有一个辅助功能，给电源电路起分流作用。

实际电路中，如果 V_3 的输出不是 5V 而是 8V 左右，一般来说，是电源部分 VT_{45}（A1013）损坏，或者是 VT_{40}（ST2N 5551）和 U_{40}（ST 78L05）引脚位置插错，或者是元器件方向不对。这种情况指示灯闪 8 下，给人感觉是欠电压，实际不是欠电压，更不是欠电压电路有问题。

另外，插件中的 3 个功率电阻 R_{45}、R_{46} 和 R_{54} 都用 1kΩ。如果错用 330Ω，也不能得到稳定 5V 和 14.5V。其他情况与 6 管电源电路的分析相似。

几种典型情况如下：

① VT_{45}（A1013）损坏，则电源电路工作不正常，大多数情况下，5V 电压变成 8V，导致指示灯闪 8 下。

② VT_{40}（ST2N 5551）和 U40（ST 78L05）引脚位置插反，则电源电路工作不正常，大多数情况下，5V 电压变成 8V，导致指示灯闪 8 下。

注意：3 个功率电阻两端典型压降为 9V。只有在转把和霍尔传感器都接上（即要求负载较大）时，该电路才正常工作，有稳定的 5V 电压输出。

提示：购买 2N5551 和 A1013 时，请注意放大倍数要求。5551 放大倍数要大于 160，A1013 的则要大于 260。

电源电路的维修：

① 48V 电源故障。检查焊点是否正确，连接线是否可靠，二极管 VD_{40} 是否损坏。

② V_3 电压为 0。检查方法为：关闭电源，用万用表的二极管挡测量 5V 和地之间有没有短路。如果短路，可以拆掉 78L05，将 V_1 和 V_3 端连接起来，如果还是短路，则拆掉 C_{57}（16V/470μF），依次拆 V_3 对地贴片电容，直至芯片。每去掉一个元器件，就用万用表测量 V_3 对地是否还短路，直到查到问题为止。

③ 开机时，V_1 只有零点几伏，则起动电阻 R_{45}、R_{46}、R_{54} 是开路，为虚焊。

④ 开机时，V_1 只有几伏，那么 V_3 也不正常。多数情况是驱动部分有问题，而不是开关电源部分有问题。如 C 相下管驱动电路（图 3-19）中的 t_9、n_6 击穿，导致 C 相驱动电源电压 V_1 下降。所以要查三相下桥的贴片晶体管的好坏。如果晶体管是好的，查三相 PWM 信号口是否是高电平。假如 V_3 下降到 2~3V，则说明单片机损坏或者程序丢失，使 V_1 不正常。

⑤ 开机时，V_1 电压升到 25V 左右，电源部分零件损坏，或者 VT_{45}（A1013），VT_{40}（2N5551）引脚位置插反。

⑥ 开机时，V_1 电压升到 30V 左右，查 LM358 是否虚焊：如果 VT_{45}（A1013）、VT_{40}（2N5551）没有损坏，测量 LM358 第一脚的电压（1.45V）是否升到 5V 左右。若升高的话，则说明 LM358 损坏。以上情况均表现为指示灯闪 8 下。因 V_1 升得太高，导致 78L05 工作失常，单片机工作失常。

注意：如果 3 个功率电阻不是 3W/1kΩ 的，V_1 和 V_3 是不正常的。只有把霍尔线和转把插上，才有稳定的 15V 和 5V。

用数字万用表来测量晶体管 A1013、2907 和 2N5551 并判断其好坏的方法：

方法一，测晶体管的放大倍数，把万用表的挡位调到 h_{FE}，将晶体管平面对着自己，3 个引脚从左往右依次为 e、b、c，然后将这 3 个引脚依次插到万用表右边标有 e、b、c 的插孔中，可以测出直流放大系数，若显示为 "000"，说明管子内部击穿短路，若为 "1" 说明管子开路。上述两种情况都不能使用，其他情况是好的。

注意：将2907、2N5551平面对着自己，引脚从左到右排列是1e（发射极）、2b（基极）、3c（集电极），如图3-12所示。A1013的引脚排列是1e、2c、3b，如图3-13所示。2907、A1013是PNP型，2N5551是NPN型。

图3-12　2907或2N5551引脚分布图

图3-13　A1013引脚分布图

方法二，测A1013和2907时，将万用表调到二极管挡，将黑表笔接基极b上，红表笔依次接e和c脚，数值接近相等为好，否则为损坏；测2N5551时，将万用表调到二极管挡，将红表笔接基极b上，黑表笔依次接e和c脚，数值接近相等为好，否则为损坏。

（3）欠电压检测电路

欠电压检测电路如图3-14所示。若电源电压为48V，则VOL点处电压为

$$V_{VOL} = 48R_{74}/(R_{74} + R_{72}) = 48 \times 1.2/(1.2 + 30)V = 1.846V$$

对应单片机的第27脚。

如果V_3正常，指示灯闪8下，则R_{72}、R_{74}可能虚焊，或者C_{52}电容损坏，或者单片机第27脚虚焊。这些故障都会导致单片机27脚电压低于1.846V。

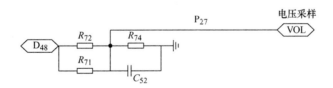

图3-14　欠电压检测电路图

（4）电流采样电路

电流采样电路如图3-15所示。左边电路为过电流保护电路，当电流大于一定数值，晶体管VT_{40}饱和导通，INT0变为低电平，则发生过流中断，指示灯闪7下。右边电路为电流采样电路，若发现限流不可控制，则可能C_{59}漏电。

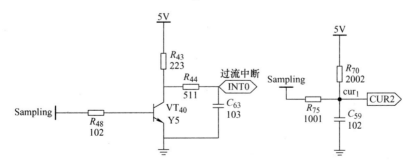

图3-15　电流采样电路图

（5）转把信号采样电路

转把信号采样电路如图 3-16 所示，SD 接转把信号，二极管 VD_{41} 阴极接转把信号电源，XZ 为限速接口。

1）静止情况下，转把信号接到控制器上，SD 点处电压为 0.8V 左右，如果该处没有信号，可能原因如下：

① 二极管 VD_{41} 焊反，导致转把信号没有工作电源；

② 转把坏掉；

③ C_{53} 电容漏电，将其换掉即可。

如果以上都正常，则转把损坏。

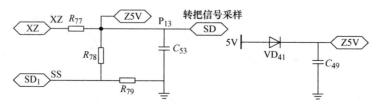

图 3-16　转把信号采样电路图

2）如果开机指示灯快闪 2 次，很有可能是转把地线没有接好，导致 SD 点处电压高于 2V。因为程序中初始化进行了防飞车检测。

3）转把没开动，电动机自动转起来，可能原因是转把地线脱落；或者单片机第 2 脚虚焊；或者其他信号误连接到 SD 端口。这时将转把信号从控制器上取下来，测量 SD 端口看其电压是否为 0，若不为 0，则表示其他信号误连到 SD 或转把电路上。

（6）霍尔位置传感器检测电路

霍尔位置传感器检测电路如图 3-17 所示。如果开机指示灯闪 6 下，说明霍尔位置传感器检测电路有问题，可能的原因如下：

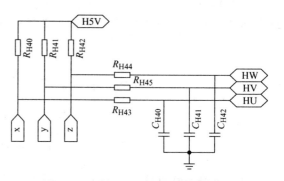

图 3-17　霍尔位置传感器检测电路图

1）H5V 处二极管接反，导致霍尔位置传感器检测电路没有工作电源；

2）霍尔线插头没有接好；

3）相位不对。

（7）高、低电平刹车电路

高、低电平刹车电路如图 3-18 所示。进行低电平刹车时，BL 接口接低电平信号，二极管 VD_{42} 阳极为低电平，这样 P_{24}（CPU 第 24 脚）为低电平，进而执行刹车；进行高电平刹车时，BH 接口接高电平信号，电阻 R_{62}、R_{66} 进行分压，输入

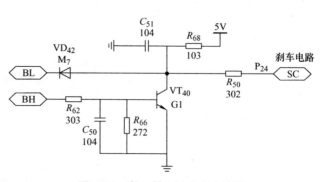

图 3-18　高、低电平刹车电路图

到 VT_{40} 的基极电压大于 0.6V，VT_{40} 开始工作，这样，VT_{40} 集电极为低电平，因而 CPU 第 24 脚也为低电平。

高电平刹车电压计算方法：设高电平 BH 刹车电压为 V_x，则三极管基极电压

$$V_b = V_x R_{66}/(R_{66} + R_{62}) = V_x \times 2.7/(2.7 + 30)\text{V} > 0.6\text{V}$$

V_x 最小为 7.26V。因此，若想改变高电平刹车电压大小，通过修改 R_{66} 大小即可。

如果指示灯慢闪 2 次，表明电路一直处于刹车状态，而刹车信号又没有加上，则可能原因是：

1）晶体管 VT_{40} 坏了（这种情况较多，VT_{40} 集电极对地短路，更换 VT_{40} 试试）；

2）C_{51} 电容漏电，更换即可；

3）R_{50} 或者 CPU 第 24 脚虚焊。

（8）驱动电路

现以 C 相电路为例分析驱动电路的工作过程，如图 3-19 所示。驱动电路相对复杂，容易出故障。从图 3-19 中，可看出上管和下管驱动电路是分开独立工作的。

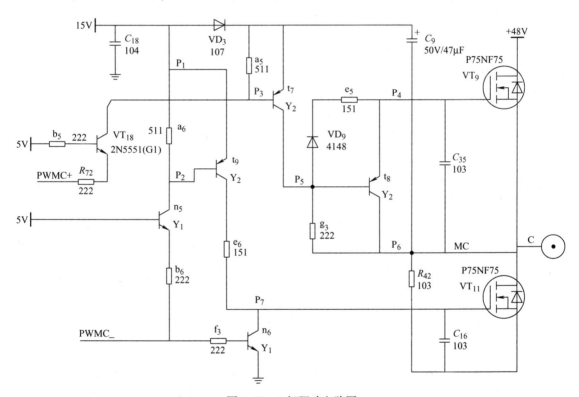

图 3-19　C 相驱动电路图

先分析上管：静止情况下，PWMC 为高电平，晶体管 VT_{18} 截止，则 t_7 也截止。t_8（放电用晶体管）也处于截止状态。因此，上 MOSFET 管 VT_9 不导通。各点电压情况是：二极管 VD_3 阴极对地电压和 P_3 对地电压都是 14 伏，P_4、P_5、P_6 对地电压都是 0V。

在实际中会发现：指示灯慢闪 5 次，表明上 MOSFET 管 VT_9 坏掉，而将其拆下来，发现它又不坏。这很可能是 t_7 或 t_8 已经坏掉。具体分析如下：如果将上 MOSFET 管取下来，并且将自举电容 C_9 放电。在不上电状态下，用万用表二极管挡测量 t_8，若通则说明 t_8 已坏，

95

将其换下即可；若不通则说明 t_8 正常，然后上电继续检测，若测得 a_5 两端电压为 0，P_5 端对地电压是 14V 左右，说明 t_7 基本坏掉。此时电路工作情况为：15V 电压通过二极管 VD_3，再通过 t_7，稍微降掉一点电压，测出 P5 对地电压为 14V 左右，g_3 和 R_{42} 对 P_5 端电压分压，另外 P_5 端电压通过二极管 VD_9、e_5，这样 V_9 的 1、3 脚之间会有一个电压差，触发上 MOSFET 管 VT_9 导通（正常 MOSFET 管 1、3 脚电压达到 2V 左右就开始导通）。

因此，在静止情况下，无论上 MOSFET 管拆掉和不拆掉情况下，如果测出三根相线对地存在较大压差，那么一定是上 MOSFET 管子坏掉；或者 t_7 坏掉；或者 C_9 电容短路或漏电。

对于 C 相电路，一般上桥臂晶体管坏，通常是 t_7、t_8 损坏。

再分析下 MOSFET 管：静止情况下，PWMC_为高电平，n_5 截止，t_9 截止，n_6 的基极和集电极之间存在固定压差 0.6V 左右。P_1、P_2 端对地电压应该是 15V 左右，P_7 端对地电压为 0。

在实际中会发现指示灯闪 4 次，但下 MOSFET 管没有坏，这很可能是 t_9 坏掉，15V 电压通过 t_9，然后再通过 e_6 电阻加到下 MOSFET 管的 1、3 脚上，驱动下管导通。这时候应该测到 P_7 对地存在一定压差。其具体检测方法同上管。

在实际中，有多种原因会造成缺相运行，这里最主要原因是元器件虚焊。测试方法很多。以 C 相上管为例进行分析，例如，在缺相运行时，可以从电路后面朝前测：测量发现 P_4 点对地电压一直不变，而 P_3、P_5 对地电压在变化，那说明 P_5 点电压没有加到 P_4 点，这里可能是 e_5 或者 VD_9 坏掉或者虚焊；或者从前朝后测：先测试 R_{72} 左端电压是否变化，如果没有变化，则 CPU 第 15 脚虚焊；再测 P_3 对地是否有变化，若没有变化，则 VT_{18} 坏掉或虚焊；再测 P_5 端是否有变化，如果没有变化，则可能 t_7 坏掉或者虚焊，如此逐步检测，再结合经验，最终一定能够找出问题所在。

最简单的缺相检测方法，一是根据经验；二是根据电压信号能否一级一级的传过去，从哪个地方开始无法朝后传，则表明那个地方元器件坏掉或者是虚焊。

对于 C 相电路，一般下桥臂晶体管坏，通常是 t_9、n_6 损坏。

在维修过程中，常会出现"转把加上去后，需要通过外力电动机才能转起来，然后慢慢加负载，电动机噪声很大"，这就是典型的缺相运行。检修方法步骤如下：

1）空载下，对转把调速加到最大，通过外力将电动机转起来，测 VD_7、VD_8、VD_9 阴极对地电压，如果是 29V 左右，则上 MOSFET 管驱动正常，同样方法测 e_2、e_4、e_6 电阻对地电压，若为 5V 左右，则下 MOSFET 管驱动正常；

2）如果哪一路电压不正常，说明哪一路有虚焊，或者有元器件坏；

3）若 VD_9 阴极对地电压不是 29V 左右，说明 C 相上 MOSFET 管驱动有问题，进一步测试 PWMC_信号，看是否为 3.4V 左右，若是为正常，否则 24533 芯片第 15 脚虚焊，然后测试图中 R_{72} 右端（V_{18} 发射极）电压是否为 4.8V 左右，若是，则正常，否则 VT_{18} 虚焊或坏；

4）如果 R_{72} 电压测试正常，则看 t_7 的集电极电压和发射极电压是否近似相等，如果差别在 1V 之上，说明 t_7 有问题，根据经验，假如 C 相上 MOSFET 管缺相，一般 t_7 出问题的比较多。

进一步分析，假如 C 相下 MOSFET 管缺相，即 e_6 电压不是 5V 左右，先测 PWMC_电压是否为 3.4V 左右，如不是，说明芯片对应 PWM 脚虚焊，然后测 n_5 发射极电压，看是否 4.8V 左右，若正常，则基本判断 n_5 是好的，然后测试 P_7 点对地电压，如果小于 3V，则 n_6 坏。从实际维修看，n_6 坏可能性较大。

其他引起缺相故障的原因：

① C_9（50V/47μF）自举电容拉伤或开路；

② 相线开路；

③ MOSFET 管 1 脚和 3 脚之间的电容漏电；

④ MOSFET 引脚断裂（实际不易看出，可用烙铁烫或用万用表量引脚电压的方法来辨别）；

⑤ 霍尔缺相，可用万用表电压挡测量霍尔信号电压值的变化加以判别。具体方法：把黑表笔接地，红表笔放在霍尔信号端口 U，并拨动电动机，表值在 0～4.3V 之间变化，则说明该相正常，否则不正常。如果不正常，查上拉电阻和电容是否开路、虚焊或短路；霍尔线是否断裂或脱落；如果前面的问题排除，则电动机内部霍尔传感器损坏（V、W 两相测试方法相同）。

在调试时，先断开强电，将电动机霍尔和相线都接好，只加上电门锁电源，将转把拉到最大，将电动机往后退方向拨动，应该有均匀阻力。若没有阻力，则查看电路中元器件是否插错、是否搭锡等问题。

（9）应用电路

电动自行车用无刷控制器应用电路如图 3-20 所示。

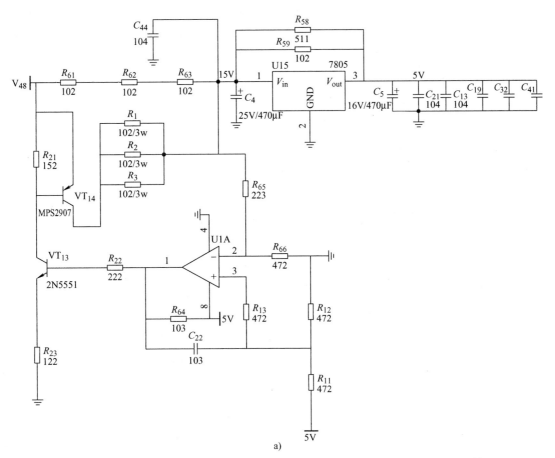

a)

图 3-20　电动自行车用无刷直流电动机控制器应用电路图（CY8C 24533A，12 管）

a) 电源电路

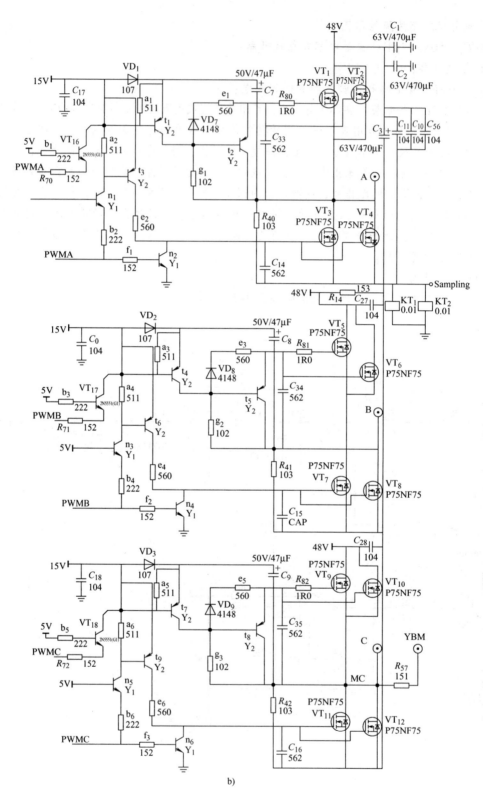

图 3-20　电动自行车用无刷直流电动机控制器

b）驱动电路

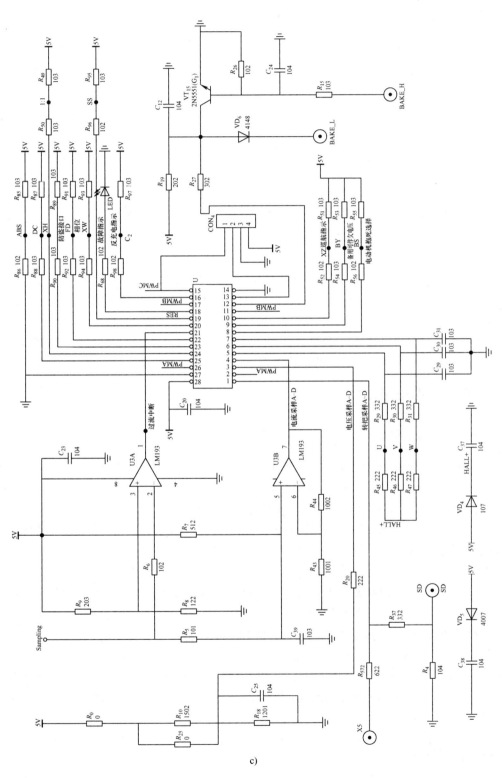

c)

应用电路图（CY8C 24533A，12 管）（续）

c）控制电路

（10）指示灯闪 4 下和 5 下的维修经验

电路板指示灯闪 4 下，说明下 MOSFET 管驱动电路有问题。关断电源，用万用表测量各相下 MOSFET 管第一脚（即 MOSFET 管 G 脚对地阻抗，三相对地阻抗应该相等）的对地阻抗。用指针表的 1kΩ 挡测量，应该在 22kΩ 左右。偏高或偏低的话，就说明在这一相有故障，然后就测量这一相的晶体管和电阻之类是否损坏。

如果三相阻抗相等，就用脱开法。首先找任意一相的下 MOSFET 管。如把 C 相下 MOSFET 管的 n_5 晶体管的 e 脚和 b_6 电阻断开，看故障指示灯是否闪的正常。假如不正常，就另找其他两相，直到故障指示灯闪正常，断开某一相的话，指示灯闪正常，就说明在这一相，然后检查这一相的晶体管和电阻之类是否损坏。

电路板指示灯 5 下，说明驱动电路上 MOSFET 管有问题。这个故障和闪 4 下一样，用万用表测量各相上 MOSFET 管第一脚对地阻抗。一般用指针表的 1kΩ 挡测量，应该在 13kΩ 左右。偏高偏低的话，就说明在这一相有故障，然后就测量这一相的晶体管和电阻之类是否损坏。

另外一种方法是，把三个相线拔掉，然后通电，测量上 MOSFET 管第一脚 G 脚是否有电压输出，如果有电压输出，就说明就在这一相有故障，确定以后就测量这一相的 MOSFET 管和电阻之类的是否损坏。

如果用以上两种方法都找不到原因，就用脱开法，首先找到晶体管 G_1 即 2N5551，把这个晶体管 e 脚断开。如 C 相 R_{72} 焊开，此时指示灯正常了，就说明故障就在这一相。

3.3.1 控制器的电路设计

1. 电力场效应晶体管

电力场效应晶体管分为结型和绝缘栅型两种类型，但通常主要指绝缘栅型中的 MOS 型（Metal Oxide Semiconductor FET），简称电力 MOSFET（Power MOSFET）。

电力 MOSFET 是用栅极电压来控制漏极电流的，因此它的第一个显著特点是驱动电路简单，需要的驱动功率小。其第二个显著特点是开关速度快，工作频率高。另外，电力 MOSFET 的热稳定性较好。但是电力 MOSFET 电流容量小，耐压低，一般只适用于功率不超过 10kW 的电力电子装置。

MOSFET 种类和结构繁多，按导电沟道可分为 P 沟道和 N 沟道。当栅极电压为零时漏源极之间就存在导电沟道的称为耗尽型；对于 N（P）沟道器件，栅极电压大于（小于）零时才存在导电沟道的称之为增强型。在电力 MOSFET 中，主要是 N 沟道增强型。

目前电力 MOSFET 大都采用了垂直导电结构，所以又称为 VMOSFET。这大大提高了 MOSFET 器件的耐压和耐电流能力。按垂直导电结构的差异，电力 MOSFET 又分为利用 V 形槽实现垂直导电的 VVMOSFET 和具有垂直导电双扩散 MOS 结构的 VDMOSFET。这里主要以 VDMOS 器件为例进行讨论。

图 3-21a 给出了 N 沟道增强型 VDMOS 中一个单元的截面图。电力 MOSFET 的电气图形符号如图 3-1b 所示。

当漏极接电源正端，源极接电源负端，栅极和源极间电压为零时，P 基区与 N 漂移区之间形成的 PN 结 J_1 反偏，漏源极之间无电流流过。如果在栅极和源极之间加一正电压 U_{GS}，

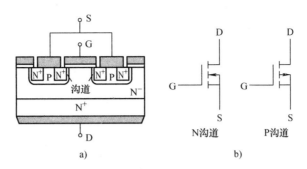

图 3-21 电力 MOSFET 的结构和电气图形符号

a) 内部结构断面示意图 b) 电气图形符号

由于栅极是绝缘的,所以并不会有栅极电流通过。但栅极的正电压却会将其下面 P 区中的空穴推开,而将 P 区中电子吸引到栅极下面的 P 区表面。当 U_{GS} 大于某一电压值时,栅极下 P 区表面的电子浓度将超过空穴浓度,从而使 P 型半导体反型而成 N 型半导体,形成反型层,该反型层形成 N 沟道而使 PN 结 J_1 消失,漏极和源极导电。电压 U_T 称为开启电压(或阈值电压),U_{GS} 超过 U_T 越多,导电能力越强,漏极电流 I_D 越大。

电力 MOSFET 的基本特性分静态特性和动态特性。

(1)静态特性。

漏极电流 I_D 和栅源间电压 U_{GS} 的关系反映了输入电压和输出电流的关系,称为 MOSFET 的转移特性,如图 3-22a 所示。从图中可知,I_D 较大时,I_D 与 U_{GS} 的关系近似线性;曲线的斜率被定义为 MOSFET 的跨导 G_{fs},即

$$G_{fs} = \frac{\mathrm{d}I_D}{\mathrm{d}U_{GS}} \tag{3-1}$$

MOSFET 是电压控制型器件,其输入阻抗极高,输入电流非常小。

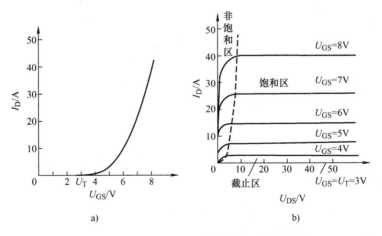

图 3-22 电力 MOSFET 的转移特性和输出特性

a) 转移特性 b) 输出特性

图 3-22b 是 MOSFET 的漏极伏安特性,即输出特性。从图中同样可看到所熟悉的截止区、饱和区、非饱和区三个区域。这里的饱和是指漏源电压增加时漏极电流不再增加,非饱

和是指漏源电压增加时漏极电流相应增加。电力 MOSFET 工作在开关状态，即在截止区和非饱和区之间来回转换。

由于电力 MOSFET 本身结构所致，在其漏极和源极之间形成了一个与之反向并联的寄生二极管，它与 MOSFET 构成了一个不可分割的整体，使得在漏、源极间加反向电压时器件导通。因此，使用电力 MOSFET 时应注意这个寄生二极管的影响。

电力 MOSFET 的通态电阻具有正温度系数，这一点对器件并联时的均流有利。

（2）动态特性。

用图 3-23a 所示电路来测试电力 MOSFET 的开关特性。图中 u_P 为矩形脉冲电压信号源，波形见图 3-23b，R_S 为信号源内阻，R_G 为栅极电阻，R_L 为漏极负载电阻，R_F 用于检测漏极电流。

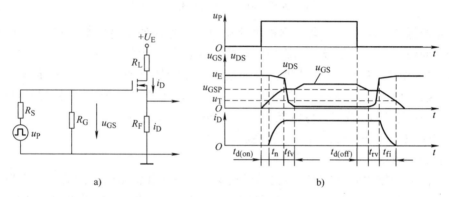

图 3-23　电力 MOSFET 的开关过程
a）测试电路　b）开关过程波形

因为 MOSFET 存在输入电容 C_{in}，所以当脉冲电压 u_P 的前沿到来时，C_{in} 有充电过程，栅极电压 u_{GS} 呈指数曲线上升，如图 3-23b 所示。当 u_{GS} 上升到开启电压 u_T 时，开始出现漏极电流 i_D。从 u_P 前沿时刻到 $u_{GS} = u_T$ 并开始出现 i_D 的时刻被称为延迟时间 $t_{d(on)}$。此后，i_D 随 u_{GS} 的上升而上升。u_{GS} 从开启电压上升到 MOSFET 进入非饱和区栅压 u_{GSP} 的时间被称为上升时间 t_{ri}，漏极电流 i_D 也达到稳态值。i_D 的稳态值由漏极电源电压 u_E 和漏极负载电阻决定，u_{GSP} 的大小和 i_D 的稳态值有关。u_{GS} 的值达到 u_{GSP} 后 u_{DS} 下降，i_D 不变，过一段时间后 u_{DS} 达到 $u_{DS(on)}$，这段时间被称为电压下降时间 t_{fv}。在脉冲信号源 u_P 的作用下继续升高直至达到稳态，但 i_D 已不再变化。MOSFET 的开通时间 t_{on} 为开通延迟时间 $t_{d(on)}$、电流上升时间 t_r 和电压下降时间 t_{fv} 之和，即

$$t_{on} = t_{d(on)} + t_r + t_{fv}$$

当脉冲电压 u_P 下降到零时，栅极输入电容 C_{in} 通过信号源内阻 R_S 和栅极电阻 R_G（$R_G \gg R_S$）开始放电，栅极电压 u_{GS} 按指数曲线下降，当下降到 u_{GSP} 时，漏极电流 i_D 保持不变，这段时间被称为关断延迟时间 $t_{d(off)}$。过一段时间后，漏极电流 i_D 才开始减小，u_{DS} 继续上升到稳定值 u_E，这段时间称为电压上升时间 t_{rv}。此后，C_{in} 继续放电，u_{GS} 从 u_{GSP} 继续下降，i_D 减少，到 $u_{GS} < u_T$ 时沟道消失，i_D 下降到零。这段时间称之为下降时间 t_{fi}。关断延迟时间 $t_{d(off)}$、电压上升时间 t_{rv} 和电流下降时间 t_{fi} 之和为 MOSFET 的关断时间 $t_{d(off)}$，即

$$t_{off} = t_{d(off)} + t_{rv} + t_{fi}$$

从上面的开关过程可以看出，MOSFET 的开关速度和其输入电容的充放电有很大的关

系。使用者虽然无法降低 C_{in} 的值，但可以降低栅极驱动电路的内阻 R_S，从而减少栅极回路的充放电时间常数，加快开关速度。通过以上讨论还可以看出，由于 MOSFET 只靠多子导电，不存在少子储存效应，因而其开关过程是非常迅速的。MOSFET 的开关时间在 $(10 \sim 100)\text{ns}$ 之间，其工作频率可达 100kHz 以上。

电力 MOSFET 是场控器件，在静态时几乎不需要输入电流。但是，在开关过程中需要对输入电容充放电，仍需要一定的驱动功率。开关频率越高，所需要的驱动功率越大。

③ 电力 MOSFET 的主要参数。

除前面已涉及跨导 G_{fs}、开启电压 U_T 以及开关过程中的各时间常数 $t_{d(on)}$、t_r、t_{rv}、$t_{d(off)}$、t_{rv} 和 t_{fi} 之外，电力 MOSFET 还有以下主要参数：

- 漏极电压 U_{DS}。这是标称电力 MOSFET 电压定额的参数。
- 漏极直流电流 I_D 和漏极脉冲电流幅值 I_{DM}。这是标称电力 MOSFET 电流定额的参数。
- 栅源电压 U_{GS}。栅源之间的绝缘层很薄，$|U_{GS}| > 20\text{V}$ 将导致绝缘层击穿。
- 极间电容。MOSFET 的 3 个电极之间分别存在极间电容 C_{GS}、C_{GD} 和 C_{DS}。一般生产厂家提供的是漏源极短路时的输入电容 C_{iss}、共源极输出电容 C_{oss} 和反向转移电容 C_{rss}。它们之间的关系是

$$C_{iss} = C_{GS} + C_{GD}$$
$$C_{rss} = C_{GD}$$
$$C_{oss} = C_{DS} + C_{GD}$$

前面提到的输入电容可以近似用 C_{iss} 代替。这些电容是非线性的。

漏源间的耐压、漏极最大允许电流和最大耗散功率决定了 MOSFET 的安全工作区。一般来说，电力 MOSFET 不存在二次击穿问题，这是它的一大优点。在实际使用中，仍应注意留适当的裕量。

2. 无刷直流电动机的 PWM 调速原理和调制方式

（1）无刷直流电动机的 PWM 原理

以图 3-24a 来描述无刷直流电动机实现 PWM 调速控制的原理。

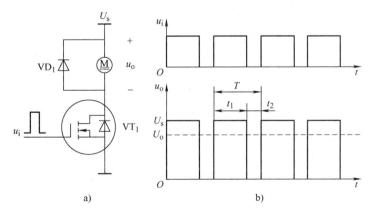

图 3-24　PWM 调速控制原理和电压波形图

a）原理图　b）输入/输出电压波形图

在图 3-24a 中，当开关管 MOSFET 管的栅极输入高电平时，开关管导通，电动机电枢绕组两端有电压 U_s。t_1 时间后，栅极输入变为低电平，开关管截止，电动机电枢两端电压为 0；t_2 时间后，栅极输入重新变为高电平，开关管的动作重复前面的过程。这一过程，将它理解为：在所需时间内，将直流电压调制成等幅不等宽的系列电压脉冲，也可以说是将直流电压斩成幅度相同、宽度不同的脉冲串，也即是 PWM 控制。这样对应着输入电平的高低，无刷直流电动机电枢绕组两端的电压波形如图 3-24b 所示。

电动机的电枢绕组两端的电压平均值 U_o 为

$$U_o = \frac{t_1 U_s + 0}{t_1 + t_2} = \frac{t_1 U_s}{T} = \delta U_s \tag{3-2}$$

式中，δ 为占空比，$\delta = t_1 / T$。

占空比 δ 表示在一个周期 T 里，开关管导通的时间与周期的比值。δ 的变化范围为 $0 \leqslant \delta \leqslant 1$。由式 (3-2) 可知当电源电压 U_s 不变的情况下，电枢端电压的平均值 U_o 取决于占空比 δ 的大小，改变 δ 值就可以改变电动机端电压的平均值，从而达到调速的目的，这就是 PWM 调速原理；与此同时电流的大小也得到调控，若电路采取闭环反馈设计，便可以实现自动恒流控制。

在 PWM 调速中，占空比 δ 是一个重要参数。目前在直流电动机的控制中，主要使用定频调宽法来改变占空比的值。定频调宽法是使周期（或频率）保持不变，而同时改变 t_1 和 t_2。

（2）PWM 调制方式

对于两相导通三相六状态无刷直流电动机，一个周期内，每个功率开关器件导通 120° 电角度，每隔 60° 电角度有两个开关器件切换，PWM 调制方式有五种：on‐pwm、pwm‐on、H_pwm‐L_on、H_on‐L_pwm、H_pwm‐L_pwm。

PWM 调制方式通常分为双斩和单斩两大类型。双斩方式（H_pwm‐L_pwm）功率管的开关损耗是单斩方式的 2 倍，降低了控制器的效率。另外，在相同的平均电磁转矩下，单斩方式比双斩方式的稳态转矩脉动小，在相同的 PWM 占空比及相同的母线电压下，单斩方式的绕组电流稳态值要大于双斩方式的绕组电流稳态值。因此采用单斩方式进行 PWM 调制控制的 BLDCM 得到了更为广泛应用。单斩方式又可以分为两大类：一类是 6 个导通状态始终只对上桥臂或下桥臂的功率管进行 PWM 调制（H_pwm‐L_on 和 H_on‐L_pwm）；另一类是 6 个功率管轮换进行 PWM 调制，每个导通状态对应一个功率管斩波（on‐pwm 和 pwm‐on）。

换相转矩脉动与 PWM 调制方式有关。系统采用 H_pwm‐L_on 调制方式，如图 3-25 所示。系统的控制对象反电动势为梯形波、平顶宽度为 120° 电角度无刷直流电动机，采用 120° 导通方式，每一个周期由 6 个扇区组成，每扇区占

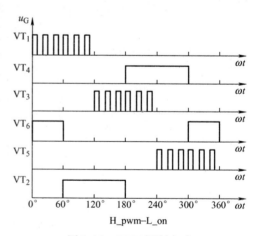

图 3-25　PWM 调制方式

60°电角度，每个开关元器件导通120°，每一扇区有两个 MOSFET 管同时导通，在此期间，下半桥管恒开通，对应的上半桥管按输出电流和速度进行 PWM 调制，通过调节 PWM 的占空比调节相电流和转速。

3. 无刷直流电动机系统的数学模型

无刷直流电动机系统电气部分是由电动机本体和功率逆变器组成的。运用不同的控制策略可构成方案各异的无刷直流电动机伺服驱动系统。

对这些伺服驱动系统，除了稳态性能外，常常需要了解和分析它的动态性能。为了更好地理解电动机，应用合理的控制方法，需要建立伺服驱动系统的动态数学模型。这个数学模型应能严格模拟各种馈电方式和不同的电流控制策略，并能给出各种运行方式下的特性曲线。要建立系统的动态模型，首先要建立每个单元的数学模型，然后根据具体控制方式构建整个系统的动态模型。

对于无刷直流电动机，它的气隙磁场不是正弦分布的，感应电动势也为非正弦波，因此如果按照分析交流电动机的坐标变换法进行分析就会在一定程度上影响计算精度。而采用状态变量法，在时域求解就可以不进行坐标变换。

三相无刷直流电动机的绕组为星形接法，采用两相通电六状态控制方式，为了更好地控制无刷直流电动机，有必要了解无刷直流电动机的特性方程及其运行过程中的数学模型。为了便于分析，做出如下假设：

1）定子三相绕组完全对称，空间互差120°，参数相同；

2）转子永磁体产生的气隙磁场为梯形波，三相绕组反电动势为梯形波，波顶宽度为120°电角度，如图 3-26 所示，B 为气隙磁通密度，e_A 为 A 相电势，i_A 为 A 相电流；

3）忽略定子铁心齿槽效应的影响；

4）忽略功率器件导通和关断时间的影响，功率器件的导通压降恒定，关断后等效电阻无穷大；

5）忽略定子绕组电枢反应的影响；

6）电动机气隙磁导均匀，认为磁路不饱和，不计磁滞损耗与涡流损耗。

无刷直流电动机等效电路如图 3-27 所示。

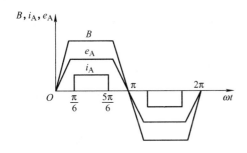

图 3-26　梯形波反电动势与方波电流示意图

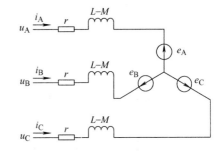

图 3-27　三相无刷直流电动机等效电路图

（1）电压方程

三相绕组的电压方程为

$$\begin{pmatrix} u_{A0} \\ u_{B0} \\ u_{C0} \end{pmatrix} = \begin{pmatrix} r_A & 0 & 0 \\ 0 & r_B & 0 \\ 0 & 0 & r_C \end{pmatrix} \begin{pmatrix} i_A \\ i_B \\ i_C \end{pmatrix} + \begin{pmatrix} L_A & M_{AB} & M_{AC} \\ M_{BA} & L_B & M_{BC} \\ M_{CA} & M_{CB} & L_C \end{pmatrix} \frac{\mathrm{d}}{\mathrm{d}t} \begin{pmatrix} i_A \\ i_B \\ i_C \end{pmatrix} + \begin{pmatrix} e_A \\ e_B \\ e_C \end{pmatrix} \qquad (3-3)$$

式中，u_{A0}、u_{B0}、u_{C0} 为定子三相绕组相电压；r_A、r_B、r_C 为定子三相绕组内阻；L_A、L_B、L_C 为定子三相绕组自感；M_{AB}、M_{BA}、M_{BC}、M_{CB}、M_{AC}、M_{CA} 为定子两相绕组之间的互感；i_A、i_B、i_C 为定子三相绕组相电流；e_A、e_B、e_C 为定子三相绕组反电势。

假设磁路不饱和，不计涡流和磁滞损耗，三相绕组对称，外加直流恒压电源，则 $r_A = r_B = r_C = r$，$L_A = L_B = L_C = L$，$M_{AB} = M_{BA} = M_{BC} = M_{CB} = M_{AC} = M_{CA} = M$，由于三相绕组采用星形接法，三相绕组的电流之和等于 0，有

$$i_A + i_B + i_C = 0 \qquad (3-4)$$

则方程可简化为

$$\begin{pmatrix} u_{A0} \\ u_{B0} \\ u_{C0} \end{pmatrix} = \begin{pmatrix} r & 0 & 0 \\ 0 & r & 0 \\ 0 & 0 & r \end{pmatrix} \begin{pmatrix} i_A \\ i_B \\ i_C \end{pmatrix} + (L - M) \frac{\mathrm{d}}{\mathrm{d}t} \begin{pmatrix} i_A \\ i_B \\ i_C \end{pmatrix} + \begin{pmatrix} e_A \\ e_B \\ e_C \end{pmatrix} \qquad (3-5)$$

无刷直流电动机有 3 种工作状态。

① 两相导通状态。

三相星形接法的无刷直流电动机通常采用两相导通状态，如图 3-28 所示。

假设 A、B 两相导通，C 相不导通，并且是高压侧斩波导通，低压侧全导通，这时导通的两相电流为 I_s，方向相反，反电势为 E_s，方向相反，不导通相的电流为 0，可得两相导通状态下电动机的数学模型为

$$u_{A0} - u_{B0} = 2rI_s + 2(L - M) \frac{\mathrm{d}}{\mathrm{d}t} I_s + 2E_s \qquad (3-6)$$

② 两相续流状态。

无刷直流电动机在绕组导通过程中，为了限制电流过大，通常采用电流斩波控制来关断功率开关器件。关断方式分为硬关断和软关断两种，硬关断方式开关损耗比较大，在实际应用中多采用软关断方式，软关断方式只关断一个功率开关器件，另一个继续导通。软关断方式又有两种情形：高压侧斩波、低压侧全导通，或者是低压侧斩波、高压侧全导通。这两种情形下直流母线电流都等于 0。以高压侧斩波控制为例，软关断控制续流方式等效电路如图 3-29 所示。

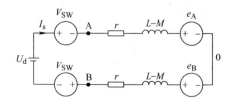

图 3-28　A、B 两相导通等效电路图

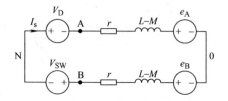

图 3-29　软关断续流方式等效电路

可得续流状态下电动机的数学模型为

$$0 = 2rI_s + 2(L - M)\frac{\mathrm{d}}{\mathrm{d}t}I_s + 2E_s + V_D + V_{SW} \tag{3-7}$$

式中，V_D 为续流二极管上的压降；V_{SW} 为功率管导通的压降。

③ 换相状态。

当控制器接入位置传感器的换相信号时，输出相应的驱动逻辑信号，控制电动机的绕组进入换相状态，换相状态同时存在着续流和换流的过程。假设电动机绕组由原来的 A、B 两相导通转换为 A、C 两相导通，即 B 相低压侧功率开关器件关断，而 C 相低压侧功率开关器件全导通，A 相高压侧斩波控制，如图 3-30 所示。

这样在关断 B 相、导通 C 相的换相过程中，B 相通过高压侧功率管处于续流状态，B 相绕组反电势和电流都衰减。C 相绕组换流，电流逐步增加，C 相绕组的反电势等于 A 相绕组的反电势，但方向相反，A 相绕组电流会先下降再上升，但是三相电流之和仍然等于 0。

（2）逆变器的数学模型

可以用一个非线性电阻来模拟逆变器的功率开关。导通时，电阻值等于功率管的正向电阻；关断时，具有高电阻值。这种模拟的缺陷是造成系统状态转换只是"硬"过渡，通常需要特殊的积分程序求解，否则容易出现数值上的不稳定。

如果用如图 3-31 所示的 L-R 电路来模拟功率开关，令其开路和闭路阻抗的时间常数相同，并尽量与实际功率管一致，这样就避免了上述问题。

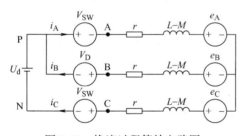
图 3-30　换流过程等效电路图

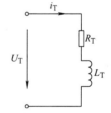
图 3-31　逆变器模型图

功率开关两端的电压可表示为

$$U_T = R_T i_T + L_T \frac{\mathrm{d}}{\mathrm{d}t} i_T \tag{3-8}$$

式中，i_T 为功率开关等效电流，$i_T = (i_1 \quad i_2 \quad \cdots \quad i_5 \quad i_6)^T$；$R_T$ 为功率开关等效电阻，$R_T = (R_1 \quad R_2 \quad \cdots \quad R_5 \quad R_6)^T$；$L_T$ 为功率开关等效电感，$L_T = \mathrm{diag}(L_1 \quad L_2 \quad \cdots \quad L_5 \quad L_6)$；$U_T$ 为功率开关等效电压，$U_T = (U_{T1} \quad U_{T2} \quad \cdots \quad U_{T5} \quad U_{T6})^T$。

对照图 3-31，可以得到电动机线电压为

$$\begin{pmatrix} u_{AB} \\ u_{BC} \\ u_{CA} \end{pmatrix} = - \begin{pmatrix} U_{T1} \\ U_{T3} \\ U_{T5} \end{pmatrix} + \begin{pmatrix} U_{T3} \\ U_{T5} \\ U_{T1} \end{pmatrix} \tag{3-9}$$

辅助方程为

$$
\begin{pmatrix} U_{\mathrm{d}} \\ U_{\mathrm{d}} \\ U_{\mathrm{d}} \end{pmatrix} = \begin{pmatrix} U_{\mathrm{T1}} \\ U_{\mathrm{T3}} \\ U_{\mathrm{T5}} \end{pmatrix} + \begin{pmatrix} U_{\mathrm{T4}} \\ U_{\mathrm{T6}} \\ U_{\mathrm{T2}} \end{pmatrix} \tag{3-10}
$$

和

$$
\begin{pmatrix} i_4 \\ i_6 \\ i_2 \end{pmatrix} = \begin{pmatrix} i_1 \\ i_3 \\ i_5 \end{pmatrix} - \begin{pmatrix} i_{\mathrm{A}} \\ i_{\mathrm{B}} \\ i_{\mathrm{C}} \end{pmatrix} \tag{3-11}
$$

式中，U_{d} 为直流电压。

（3）转矩方程

无刷直流电动机的电磁转矩是由定子绕组中的磁场与转子磁场相互作用而产生的。定子绕组产生的电磁转矩表达式为

$$
T_{\mathrm{e}} = \frac{1}{\Omega}(e_{\mathrm{A}}i_{\mathrm{A}} + e_{\mathrm{B}}i_{\mathrm{B}} + e_{\mathrm{C}}i_{\mathrm{C}}) \tag{3-12}
$$

式中，T_{e} 为三相绕组产生的合成电磁转矩；Ω 为转子的机械角速度。

从式（3-12）中可知，无刷直流电动机的电磁转矩的大小与电流成正比，所以控制逆变器输出的方波电流的幅值就可以控制无刷直流电动机的转矩。为了产生恒定的电磁转矩，要求定子电流为方波，反电动势为梯形波，且在每半个周期内，方波电流的持续时间为120°电角度，梯形波反电动势的平顶部分也为120°电角度，两者应严格同步。由于无刷直流电动机采用两相导通方式，任何时刻只有两相绕组导通，则电磁功率为

$$
P_{\mathrm{e}} = e_{\mathrm{A}}i_{\mathrm{A}} + e_{\mathrm{B}}i_{\mathrm{B}} + e_{\mathrm{C}}i_{\mathrm{C}} = 2E_{\mathrm{s}}I_{\mathrm{s}} \tag{3-13}
$$

因此，电磁转矩又可以表示为

$$
T_{\mathrm{e}} = P_{\mathrm{e}}/\Omega = 2E_{\mathrm{s}}I_{\mathrm{s}}/\Omega \tag{3-14}
$$

电动机的运动方程为

$$
T_{\mathrm{e}} - T_{\mathrm{L}} = J\frac{\mathrm{d}\Omega}{\mathrm{d}t} + B\Omega \tag{3-15}
$$

式中，T_{L} 为负载转矩；J 为电动机的转动惯量；B 为阻尼系数。

（4）无刷直流电动机的传递函数

为了更好地分析无刷直流电动机的特性，寻求一种有效的控制方法以得到良好的动态性能，有必要推导出无刷直流电动机的传递函数，而无刷直流电动机与普通直流电动机的差别仅在于它换相时不用电刷，因此其动态特性分析与普通直流电动机是相同的。由于无刷直流电动机采用两相绕组导通运行的方式，根据前面推导的电压方程，可得两相绕组导通时的电压方程为

$$
U_{\mathrm{in}} = U_{\mathrm{d}} - 2V_{\mathrm{sw}} = 2rI_{\mathrm{s}} + 2(L - M)\frac{\mathrm{d}}{\mathrm{d}t}I_{\mathrm{s}} + 2E_{\mathrm{s}} \tag{3-16}
$$

定义 K_{e} 为反电动势系数，则有

$$
E_{\mathrm{s}} = K_{\mathrm{e}}\Omega \tag{3-17}
$$

定义 K_{T} 为电磁转矩系数，则

$$
T_{\mathrm{e}} = K_{\mathrm{T}}I_{\mathrm{s}} \tag{3-18}
$$

对式(3-15)、式(3-16)、式(3-17) 和式(3-18) 进行拉氏变换可得

$$T_e(s) - T_L(s) = Js\Omega(s) + B\Omega(s) \tag{3-19}$$

$$U_{in}(s) = 2rI_s(s) + 2(L-M)sI_s(s) + 2E_s(s) \tag{3-20}$$

$$E_s(s) = K_e\Omega(s) \tag{3-21}$$

$$T_e(s) = K_T I_s(s) \tag{3-22}$$

根据上述状态画出无刷直流电动机的动态数学模型如图 3-32 所示。在这动态数学模型中，将直流母线的电压 $U_{in}(s)$ 作为电动机的输入量，输出量为电动机的机械角速度 $\Omega(s)$，负载转矩作为系统外部的扰动量。

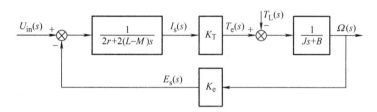

图 3-32　无刷直流电动机动态数学模型图

4. 电动机控制系统的闭环设计

在分析无刷直流电动机电流和速度调节原理的基础上，引入经典控制理论中的 PID 控制。

（1）无刷直流电动机的控制策略

控制系统若采用开环控制，有一个简单的电流监测功能，就是采用康铜丝来采集电路中电流的信号，通过单片机内部的运放和比较器来对电流进行简单的限制，其原理就是当反馈回来的电压信号大于比较器设定的参考值，就对输出的 PWM 进行递减。同时，参考转把信号给定值，当反馈值小于设定值，转把信号给定值较大，则 PWM 递加。这样的控制方法其动态性能不能满足电流的变化速度，在电流变化较大时，如果不能尽快地控制电流的变化，一方面，电流的脉动会使得骑行过程产生抖动的感觉，另一方面，如果电流增大得太快，而控制系统不能很快地将其拉回到正常的范围内，则会使控制板处于大电流的危险状态，存在安全隐患。

控制系统若采用转速负反馈和 PID 调节器的单闭环调速系统可以在保证系统稳定的条件下实现转速无静差。如果对系统的动态性能要求较高，例如要求快速起制动、突加负载动态速降小等，单闭环系统就难以满足需要。这主要是因为在单闭环系统中不能完全按照需要来控制动态过程的电流或转矩，所以需要引入双闭环的 PID 系统。

（2）PID 控制系统的引入

PID 控制系统由如图 3-33 所示。在连续控制系统中，PID 控制器的输出 $u(t)$ 与输入 $e(t)$ 之间成比例、积分、微分的关系，即

$$u(t) = K_P\left[e(t) + \frac{1}{T_I}\int_0^t e(t)\,\mathrm{d}t + T_D\frac{\mathrm{d}e(t)}{\mathrm{d}t}\right] \tag{3-23}$$

式中，$e(t) = r(t) - y(t)$；K_P 为比例增益；T_I 为积分时间常数；T_D 为微分时间常数。

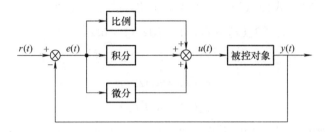

图 3-33　PID 控制系统原理框图

1）PID 各个参数对系统性能的影响。PID 控制器各个参数对系统的动态和稳态性能有不同的影响：

① 比例作用对系统性能的影响。

● 对稳态特性的影响。加大比例系数 K_P，在系统稳定的情况下，可以减少稳态误差 e_{ss}，提高控制精度，但是加大 K_P 只是减少 e_{ss}，却不能完全消除稳态误差。

● 对动态特性的影响。比例系数 K_P 加大，使系统的动作灵敏，速度加快；K_P 偏大，振荡次数增多，调节时间增长；当 K_P 太大时，系统会趋于不稳定。若 K_P 太小，又会使系统的动作缓慢。

② 积分作用对控制性能的影响。积分作用的引入，主要是为了保证被控量在稳态时对设定值的无静差跟踪，它对系统的性能的影响可以体现在以下两方面：

● 对稳态特性的影响。积分作用能消除系统的静态误差，提高控制系统的控制精度。但是 T_I 太大时，积分作用太弱，以至不能减小稳态误差。

● 对动态特性的影响。积分作用通常使系统的稳定性下降。如果积分时间 T_I 太小，系统将不稳定；T_I 偏小，振荡次数较多；如果 T_I 太大，对系统性能的影响减小；当 T_I 合适时，过渡特性比较理想。

③ 微分作用对控制性能的影响。微分作用通常与比例作用或积分作用联合作用，构成 PD 控制或者 PID 控制。微分作用的引入，主要是为了改善闭环系统的稳定性和动态特性，如使超调量较小，调节时间缩短，允许加大比例控制，使稳态误差减小，提高控制精度。

2）控制系统的整体设计。根据系统的需求，在保证系统稳定性的前提下，提高系统的动态响应特性，使得系统能够快速、稳定地对电流和转速的变化量进行跟踪和控制，设计了包括电流环和速度环的双闭环。

为了实现转速和电流两种负反馈分别起作用，在系统中设置了两个调节器，分别调节转速和电流，两者之间实行串联连接。即，把转速调节器的输出当作电流调节器的输入、再用电流调节器的输出去调整 PWM 的输出脉宽。为了获得良好的静、动态性能，双闭环调速系统的两个调节器都采用 PI 调节器，系统控制原理框图如图 3-34 所示。

系统设计的顺序是先内环后外环，具体对双闭环调速系统来说，就是先设计电流调节器，然后把整个电流环当作转速调节系统中的一个环节，再设计转速调节器。

PI 调节器的输入电路为两个 T 型滤波器，作为给定信号与反馈信号的滤波，其原理如图 3-35 所示。电压输入、输出关系为

$$U_c(s) = K_P \frac{\tau s + 1}{\tau s}\left[\frac{U_r(s)}{T_g s + 1} - \frac{U_f(s)}{T_f s + 1}\right] \tag{3-24}$$

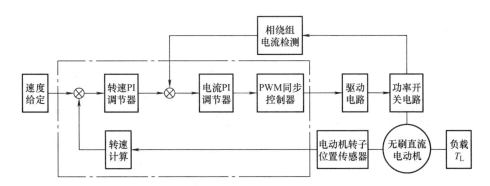

图 3-34　系统控制原理框图

式中，$K_P = R_1/R_3$，$\tau = R_1 C_1$，$T_g = 1/(4R_3 C_g)$，$T_f = 1/(4R_3 C_f)$，可以取 $C_g = C_f$。原理图对应的动态结构框图如图 3-36 所示。

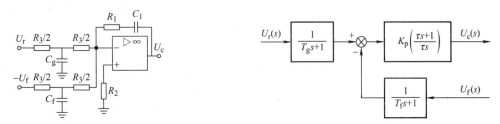

图 3-35　PI 调节器原理图　　　　　图 3-36　PI 调节器的动态结构框图

（3）电流环的设计

电流控制在电动自行车控制器上占有最为重要的位置，是电动机稳定运行和电动自行车安全行驶的保证，设计的电流环对无刷直流电动机运行中的电流进行闭环调节，使得电动机运行过程中的转矩力求保持恒定值。电流控制是通过改变脉宽调制（PWM）信号的占空比来实现的，为了防止调节过程中产生过高的冲击电流，所以要对电流设置限流值。PWM 信号的占空比的调节是由参考电流与检测电流的差值来决定的。

电流环的设计除了调节器必需的 PI 参数 K_P 和 K_I，还需要转速调节器输出定子绕组电流 I_{ref} 和电压 U_d，设计具体步骤如下：

① 计算电流的误差和误差的变化，即

$$\left. \begin{array}{l} E(k) = |I_{ref}(k)| - I_{oct}(k) \\ \Delta E(k) = E(k) - E(k-1) \end{array} \right\} \tag{3-25}$$

式中，I_{oct} 为相绕组检测电流。

② 通过电流 PI 调节获得电压平均值为

$$U_{av}(k) = U_{av}(k-1) + K_P \Delta E(k) + K_I E(k) \tag{3-26}$$

③ 计算 PWM 占空比。

④ 饱和与下溢出的判断。如果占空比计算结果大于 1，则输出等于 1；如果占空比的计算结果小于 0，则输出等于 0；如果大于 0 且小于 1，则保留计算结果。

（4）速度环的设计

电流环设计后，就可以作为速度环的一个环节，来设计速度环。速度环的实现首先要通过安装在电动机内部的霍尔传感器来计算电动机的旋转速度，能否准确地计算出电动机转速的反馈量决定了系统调速性能的好坏。由电动机的传递函数可以推出其控制框图如图3-37所示。

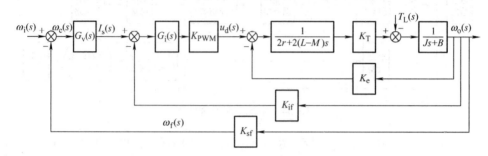

图 3-37 速度环设计的控制框图

图中 $G_v(s)$ 为速度 PI 调节器，K_{sf} 为速度反馈系数。在连续时域内速度 PI 调节器的传递函数可表示为

$$G_v(s) = \frac{I_s(s)}{\omega_e(s)} = K_P + \frac{K_I}{s} \tag{3-27}$$

$$\omega_e(s) = \omega_i(s) - \omega_f(s) \tag{3-28}$$

式中，$\omega_e(s)$ 和 $I_s(s)$ 分别为速度 PI 调节器的输入误差信号和输入信号，K_P 和 K_I 分别为速度 PI 调节器的比例和积分系数。速度 PI 调节器的目的是将速度误差信号经 PI 调节后输出为电流信号，作为电流环的输入参考值。

5. 系统软件的实现

（1）系统主程序结构

系统主程序是整个程序的入口和整体框架的基础，在主程序里根据电动自行车主要功能的重要顺序建立了系统控制的流程。主程序的基本任务是系统初始化，扫描刹车信号，采样转把速度信号、电源电压信号、温度信号以及助力信号判断，等待中断等，其结构流程图如图3-38所示。

① 转把速度信号采样处理。由于转把的调速、电源的放电以及控制器温升相对于单片机的运行速度来说，它是非常缓慢的，因此程序中的一些延时并不会影响结果的判断。在主程序中，转把速度信号采样、电源电压监视和温度监视是通过单片机内部的 6 位 A－D 分时采样实现的。

对于转把速度信号采样程序，不仅需要将转把送来的模拟信号范围转换成对应的 PWM 占空比，同时在这个程序段中要完成转把失灵的防飞车控制，同时每个相应部分都有数值处理的算法。转把速度信号采样处理流程如图3-39所示。

② ABS 刹车信号扫描流程。电动自行车在行驶的过程中，就像普通自行车一样，肯定要经常使用刹车功能，何况电动自行车的运行速度较之普通的自行车要快得多，所以对刹车要求更高。电动自行车本身安装有普通的机械刹车，但是机械刹车的磨损比较严重，同时刹车噪声非常刺耳，很多城市已经出台相应的法规来限制电动自行车的噪声污染。所以在原来

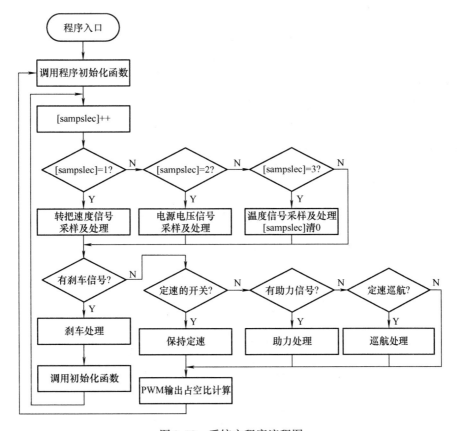

图 3-38　系统主程序流程图

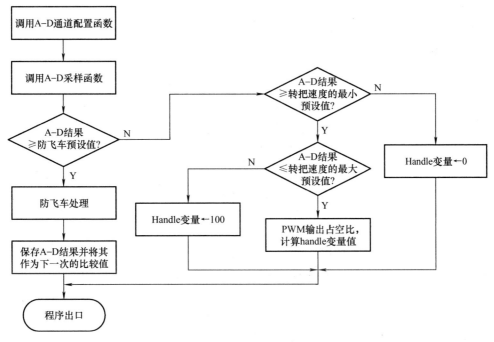

图 3-39　主程序中转把速度信号采样处理流程图

机械刹车的基础上开发了 ABS 刹车系统，为避免意外情况的发生，必须对刹车快速响应，并能保证电动自行车迅速停下来。通过刹车处理程序，在电动机内产生间断性、周期性的电磁制动转矩，从而有效防止刹车时车轮抱死，给电动自行车提供一个渐变的制动力，提高整车使用的可靠性和安全性。

ABS 刹车实现的具体方法是：确认刹车信号后，先将逆变桥上下桥臂的功率管全部关闭，然后打开下桥臂，在下桥臂加上 PWM 调制，由于下桥臂功率管是低电平有效，因此，所加 PWM 占空比从 100% 经过一段延时后，逐级减小到 0，即逐步加大制动转矩，这样有利于减小反接制动给控制器和电动机带来的电流冲击。ABS 刹车程序流程图如图 3-40 所示。

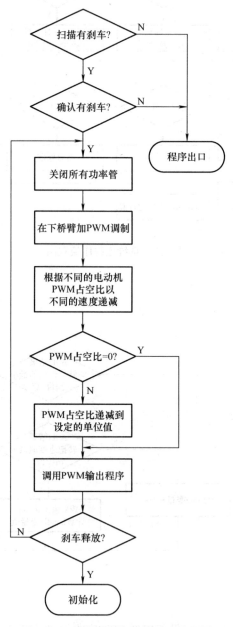

图 3-40　主程序刹车信号处理流程图

（2）双闭环控制算法的软件实现

因为计算机控制是一种采样控制，数字控制系统是一个时间离散系统，所以必须将连续时域内的速度 PI 调节器的传递函数转换为离散时域内的传递函数。模拟控制器要通过一些算法进行数字化的实现，数字 PID 控制器主要有两种算法，位置式算法和增量式算法。

在单片机上，针对模拟 PID 控制器的表达式，式（3-23）中的积分和微分项不能直接使用，需要对其进行离散化处理。现以一系列的采样时刻点 kT 代表连续时间 t，以和式代替积分，以增量代替微分，则可作如下近似变换

$$T \approx kT \tag{3-29}$$

$$\int_0^t e(t)\,\mathrm{d}t \approx T\sum_{i=0}^{k} e(iT) = T\sum_{i=0}^{k} e(i) \tag{3-30}$$

$$\frac{\mathrm{d}e(t)}{\mathrm{d}t} \approx \frac{e(kT) - e[(k-1)T]}{T} = \frac{e(k) - e(k-1)}{T} \tag{3-31}$$

通过以上的变换，可以得到控制器的输出为

$$u(k) = K_{\mathrm{P}}\left[e(k) + \frac{T}{T_I}\sum_{i=0}^{k} e(i) + T_{\mathrm{D}}\frac{e(k) - e(k-1)}{T}\right] \tag{3-32}$$

式中，T 为采样周期；$u(k)$ 为第 k 次采样时计算机的输出；$e(k)$ 为第 k 次采样时的偏差值；$e(k-1)$ 为第 $(k-1)$ 次采样时的偏差值。

式（3-32）称为 PID 的位置控制算法，算法结构图如图 3-41 所示。为了提高系统的可靠性，一般使用数字式 PID 控制器。因此，连续型 PID 控制算法不能直接使用，需要对式（3-32）进行离散化处理，得到离散 PID 控制律的差分方程，也称位置式 PID 控制算法。根据递推原理，由式（3-32）可得增量式 PID 控制器算法为

$$u(k) = u(k-1) + K_{\mathrm{P}}[e(k) - e(k-1)] + K_{\mathrm{I}}e(k) + K_{\mathrm{D}}[e(k) - 2e(k-1) + e(k-2)] \tag{3-33}$$

式中，K_{P} 为比例系数；K_{I} 为积分系数，$K_{\mathrm{I}} = K_{\mathrm{P}}T/T_I$；$K_{\mathrm{D}}$ 为微分系数，$K_{\mathrm{D}} = K_{\mathrm{P}}T_{\mathrm{D}}/T$。

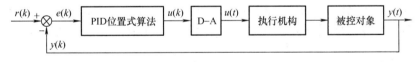

图 3-41　位置式算法框图

由式（3-32）和式（3-33）比较可知，增量式 PID 控制算法计算量较小，而且式（3-32）所示的位置式 PID 控制算法可通过式（3-33）递推而来。PID 的增量式控制算法结构框图如图 3-42 所示。

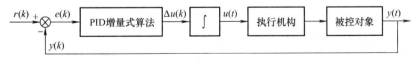

图 3-42　增量式算法框图

控制系统中确定了 PID 控制器的结构后，需要对 PID 控制器的参数进行整定。数字 PID 控制器参数的选择，可按连续型 PID 参数整定方法进行。通用的 PID 调节步骤是先调节比例参数，后调节积分参数，最后调节微分参数（对于常见的无刷直流电动机 PI 控制器来说应

先固定积分环节为零，调节比例环节至系统响应稳定，然后再调节积分环节来改善系统的动态和静态稳定性能）。值得注意的是，这三个参数的选择并不是孤立的，它们相互关联，应根据具体整定过程综合考虑，力求取得最好的控制效果。采样周期 T 也是设计者需精心选择的重要参数，系统性能与采样周期的选择密切相关。根据香农采样定理，采样频率必须大于或等于被采样信号最高频率的两倍，采样信号方可恢复或近似地被恢复为原模拟信号。在这个限制范围内，采样周期越小，采样数据控制系统的性能越接近于连续时间控制系统。对于闭环控制系统来说，尤其是电动机闭环调速控制系统，要求控制器能快速地跟踪速度变化，因此要求采样周期尽可能小，即采样频率尽可能大。但是，实际中由于受到微处理器的工作频率、电力电子器件开关频率、传感器的延时及 A－D 转换与 D－A 转换延时等因数的限制，又要求采样周期不能太小。因此，系统设计开发者要根据所设计系统的具体情况，合理选择采样周期。设 T_r 为系统响应的上升时间，N_r 为上升时间内采样次数，则一个简单的估计采样周期 T 的经验公式为

$$N_r = \frac{T_r}{T} = 2 \sim 4$$

为了程序编写的简便，可以将式(3-33) 变为下面的形式

$$u(k) = u(k-1) + q_0 e(k) - q_1 e(k-1) + q_2 e(k-2)] \tag{3-34}$$

式中，$q_0 = K_P\left(1 + \frac{T}{T_I} + \frac{T_D}{T}\right) = K_P + K_I + K_D$；$q_1 = K_P\left(1 + \frac{2T_D}{T}\right) = K_P + 2K_D$；$q_2 = K_P \frac{T_D}{T} = K_D$。

在 PID 控制中，当有较大的扰动或大幅度改变给定值时，由于此时有较大的偏差，以及系统有惯性和滞后，故在积分项的作用下，常有较大的超调。为了消除这一现象，应采用积分分离控制算法，即在控制量开始跟踪时，取消积分作用，直到被调量接近给定值时，才使积分产生作用。积分分离控制算法的数学表示为

$$|e(k)| = |u_i(k) - u_f(k)| > \varepsilon \quad \text{比例控制}$$

$$|e(k)| = |u_i(k) - u_f(k)| \leqslant \varepsilon \quad \text{比例积分控制}$$

积分分离阈值 ε 应根据具体对象和控制要求确定。如 ε 过大，则达不到积分分离的目的；而 ε 过小，则容易出现残差。在程序具体设计过程中，这个参数也需要通过试验不断试凑。

设计工作的最后就是要确定 PID 参数。PID 三大参数选择的好坏，直接影响到控制效果的好坏。PID 参数的整定方法很多，归纳起来可以分为两大类，即理论计算整定法和工程整定法。

理论计算整定法要求已知过程的数学模型，并且计算烦琐，工作量大，在现场使用中还需反复修正。

工程整定法无须事先知道过程的数学模型，在控制系统中直接进行现场整定，方法简单，易于掌握，常用的方法有以下两种。

① 现场凑试法：先将调节器的整定参数根据经验设置在某一数值上，然后在闭环系统中加扰动，观察过渡过程的曲线形状。若不理想，则按照先比例、后积分、最后微分的顺序，反复凑试。

② 临界比例度法：目前工程上较常用。在闭合的控制系统里，将调节器置于纯比例作用下，从大到小逐渐改变调节器的比例度，得到等幅振荡的过渡过程。此时的比例度称为临

界比例度，相邻两个波峰的时间间隔，称为临界振荡周期。

因为控制对象的数学模型不是很精确，采取简易的工程整定法，即归一参数整定法来设计参数的参考值。由已知的增量表达式（3-34），可以使 $T = 0.1T_s$，$T_I = 0.5T_s$，$T_D = 0.125T_s$。其中，T_s 为纯比例环节作用下的临界振荡周期。由此可得

$$u(k) = u(k-1) + K_P[2.45e(k) - 3.5e(k-1) + 1.25e(k-2)] \qquad (3\text{-}35)$$

问题简化为只整定一个参数 K_P。改变 K_P，观察控制效果直到满意为止。

根据实际系统的调试和设计过程的不断摸索，最终只应用了控制环中的比例和积分环节，简化了微分环节。闭环控制系统的增量式 PI 控制程序的框图如图 3-43 所示。

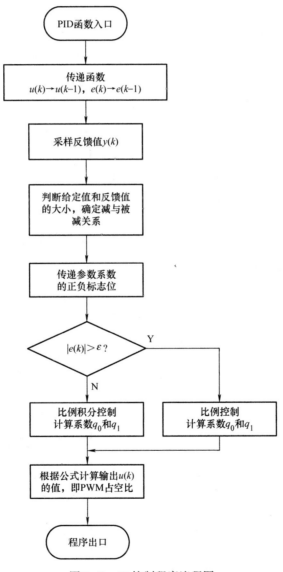

图 3-43　PI 控制程序流程图

（3）PWM 中断程序

在单片机的控制中，常常使用中断进行分时操作、实时处理和故障处理，提高了对外设

的响应速度。在控制系统中，电流的控制是最为关键的环节，不仅要求检测速度快，同时要求系统的反应速度也要跟得上。否则十几个毫秒的尖峰脉冲电流就会使 MOSFET 烧毁。PWM 的中断频率是 15kHz，一个 PWM 中断的周期约为 67μs，这个速度可以满足电流控制的反应时间。系统中的 PWM 中断程序具有最高中断优先级，将 PID 控制模块中的电流环嵌入到 PWM 中断里，同时在 PWM 中断里完成电动机的电子换相、电流的采样补偿处理。

① PWM 占空比的计算并输出。PWM 的输出不是简单的计算转把给定信号然后输出对应的占空比，而是要经过一个比较复杂的处理过程。通过全局的考虑，与各个模块给定的输出要求值来比较，最后得到一个综合处理过的 PWM 占空比，作为最终的输出控制。具体程序流程框图如图 3-44 所示。

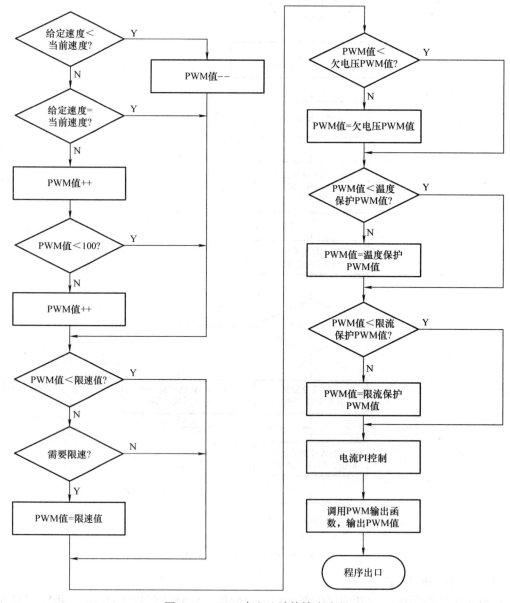

图 3-44　PWM 占空比计算输出流程

118

② 电动机换相检测并输出。电动机霍尔位置信号在输入到单片机之前，首先经过硬件滤波电路，但是为了保险，在程序中对电动机位置的霍尔信号又进行了两次验证。当检测到霍尔传感器的状态发生改变时，先将第一次检测到的值保存起来作为参考值，当下一次PWM 中断到来时，检测霍尔状态，如果霍尔状态不等于刚才保存的参考值，则不作处理，当霍尔状态的值等于刚才的值，且不等于上一个状态值，才进行换相处理。换相检测流程图如图 3-45 所示。

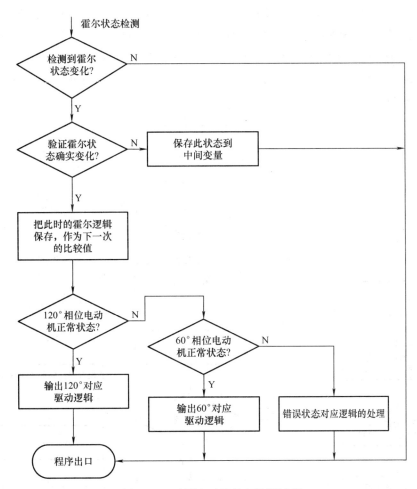

图 3-45　无刷电动机换相检测流程

（4）定时器中断程序

程序中除了优先级最高的 PWM 中断，还有两个定时器中断系统。1kHz 的定时器中断主要负责电动机转速的计算和输出以及助力信号的处理，同时在这个中断系统中，嵌入了 PID控制模块的速度环。另一个是 4Hz 的定时器中断，主要实现了电动机的堵转保护和自动巡航功能。

速度显示、助力值的大小以及 PID 的速度环控制都需要电动机的转速值，因此程序中一定要把电动机的速度信号采集进来，然后通过计算，得到可以用的电动机转速值。在 1kHz中断程序中，首先采集一相电动机霍尔信号，根据这一相霍尔信号的时间长短来计算电动机的旋转速度，如果电动机转得太慢，可以粗略认为电动机是不转的。根据计算得到的电动机转速，输出一个模拟信号给速度显示电路，来反应电动自行车行驶速度的快慢。同时这个速度值，作为 PID 速度环的反馈参数进行速度 PI 的调节控制。程序基本流程框图如图 3-46 所示。

在电动自行车行驶过程中，如果碰到一些意外情况，使得车子被外界机械力限制在原地不能行驶，但是这个时候用户的转把还没有放松，就是说用户还是在给车子行驶信号，如果这时电动机不能转动而控制器仍然在输出 PWM 信号，这种情况持续的时间过长，则很容易引起 MOSFET 管发热量过大而导致烧毁的现象，所以要对电动机堵转的现象进行保护。4Hz 的中断程序就实现了这个功能，同时在这个中断程序里还有自动巡航的程序模块，就是说时间常数的单位为秒级的，都把它们放在这个中断里。4Hz 中断的程序流程图如图 3-47 所示。

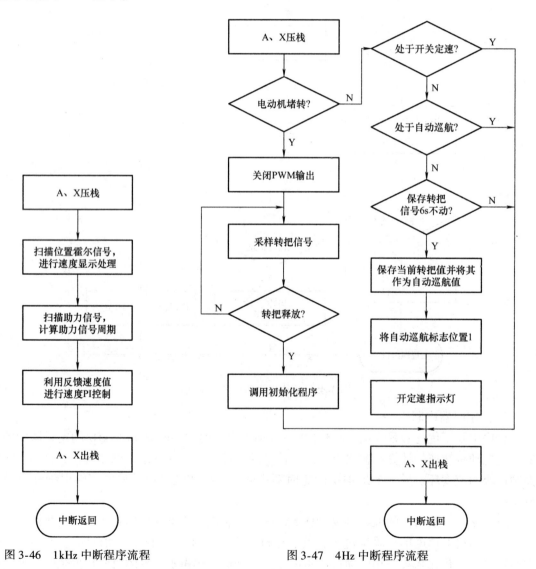

图 3-46　1kHz 中断程序流程　　　　图 3-47　4Hz 中断程序流程

6. 模糊控制器的设计

无刷直流电动机速度控制器设计需要考虑系统工作环境、负载特点、位置检测方式等问题，目标是实现调速范围宽、静差小、跟随性和抗扰动性能优越的速度控制系统。双闭环控制中的外环为速度环或电压环，主要起稳定转速和抗负载扰动作用；内环为电流环或转矩环，主要起稳定电流和抗电网电压波动的作用。

（1）模糊控制原理

智能控制具有自学习、自适应、自组织功能，适用于经典控制理论难于解决的不确定、磁滞、非线性以及其他复杂系统的控制问题。模糊控制是智能控制的一个重要分支，模糊控制是以模糊集合论、模糊语言变量以及模糊逻辑推理为数学基础的新型数字控制方法，将系统设计者或专家的实际控制经验和所积累的知识转化成语言变量描述的模糊控制规则，通过模糊推理输出控制量作用于系统。模糊控制具有如下特点：

① 无须知道被控对象精确地数学模型，模糊控制是以人对被控系统的控制经验为依据而设计的控制器；

② 模糊控制规则是以模糊语言形式表示的，易被人们所接受；

③ 用单片机、DSP 等微处理器可方便地构造模糊控制系统，模糊推理算法可以通过软件编程实现；

④ 模糊控制适用于常规 PID 控制难以解决的非线性、时变、大滞后系统，系统适应性、鲁棒性强。

模糊控制系统是一种以模糊控制器为核心的数字控制系统，由模糊控制器、输入/输出接口、被控对象、输出反馈等部分组成，模糊控制系统结构如图 3-48 所示。

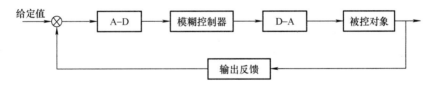

图 3-48　模糊控制系统结构

模糊控制系统的性能优劣主要取决于模糊控制器结构、模糊推理规则、合成推理算法以及反模糊方法等因素。模糊控制系统的核心是模糊控制器，模糊推理规则是由模糊条件语句描述的，因而是一种语言型控制器，模糊控制器有模糊化接口、语言规则、模糊推理、清晰化接口等部分组成，模糊控制器结构如图 3-49 所示。

图 3-49　模糊控制器结构

模糊控制器的输入是被控参量实际值与设定值的偏差 e，它是确定数值的清晰量，必须先通过模糊化处理转化为模糊量，用模糊语言变量 E 来描述。模糊推理 U 也是模糊变量，在系统中要实施控制时，要先将 U 进行清晰化处理，得到可操作的确定值 u，通过模糊控制器输出 u 的调整控制作用，使系统偏差 e 减小到可接受范围。

（2）单变量模糊控制器的分类

模糊控制系统往往把一个被控量的偏差、偏差变化率以及偏差变化的变化率作为模糊控制器的输入，模糊控制器输入变量的个数称为模糊控制器的维数。因此，单变量模糊控制器可以分为一维模糊控制器、二维模糊控制器和多维模糊控制器。

一维模糊控制器的输入为控制器偏差，其控制规则比较简单，控制效果并不十分理想，一维模糊控制器结构如图 3-50a 所示。

二维模糊控制器的输入为控制量偏差和偏差变化率，其控制规律复杂程度适中，控制效果比较好，是目前应用最广泛的模糊控制器，二维模糊控制器结构如图 3-50b 所示。

当模糊控制器的输入变量数目大于或等于 3 时，被称为多维模糊控制器。随着控制器输入变量数目的增加，控制规则越来越趋于合理，控制效果也很好，但是控制规则变复杂，算法实现相对困难，因此模糊控制器的维数一般不超过三维，三维模糊控制器如图 3-50c 所示。在实际工程应用中，二维模糊控制器已经能够达到比较理想的控制效果。

（3）模糊控制器设计的一般步骤

确定模糊控制器的结构以后，模糊控制器的具体实现步骤如下：

① 定义输入、输出变量。

根据被控系统要求的检测状态和控制作用，确定模糊控制器的输入变量和输出变量，常选定系统偏差和偏差变化率作为输入量，调节量作为输出量。

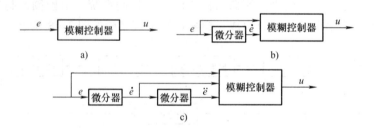

图 3-50 模糊控制器结构型式

a）一维模糊控制器　b）二维模糊控制器　c）三维模糊控制器

② 定义输入、输出变量模糊化条件。

根据控制系统实际情况，确定输入、输出变量范围，然后确定每个变量的论域，根据变量论域安排各个变量的语言术语及隶属函数。隶属函数有正态、梯形、三角等多种形式，三角隶属函数在工程中最常用。

③ 设计模糊控制规则。

模糊控制规则常用多个"If - Then"语句连接在一起作为模糊语言推理规则，在建立控制规则时，必须覆盖所有的输入状态，同时也应尽量避免相互矛盾的控制规则。

④ 确定反模糊方法。

模糊控制器的输出是一个模糊量，为了实现对被控对象的控制，需要将其转化为清晰量，反模糊方法有：最大隶属度法、面积重心法、加权平均法等。

（4）无刷直流电动机模糊控制器的设计

对于常系数、时不变的线性系统，经典 PID 控制能达到很好的控制效果，而无刷直流电动机在运行过程中由于存在电枢反应、相电阻变化等，所以是时变、多变量、强耦合的非线性系统，采用经典 PID 控制难以实现高效控制。PID 控制针对的是确定性控制系统、无法很好地适应外界干扰和被控对象自身参数的变化，而智能控制具有自适应、自组织、自学习等功能，若将两者结合则能实现对复杂、时变、多变量系统的高效控制，于是出现了自适应 PID、模糊 PID、神经元 PID、模糊自适应 PID 等新型 PID 控制算法。

模糊控制不依赖被控对象的精确模型，应用方法也相对成熟，常用的二维模糊控制器与 PID 控制结构能很好地改善系统动态、稳态性能。电动自行车用无刷直流电动机的双闭环串级控制系统，电流内环采用 PI 控制策略，速度外环采用模糊自适应 PID 控制，以实现 PID 控制器的参数自整定，在保证控制系统稳态性能的前提下，提高了系统的适应性和鲁棒性。

1）无刷直流电动机控制策略。

① 模糊自适应 PID 控制。在设计模糊控制系统时，通常采用输入为偏差和偏差变化率的二维模糊控制器，它的作用类似常规的 PD 控制，能使控制系统获得良好的动态特性，但是难以消除稳态误差，而传统 PID 控制器能很好地解决这一不足。若将两者结合起来，则系统兼有这两种方法的优点。将 PID 控制策略引入模糊控制器，构成 Fuzzy‑PID 复合控制，是改善模糊控制器稳态性能的一种有效途径，模糊自适应 PID 控制可根据系统外部环境的变化，利用模糊控制规则实现 PID 控制器参数的在线整定，充分发挥 PID 控制和模糊控制各自的优点，在保证控制系统稳态精度的前提下，提高了控制系统的快速性和自适应性，也增强了系统鲁棒性，模糊自适应 PID 控制器结构如图 3-51 所示。

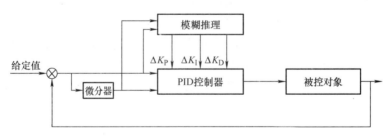

图 3-51　模糊自适应 PID 控制器

PID 控制器参数的模糊自整定中，需要先确定 PID 控制器修正参数 e、ec 之间的模糊关系和模糊推理规则，系统运行过程中，根据不同时刻的输入量 e、ec 和模糊推理规则得出 PID 控制器参数的修正量，实现参数的在线修改，使被控对象有更好地动、静态特性。模糊推理得到的是 PID 控制器三个参数 ΔK_P、ΔK_I、ΔK_D 的模糊输出量，必须经过解模糊后，才能得到 ΔK_P、ΔK_I、ΔK_D 的精确输出值，然后根据式（3-36）可计算出 K_P、K_I、K_D 的精确输出值，至此就完成了 PID 控制器参数的在线自整定。

$$\begin{cases} K_P = K_P' + \Delta K_P \\ K_I = K_I' + \Delta K_I \\ K_D = K_D' + \Delta K_D \end{cases} \tag{3-36}$$

式中，K_P'、K_I'、K_D' 为 PID 控制器上某一时刻参数值。

② 无刷直流电动机双闭环控制策略。电动自行车用无刷直流电动机控制系统采用双闭环控制方式，电流内环起加速系统动态响应过程的作用，采用 PI 调节器即可满足要求。速度外环起到恒流升速后的速度调节作用，由于要求电动自行车能快速起动、制动，对运行时的平稳性和抗扰动能力也有很高的要求，又由于无刷直流电动机本身的非线性特性，采用传统的 PID 控制方式难以满足系统对快速性、自适应性和鲁棒性的要求，所以速度环采用模糊自适应 PID 控制方式，无刷直流电动机双闭环调速系统结构如图 3-52 所示。

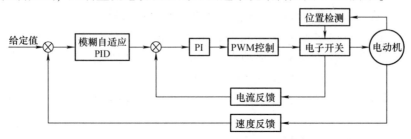

图 3-52　无刷直流电动机双闭环调速系统

2）速度环模糊自适应 PID 推理系统的建立。

① 输入、输出量的模糊化。速度环模糊自适应 PID 控制器的输入为无刷直流电动机速度偏差 e 和偏差变化率 ec，输出为 PID 控制器参数的修正量 ΔK_P、ΔK_I、ΔK_D。对控制系统的输入量和输出量进行模糊化处理，取它们的模糊子集为：{NB, NM, NS, ZE, PS, PM, PB}，子集中的元素都是模糊语言变量，分别代表：负大、负中、负小、零、正小、正中、正大。根据实际经验，若速度输入偏差 e 大于或等于 20km/h，则模糊语言值为"PB"，若 e 小于或等于 -20km/h，则模糊语言值为"NB"，所以 e 的实际论域为 [-20, 20]。对系统的输入、输出分别进行模糊化处理，将输入量 e、ec 量化到 [-3, 3] 区间，将输出量 ΔK_P、ΔK_I、ΔK_D 分别量化到 [-0.3, 0.3]、[-0.06, 0.06]、[-3, 3]。在确定速度偏差 e 和偏差变化率 ec 输入以及控制器参数修正量 ΔK_P、ΔK_I、ΔK_D 输出的模糊子集和论域后，需要选择模糊语言变量的隶属函数，考虑到控制规则的实施可靠性，输入、输出变量的隶属函数均采用三角隶属函数，各输入、输出量隶属函数如图 3-53、图 3-54、图 3-55 所示。

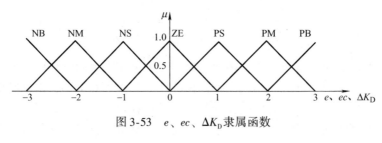

图 3-53　e、ec、ΔK_D 隶属函数

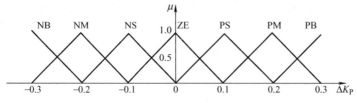

图 3-54　ΔK_P 隶属函数

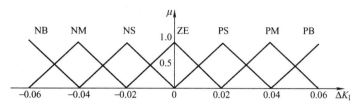

图 3-55　ΔK_I 隶属函数

② 模糊推理规则。对于电动自行车用无刷直流电动机的实际应用控制系统,考虑到 PID 控制器三个参数对控制系统的作用以及参数间的相互影响,根据实际操作经验进行控制规律总结,得到 PID 控制器修正参数 ΔK_P、ΔK_I、ΔK_D 模糊推理规则见表 3-2、表 3-3、表 3-4。

在模糊规则编辑器中添加这 49 条 "If - Then" 语句就可构成控制系统的模糊推理规则,每个条件语句可确定一个模糊关系 Ri,然后通过 "并" 运算,就可得到总的模糊关系 R,至此整个模糊推理系统已经建立。

③ 解模糊。速度环模糊推理系统建立好后,可得到模糊自适应 PID 推理系统输出量 ΔK_P、ΔK_I、ΔK_D 的模糊推理输出曲面,对于不同时刻的输入量 e、ec,有唯一的输出量 ΔK_P、ΔK_I、ΔK_D 与之对应。要得到参数修正值的实际值,还需经过清晰化处理,将输出模糊量转化为精确量,解模糊方法一般采用面积重心法。

表 3-2　ΔK_P 模糊推理规则表

e ＼ ec	NB	NM	NS	ZE	PS	PM	PB
NB	PB	PB	PM	PM	PS	ZE	ZE
NM	PB	PB	PM	PS	PS	ZE	NS
NS	PM	PM	PM	PS	ZE	NS	NS
ZE	PM	PM	PS	ZE	NS	NM	NM
PS	PS	PS	ZE	NS	NS	NM	NM
PM	PS	ZE	NS	NM	NM	NM	NB
PB	ZE	ZE	NM	NM	NM	NB	NB

表 3-3　ΔK_I 模糊推理规则表

e ＼ ec	NB	NM	NS	ZE	PS	PM	PB
NB	NB	NB	NM	NM	NS	ZE	ZE
NM	NB	NB	NM	NS	NS	ZE	ZE
NS	NB	NM	NS	NS	ZE	PS	PS
ZE	NM	NM	NS	ZE	PS	PM	PM
PS	NM	NS	ZE	PS	PS	PM	PB
PM	ZE	ZE	PS	PS	PM	PB	PB
PB	ZE	ZE	PS	PM	PM	PB	PB

表 3-4　ΔK_{D} 模糊推理规则表

e\\ec	NB	NM	NS	ZE	PS	PM	PB
NB	PS	NS	NB	NB	NB	NM	PS
NM	PS	NS	NB	NM	NM	NS	ZE
NS	ZE	NS	NM	NM	NS	NS	ZE
ZE	ZE	NS	NS	NS	NS	NS	ZE
PS	ZE	ZE	ZE	ZE	ZE	ZE	ZE
PM	PB	NS	PS	PS	PS	PS	PB
PB	PB	PM	PM	PM	PS	PS	PB

（5）双闭环控制模块的软件设计

双闭环控制模块是控制系统软件设计的核心，对无刷直流电动机的控制性能有很大影响，包括转速外环调节器和电流内环调节器。转速调节器使电动机转速跟随转把输入信号而变化，要求稳态性能好、适应性强，采用模糊自适应 PID 控制策略。电流调节器使电动机在最大允许电流下快速起动，减少过渡过程时间，采用传统 PI 控制能满足要求。转速外环调节器的输入为速度给定值和反馈值的偏差，通过模糊自适应 PID 运算，得到电流调节器的给定值。电流内环调节器的输入为转速调节器的输出和电流检测值的偏差，通过电流调节 PI 运算，调节控制器输出 PWM 占空比，改变无刷直流电动机转速，双闭环控制模块流程如图 3-56 所示。

转速环是实现无刷直流电动机速度控制的核心，采用模糊自适应 PID 控制策略可以获得更好地系统动、静态性能，引入电流环也是为克服单闭环转速控制快速性差的主要缺点，转速环主要有当前速度值计算、模糊自适应 PID 运算两个环节组成，转速环调节子程序如图 3-57 所示。

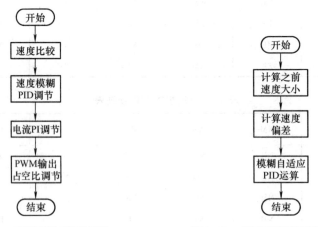

图 3-56　双闭环控制流程图　　　　图 3-57　转速环调节子程序流程图

电流调节器作为无刷直流电动机双闭环控制的内环，保证电动机转速快速跟踪转把给定值的同时，控制电动机绕组电流的大小，防止转速调节过程中出现过电流而损坏电动机。为实现无刷直流电动机的转速控制，电流 PI 调节器输出应转换为 PSoC（片上可编程系统）输出 PWM 的占空比值，定子绕组端电压决定电动机转速，所以绕组电流大小与转速成正比，电流误差决定了 PWM 占空比。误差小于零时，绕组过流，令 PWM 占空比为零，封锁所有输出，避免故障扩大；误差为零时，保持 PWM 占空比不变，所以绕组电流和转速保持不变；电流误差大时，此时电动机突然起动或转速给定值较大，为缩短系统调节时间，令 PWM 脉宽为整个控制周期，使定子绕组全压升流，电流环调节子程序流程如图 3-58 所示。

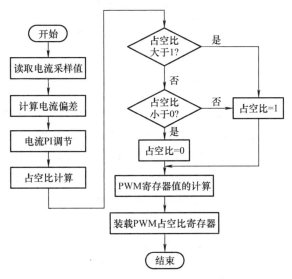

图 3-58　电流环调节子程序流程图

7. 无刷直流电动机正弦波控制技术简介

无刷直流电动机输出转矩脉动主要有换相过程产生的转矩脉动、电枢反应产生的转矩脉动、齿槽效应产生的转矩脉动、电动机制造不规范产生的转矩脉动。为了减少转矩脉动，采用无刷直流电动机正弦波控制技术。此时无刷直流电动机控制系统即永磁同步电动机控制系统。

传统的永磁同步电动机（PMSM）驱动系统中，有两种常用的技术方案可以达到正弦波电流驱动的效果：一是正弦波脉宽调制技术（SPWM），另一种是空间电压矢量脉宽调制技术（SVPWM）。这两种驱动方式的原理、实现过程是截然不同的。前者 MOSFET 管导通时刻及维持时间全由载波（三角波）与调制波（正弦波）的比较结果决定，其主要目的是生成三相对称的正弦电压；而后者是从输出三相电压的最终结果出发，目的是生成完美的圆形磁链轨迹。

（1）正弦波脉宽调制技术

该技术是根据面积等效原理，将调制波等效为一系列幅值相等但宽度不同的方波。其具体原理为：由一组等腰三角波组成的载波与频率、幅值可调的正弦波通过运算放大器进行比较，若在两个交点间正弦波处在三角波上方，则功率管导通；反之则关断功率管。通过正弦波与三角波不断地比较，电源侧电压被斩为等幅但不等宽的电压并被输出，实现控制电动机转速的目的。按 SPWM 波在半周期内的输出极性可以将其分为单极性控制和双极性控制，如图 3-59 所示。

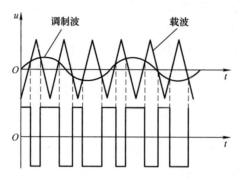

图 3-59　双极性 SPWM 生成原理

根据 SPWM 的调制原理，软件算法采用经典自然采样法、对称规则采样法和非对称规则采样法。第一种软件实现方法是指在载波与调制波两者的自然交点时刻通断 MOSFET 管，电动机系统是一个实时控制系统，而自然采样法在线计算需要很多时间，所以不被经常使用。非对称规则采样法是针对规则采样而言的，前者在后者的基础上增加一次采样，即在后者相邻两次采样点的中点处增加一次采样点，如图 3-60 所示。

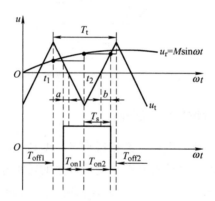

图 3-60　SPWM 非对称规则采样原理

因为非对称规则采样在载波的拐点处都设有采样点，而载波是一组等腰三角形，所以其采样周期 $T_s = 1/2T_t$，T_t 为载波周期。由三角形相似原理得到

$$\begin{cases} t_{on1} = \dfrac{T_s}{2}\left(1 + \dfrac{U_r}{U_t}\sin\omega t_1\right) \\ t_{on2} = \dfrac{T_s}{2}\left(1 + \dfrac{U_r}{U_t}\sin\omega t_2\right) \end{cases}$$

所以，脉冲宽度为

$$t_{on} = t_{on1} + t_{on2} = T_s\left(1 + \dfrac{M}{2}(\sin\omega t_1 + \sin\omega t_2)\right)$$

式中，M 为调制比，$M = U_{rm}/U_{tm}$，t_1 和 t_2 为载波在正、负幅值处的时间。非对称规则在数学模型上相比于对称规则采样略微复杂一些，但其得到的阶梯波接近于正弦波，这就能有效地减少谐波分量。

（2）空间电压矢量脉宽调制技术

在某个调制区间内，选定两个临近的基本电压空间矢量 U_1、U_2 分别作用 T_1、T_2 时间后，即 $T_sU_r = T_1U_1 + T_2U_2$，其组合施加至电动机后产生的效果等同于参考电压矢量 U_r 单独作用时间 T_s 所起的效果。任意选择某个调制周期，该周期所涉及的两个临近基本电压空间矢量被要求分多次施加于电动机。为了使其最终的运行轨迹是一个近似圆形，上述两个电压矢量的作用时间具有可调性，并在其中添加零矢量作用时间。最后，通过实际磁通与理想磁通的不断比较，控制电子换向器不断地开和关，使电动机磁链逼近于理想的圆形磁链。与SPWM 相比，SVPWM（又叫磁链跟踪控制）有以下优点：

① 更高的直流电源利用率，比常规的 SPWM 提高了大约 15.47%。

② 在一个相同输出波形的周期内，电子换相器中的功率管开关次数减少了 1/3，能更好地减少功率器件的损耗，保护功率器件，节约成本。

③ SVPWM 对转子位置信息的精确性要求不高，其通过离散的位置信号即可准确地控制电子开关器件。

④ 绕组中存在的谐波较少，输出的转矩脉动小，输出电流波形呈现正弦波。

3.3.2 可靠性设计的认知

1. 可靠性概念

一个电子产品的质量是技术性能和可靠性两个方面的综合。在这里着重介绍控制器的可靠性预测方面的内容。

可靠性是指产品在规定的时间内，规定的条件下，完成规定功能的能力。为了取得控制器的高可靠性，必须从设计阶段开始就要考虑可靠性问题。从国内外的统计数据记载，在不可靠的原因中，设计错误导致不可靠的约占 1/3；而元器件质量不满足设计要求导致不可靠的占 1/3；制造过程、操作使用、维护约占 1/3。其实，后两方面的原因也是由于设计者在设计阶段考虑不周所造成。

所谓设计错误是指在产品设计过程中，由于设计方案的选择和具体电路的设计计算有误，影响了产品的电气性能指标；在选择使用电子元器件时没有留有足够的裕量；对可测试性、可维修性和安全性考虑不周等。

2. 可靠性预测

可靠性预测是根据控制器产品中所使用的元器件性能及工作环境等和已掌握的资料来推测控制器的平均无故障工作时间的。可靠性预测是控制器产品设计的基础工作之一，除了用控制器产品设计方案的电气指标作为选择方案的依据以外，还应评价整个方案的预测值，从中选取电气指标满足要求和平均无故障工作时间较长的设计方案。当可靠性预测结果表明用一般的元器件和设计方案就能达到可靠性指标时，就不必采用更高档次的电子元器件和特别设计，这样可以节省费用，降低成本，提高生产效率。

如果让可靠性预测给出的是在图样设计阶段定量的估计、评价，其方法是比较困难的，它只能通过用以往的经历和元器件给出的一些性能参数指标作为失效率的参考值来进行预测。一般根据所使用元器件中最小的失效指标作为产品整体的可靠性指标来取舍。

对产品电路进行设计时，如何保证所选用的电路参数有充足的宽裕量以及保障电路的可靠性，如何满足所要求的功能和技术指标，如何达到更高的可靠性，这是应该注意的几个问题。

（1）正确选取元器件

元器件选择得当是保证产品质量的重要一环，特别是关键性元器件的质量尤为重要。在控制器产品中有些元器件的选取要注意以下几点：

1）功率MOSFET管的选择：在选择功率MOSFET管时，要合理选用耐压值，按1.5倍的电源电压取值便可，并不是耐压值越高越好。因为耐压值越高其自身的电阻率越高，即导通电阻越大，那么无用功耗就越大，发热也就越厉害，效率也就越低，因此要选用导通电阻值尽可能小的；其次是选择电流值，电流值越大越好；最大耗散功率取值也非常重要，应该是越大越好，但均要考虑性价比，其他参数一般都能满足在电动自行车用控制器上使用。如36V上用的IR3205、ST60NF06，48V上用的IR1010E、ST75NF75、CEP80N75。

2）电解电容的选择：因为控制器始终工作在开关状态的电路中，加之是感性负载，电路中始终有尖峰杂乱信号存在，因此在选择电解电容时，选择无感内阻小的电解电容，以减少其损耗，提高寿命。

3）贴片元器件的选择：关键是注意每个元器件自身能够承受的功耗能力、耐压值，尤其对贴片电容不要只考虑其容量而不顾其耐压和功耗承受能力，否则会因此而被烧毁。

对元器件尽可能选用国际知名品牌的产品，并经过严格认证和入库检查，建立了完备的采购体系，确保所有元器件来源正宗。这样就保证了元器件自身极低的失效率，也就保证了控制器成品的可靠性。

（2）正确使用元器件

有了高可靠性（低失效率）的元器件，是设计人员进行电路设计的第一步。下一步就是在电路设计中正确使用元器件。这是因为即使有了低失效率的元器件，但没有正确的使用方法，也不会得到电路与系统的高可靠性。

在元器件的使用过程中，应注意以下几个问题：

1）分立元器件的电路是设计上出错最多的电路。主要有元器件参数选择不当、元器件老化及参数漂移的影响，驱动的反冲电压，接地不良，外界干扰，电流过载，负载线选择不当，驱动电流不足等，不同的工作电流及不同的器件都有其特殊问题，因此必须严格按照正规的电路设计方法进行设计，选择最佳参数，采取必要的保护措施，还要考虑电路的可测试性和可维修性。

2）在控制器产品设计中提倡用集成电路来取代分立元器件。这是因为电路器件集成度的提高可以减少元器件之间的连接点，而这些连接点的可靠性往往是失效的主要根源。因此，尽量选用集成电路，提高电路的可靠性。另外，由于生产厂家在设计集成电路时，已经选择了优化的参数，并且许多电路已有了标准化设计，所以设计人员可利用这些参数和资料方便地进行设计。集成电路使用中应注意以下几点：防止输出负载过载；注意驱动能力是否足够；在置位、复位端上是否加上串联电阻以便于调试；空的输入端是否已接上固定电平；电平匹配是否合适；驱动波形的时序是否正确；时钟频率改变时是否有一定的裕度；状态转换的过程中是否有异常；模拟地和数字地的接法是否正确；在使用单片机的电路中，特别应注意上电和断电的次序是否正确等。

3）大功率集成电路的相关问题，例如集成稳压器的散热问题是否已经在设计中加以考虑。工作环境温度的升高必将引起失效率加大。

4）注意电路与系统的使用环境，除温度外，还应考虑防静电、防强电磁的干扰、防潮湿、防盐雾等问题。

5）制造过程中，因为某些元器件尤其是 MOSFET 管和单片机都是经 CMOS 工艺制造的，很容易被高压静电损伤或击穿失效，一旦受静电损伤，有可能当时测不出来，表面上没坏，但是它会带着隐患，使可靠性大打折扣。所以使用的设备要全部采取防静电防护措施，消除生产过程中影响控制器质量的不利因素，以提高控制器的可靠性。

（3）优选电路

在电路设计中，应该尽量多利用一些标准化的电路或经过考验的电路。国内外曾出版过一些标准优化电路手册；另外，借鉴集成电路生产厂家推荐的一些典型应用电路。对于新研制的、未定形的、未经过考验的电路应该不用或是少用，尽量采用成熟的新技术。

（4）简化电路

为了提高一个设计方案的可靠性，必须减少元器件的数目，因而电路设计亦应采取简化措施，但是不能简单地来理解这个问题，否则会适得其反，使可靠性下降。

在晶体管放大电路的设计中，往往在电源或集电极上接一个电阻到基极，来提供所需要的偏置电流。但是多加一个从基极到地的电阻构成一个分压器式电路，不仅会提高偏置电流的稳定性，同时可以减少电阻随温度变化而老化的影响。由此可见，多用一个电阻会提高电路的可靠性。

在晶体管放大电路的设计中，为了提高晶体管的可靠性，往往要降额使用。

在要求输出大电流的集成稳压电源中，往往在集成稳压电源的输入与输出之间用一只电阻并联在一起来扩流，这比只采用单一集成稳压电源要有更高的可靠性。

为了对稳压电源的过电压、过电流进行保护和报警，要专门设计取样和保护报警电路，虽然增加了许多元器件，但提高了电源工作的可靠性。

为了提高电路的可测试性和可维护性，需要增加一些必要的元器件。

简化电路不能从一味减少元器件的数目来提高电路的可靠性，应遵循以下原则：

1）在保证原设计功能和指标的前提下，尽可能简化电路设计，即以最简单的电路和最少量的元器件来达到电路的设计指标的要求。

2）在设计中，应注意采取能提高电路稳定性、可靠性、可测试性和可维修性的措施，以增加少量元器件来换取更高的可靠性。

3）不能为了一点点性能的改进而增加大量元器件。这就要求性能指标不宜盲目提高，能用一般电源的场合不要用精密电源，应以可靠性作为一项重要指标。

4）在减少元器件数量的同时，也应压缩品种数和规格，以便易于控制质量、减少备件数量和便于维修。因此品种数与元器件总数的比值要尽量降低。

5）为降低元器件数目，应尽量采用集成电路。在能采用集成稳压器的地方，不要采用分立元器件。

6）选用由于元器件失效引起电路破坏性后果较少的电路。

7）对简化的电路，一定要严格计算，充分考虑每一个元器件耐压、功耗的承受能力，前后级的兼容匹配。

3. 三防设计

三防是指防水、防振和防腐蚀。凡是用于我国长江以南和沿海地区的电动自行车用控制器均应进行三防设计。

我国南方地区雨水较大，电动自行车用控制器在骑行过程中难免会被雨水浸湿，导致元器件腐蚀、控制器电源短路等情况，一般采用环氧树脂灌封工艺能较好地解决防水、防腐蚀问题，还能起到隔离、绝缘、导热、防振作用。

4. 电动自行车用无刷直流电动机控制器的热设计

由于功率 MOSFET 管具有驱动电流小、开关速度快等优点，已经被广泛地应用在电动自行车的控制器里。但是如果设计和使用不当，会经常损坏 MOSFET 管，而且一旦损坏后 MOSFET 管的漏、源极短路，晶圆通常会被烧得很严重，大部分用户无法准确分析造成 MOSFET 管损坏的原因。所以在设计阶段，有关 MOSFET 管的可靠性设计是至关重要的。

MOSFET 管通常的损坏模式包括：过电流、过电压、雪崩击穿、超出安全工作区等。但这些原因导致的损坏最终都是因为晶圆温度过高而损坏，所以在设计控制器时，热设计是非常重要的。MOSFET 管的结点温度必须经过计算，确保在使用过程中 MOSFET 管结点温度不会超过其最大允许值。

（1）无刷直流电动机控制器简介

国内电动自行车用无刷直流电动机控制器通常工作方式为三相六拍（三相六状态），功率级原理图如图 3-61 所示，其中 VT_1、VT_4 为 A 相上管及下管；VT_3、VT_6 为 B 相上管及

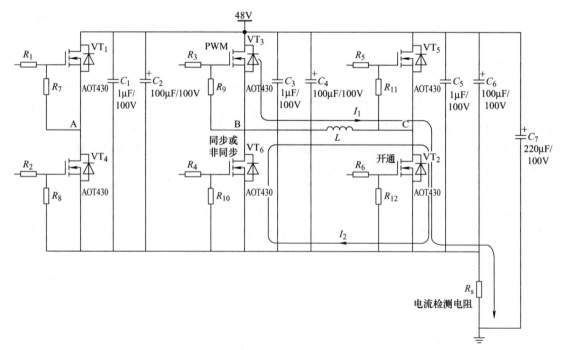

图 3-61　电动车电动机控制器功率级原理图

下管；VT_5、VT_2 为 C 相上管及下管。MOSFET 管全部使用 AOT430。MOSFET 管工作在两两导通方式，导通顺序为 $VT_1VT_6 \rightarrow VT_1VT_2 \rightarrow VT_3VT_2 \rightarrow VT_3VT_4 \rightarrow VT_5VT_4 \rightarrow VT_5VT_6 \rightarrow VT_1VT_6$，控制器的输出通过调整上桥 PWM 脉宽实现，PWM 频率一般设置为 18kHz 以上。

当电动机及控制器工作在某一相时（假设 B 相上管 VT_3 和 C 相下管 VT_2），在每一个 PWM 周期内，有两种工作状态。

状态 1：VT_3 和 VT_2 导通，电流 I_1 经 VT_3、电动机线圈 L、VT_2、电流检测电阻 R_s 流入地。

状态 2：VT_3 关断，VT_2 导通，电流 I_2 流经电动机线圈 L、VT_2、VT_6，此状态称为续流状态。

在状态 2 中，如果 VT_6 导通，则称控制器为同步整流方式。如果 VT_6 关断，I_2 靠 VT_6 在 MOSFET 管的体二极管流通，则称为非同步整流工作方式。

流经电动机线圈 L 的电流 I_1 和 I_2 之和称为控制器相电流，流经电流检测电阻 R_s 的平均电流 I_1 称为控制器的线电流，所以控制器的相电流要比控制器的线电流要大。

（2）功耗计算

控制器中 MOSFET 管的功率损耗随着电动机负载的加大而增加，当电动机堵转时，控制器的 MOSFET 管损耗达到最大（假设控制器为全输出时）。为了分析方便，假设电动机堵转时 B 相上管工作在 PWM 模式下，C 相下管一直导通，B 相下管为同步整流工作方式，如图 3-61 所示。电动机堵转时的波形如图 3-62 ~ 图 3-65 所示。功率损耗计算如下。

1）B 相上管功率损耗。

① 在图 3-62 中，在时间 $t_1 \sim t_2$ 范围内，B 相上管导通的功率损耗为

$$p_{\mathrm{hs(turnon)}} = \int_{t_1}^{t_2}(u_{\mathrm{DS(hs)}}i\mathrm{d}t)f_{\mathrm{sw}} \approx \frac{1}{2T}U_{\mathrm{DS}}I_{\mathrm{D}}(t_2-t_1) = \frac{1}{2\times 64}\times 48 \times 40 \times 340 \times 10^{-3}\mathrm{W} = 5.1\mathrm{W}$$

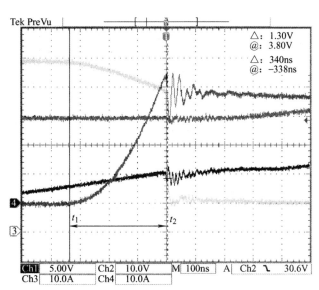

Ch1：B相上管u_{GS}　Ch2：B相上管u_{DS}
Ch3：控制器相电流　Ch4：B相上管电流

图 3-62　B 相上管导通波形

② 在图 3-63 中，在时间 $t_3 \sim t_4$ 范围内，B 相上管关断的功率损耗为

$$p_{hs(turnoff)} = \int_{t_3}^{t_4} (U_{DS(hs)} I \mathrm{d}t) f_{sw} \approx \frac{1}{2T} U_{DS} I (t_4 - t_3) = \frac{1}{2 \times 64} \times 48 \times 40 \times 250 \times 10^{-3} \mathrm{W} = 3.75 \mathrm{W}$$

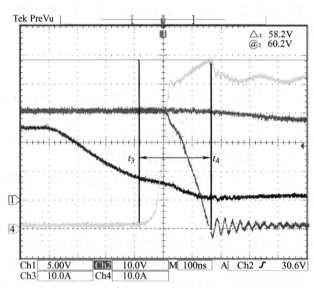

Ch1：B 相上管 u_{GS}　　Ch2：B 相上管 u_{DS}
Ch3：控制器相电流　　Ch4：B 相上管电流

图 3-63　B 相上管关断波形

③ 在图 3-64 中，在时间 $t_5 \sim t_6$ 范围内，B 相上管导通的功率损耗为

$$p_{hs(on)} = I_D^2 R_{DS(on)} \delta = 40^2 \times 0.015 \times 20/64 \mathrm{W} = 7.5 \mathrm{W}$$

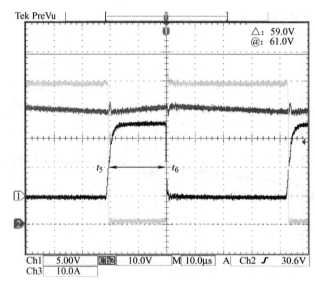

Ch1：B 相上管 u_{GS}　　Ch2：B 相上管 u_{DS}
Ch3：控制器相电流

图 3-64　B 相上管开关波形

B 相上管总功率损耗为

$$p_{\mathrm{hs(Bphase)}} = p_{\mathrm{hs(turnon)}} + p_{\mathrm{hs(turnoff)}} + p_{\mathrm{hs(on)}} = (5.1 + 3.75 + 7.5)\mathrm{W} = 16.35\mathrm{W}$$

2）B 相下管功率损耗。

在图 3-65 中，在时间 $t_7 \sim t_8$ 范围内，B 相下管续流损耗为

$$p_{\mathrm{ls(Bphase)}} = p_{\mathrm{ls(freewheel)}} = I_{\mathrm{D}}^2 R_{\mathrm{DS(on)}}(1-\delta) = 40^2 \times 0.015 \times (1 - 20/64)\mathrm{W} = 16.5\mathrm{W}$$

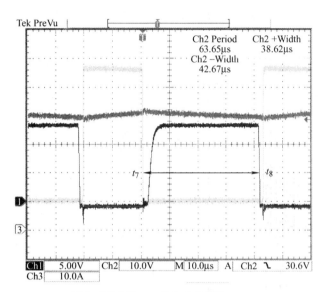

Ch1：B相上管u_{GS}　Ch2：B相上管u_{DS}
Ch3：控制器相电流

图 3-65　B 相下管开关波形

3）C 相下管功率损耗。因为 C 相下管一直导通，所以功率损耗为

$$p_{\mathrm{ls(Cphase)}} = p_{\mathrm{ls(on)}} = I_{\mathrm{D}}^2 R_{\mathrm{DS(on)}} = 40^2 \times 0.015\mathrm{W} = 24\mathrm{W}$$

控制器的功率管总损耗为

$$p_{\mathrm{total}} = p_{\mathrm{hs(Bphase)}} + p_{\mathrm{ls(Bphase)}} + p_{\mathrm{ls(Cphase)}} = (16.35 + 16.5 + 24)\mathrm{W} = 56.85\mathrm{W}$$

（3）热模型

图 3-66 为 TO-220 典型的安装结构及热阻模型。热阻与电阻相似，所以可以将 $R_{\mathrm{th(ja)}}$ 看作几个小的电阻串联，从而有

$$R_{\mathrm{th(ja)}} = R_{\mathrm{th(jc)}} + R_{\mathrm{th(ch)}} + R_{\mathrm{th(ha)}} \tag{3-37}$$

式中，$R_{\mathrm{th(jc)}}$ 为结点至 MOSFET 管表面的热阻；$R_{\mathrm{th(ch)}}$ 为 MOSFET 管表面至散热器的热阻；$R_{\mathrm{th(ha)}}$ 为散热器至环境的热阻（与散热器的安装方式有关）。

通常热量从结点至散热器是通过传导方式进行的，从散热器至环境是通过传导和对流方式。$R_{\mathrm{th(jc)}}$ 是由器件决定的，所以对一个系统，如果 MOSFET 管已确定，为了获得较小的热阻，可以选择较好的热传导材料，并且将 MOSFET 管很好地安装在散热器上。

（4）稳态温升的计算

从 AOT430 的数据手册可以获得如下参数

$$T_{jmax} = 175℃, \quad R_{th(jc) \cdot max} = 0.56℃/W$$

1）电动机运行时 MOSFET 管结点至其表面的温升计算（因为电动机在运行时，上管和下管只有三分之一的时间工作，所以平均功率应除以3）。

① 上管结点至功率管表面的稳态温升为

$$T_{jc} = T_j - T_c = p_{hs}R_{th(jc)}/3 = 16.35/3 \times 0.56℃ = 3℃$$

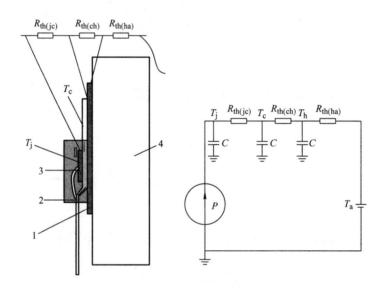

图 3-66 TO‑220 典型的安装结构及热阻模型
1—夕胶布 2—散热片 3—硅片 4—散热器

② 下管结点至功率管表面的稳态温升为

$$T_{jc} = T_j - T_c = p_{ls}R_{th(jc)}/3 = (16.5 + 24)/3 \times 0.56℃ = 7.56℃$$

2）电动机堵转时 MOSFET 管结点至其表面的温升计算。

① B 相上管结点至功率管表面的稳态温升为

$$T_{jc} = T_j - T_c = p_{hs}R_{th(jc)} = 16.35 \times 0.56℃ = 9.2℃$$

② B 相下管结点至功率管表面的稳态温升为

$$T_{jc} = T_j - T_c = p_{ls}R_{th(jc)} = 16.5 \times 0.56℃ = 9.24℃$$

③ C 相下管结点至功率管表面的稳态温升为

$$T_{jc} = T_j - T_c = p_{ls(Cphase)}R_{th(jc)} = 24 \times 0.56℃ = 13.44℃$$

由以上计算可知，在电动机堵转时控制器中一直导通的 MOSFET 管（下管）的温升最大，在设计时应重点考虑电动机堵转时的 MOSFET 管温升。

（5）选择合适的导热材料

图 3-67 为 Sil‑Pad 系列导热材料对 TO‑220 封装的导热性能随压力变化的曲线。

1）导热材料为 Sil – Pad 400，压力为 1379kPa（200psi，1psi = 6.895kPa）时，其热阻 $R_{\text{th(ch)}}$ 为 4.64℃/W。则下管表面至散热器的温升为

$$T_{\text{ch}} = T_{\text{c}} - T_{\text{h}} = p_{\text{ls}}R_{\text{th(ch)}} = 24 \times 4.64℃ = 111℃$$

2）导热材料为 Sil – Pad 900S，压力为 200psi 时，其热阻 $R_{\text{th(ch)}}$ 为 2.25℃/W。则下管表面至散热器的温升为

$$T_{\text{ch}} = T_{\text{c}} - T_{\text{h}} = p_{\text{ls}}R_{\text{th(ch)}} = 24 \times 2.25℃ = 54℃$$

可见，不同的导热材料对温升的影响很大，为了降低 MOSFET 管的结点温升，可以选择较好的热传导材料来获得较好的热传导性能，从而达到设计目标。

为了使控制器更加可靠，通常将 MOSFET 管表面温度控制在100℃以下，这是因为在使用中还会有其他高能量的脉冲出现，譬如电动机相线短路和负载突然变大等。

（6）热仿真

由于在实际应用中很难确定散热器表面至环境的热阻，要想完全通过计算来进行热设计是比较困难的，因此可以借助热仿真软件来进行仿真，从而达到设计的目的。

仿真条件：$p_{\text{total}} = 56.85\text{W}$，$T_{\text{a}} = 45℃$；控制器的散热器尺寸：70mm × 110mm × 30mm，自然风冷，MOSFET 管安装如图 3-68 所示。

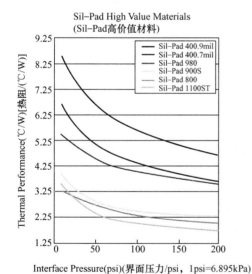

图 3-67　导热性能随压力变化的曲线

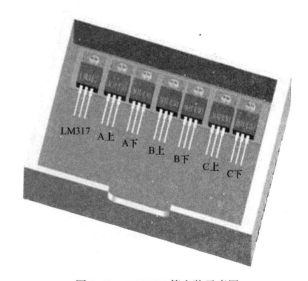

图 3-68　MOSFET 管安装示意图

1）电动机运行时控制器的热仿真。由图 3-69 可见，下管的温升明显高于上管的温升。

2）电动机堵转时控制器的热仿真。由图 3-70 可知，堵转时一直导通的下管最热，温度已接近150℃。由图 3-71 可知，在堵转 100s 后 MOSFET 管的温升还未稳定，如果一直堵转，必将烧坏 MOSFET 管。因此，如果使用仿真中的散热器尺寸，就不能一直堵转，必须采取相应的保护措施。可以采用间隙保护的方法，即当电动机堵转时，堵转一段时间，再保护一段时间，让 MOSFET 管的温度不超过最大结点温度。图 3-72 所示为堵转 1.5s、保护 1.5s 的瞬态温升示意图，采用这种方法可以有效地保护 MOSFET 管。

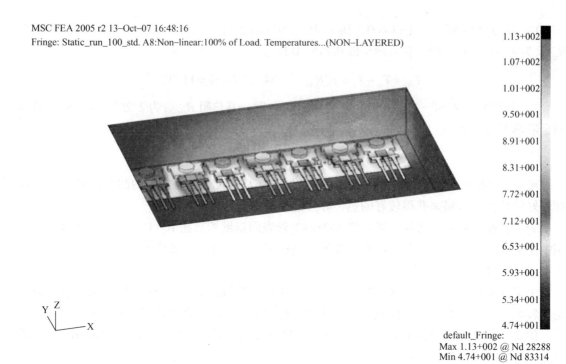

MSC FEA 2005 r2 13–Oct–07 16:48:16
Fringe: Static_run_100_std. A8:Non–linear:100% of Load. Temperatures...(NON–LAYERED)

1.13+002
1.07+002
1.01+002
9.50+001
8.91+001
8.31+001
7.72+001
7.12+001
6.53+001
5.93+001
5.34+001
4.74+001

default_Fringe:
Max 1.13+002 @ Nd 28288
Min 4.74+001 @ Nd 83314

图 3-69　运行时温升示意图

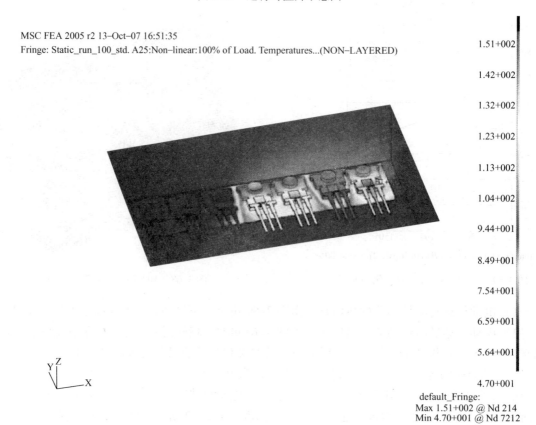

MSC FEA 2005 r2 13–Oct–07 16:51:35
Fringe: Static_run_100_std. A25:Non–linear:100% of Load. Temperatures...(NON–LAYERED)

1.51+002
1.42+002
1.32+002
1.23+002
1.13+002
1.04+002
9.44+001
8.49+001
7.54+001
6.59+001
5.64+001
4.70+001

default_Fringe:
Max 1.51+002 @ Nd 214
Min 4.70+001 @ Nd 7212

图 3-70　堵转时温升示意图

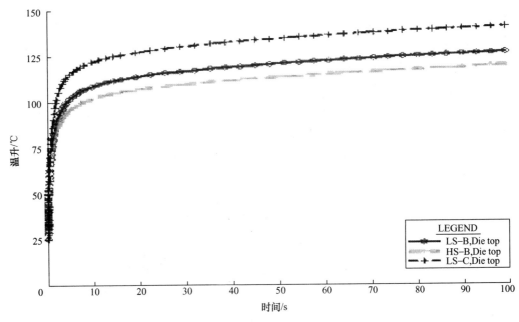

图 3-71 堵转时稳态温升

总之，控制器的热设计在产品的设计阶段是非常重要的，必须经过功耗的计算、热模型的分析、热仿真等来计算温升，同时在设计时应考虑最严酷的应用环境，最后还要通过实际试验来验证热设计的正确性。

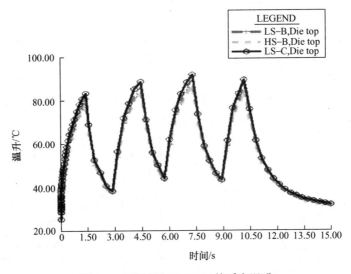

图 3-72 堵转时 MOSFET 管瞬态温升

5. 电动自行车用控制器短路保护时间的计算方法

从电动自行车无刷直流电动机控制器短路的工作模型图可知，控制器在短路时 MOSFET 管的工作状态，根据计算 MOSFET 管瞬态温升的计算公式，设定短路保护时间的原则。

（1）短路模型及分析

短路模型如图3-73所示，其中仅画出了功率输出级的A、B两相（共三相）。VT_1 和 VT_3 为 A 相 MOSFET 管，VT_2 和 VT_4 为 B 相 MOSFET 管，所有功率 MOSFET 管均为 AOT430。L 为电动机线圈，R_s 为电流检测电阻。

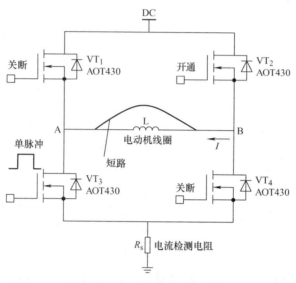

图 3-73　短路模型图

当控制器工作时，如电动机短路，则会形成如图3-73中所示的流经 VT_2、VT_3 的短路电流，其电流值很大，达几百安培，MOSFET 管的瞬态温升很大，这种情况下应及时保护，否则会使 MOSFET 管结点温度过高而使 MOSFET 管损坏。短路时 VT_3 电压和电流波形如图 3-74 所示。图 3-74a 中的 MOSFET 管能承受 45μs 的大电流短路，而图 3-74b 中的 MOSFET 管不能承受 45μs 的大电流短路，当 45μs 的脉冲关断后，u_{DS} 回升，由于温度过高，仅经过 10μs 的时间 MOSFET 管便短路，u_{DS} 迅速下降，短路电流迅速上升。由图 3-74 可以看出短路时峰值电流达 500A，这是由于短路时 MOSFET 管直接将电源正负极短路，回路阻抗是导线、PCB 走线及 MOSFET 管的 $R_{DS(on)}$ 之和，其数值很小，一般为几十毫欧至几百毫欧。

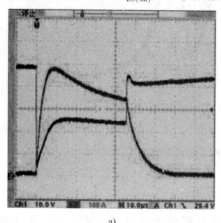
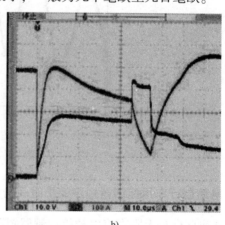

a)　　　　　　　　　　　　　　　b)

图 3-74　短路波形（Ch1：VT_3 的 U_{DS}；Ch2：电流）

a）短路通过　b）短路失败

（2）计算合理的保护时间

在实际应用中，不同设计的控制器，其回路电感和电阻存在一定的差别以及短路时的电源电压不同，导致控制器三相输出线短路时的短路电流各不相同，所以设计者应根据自己的实际电路和使用条件设计合理的保护时间。

短路保护时间计算步骤如下。

1）计算 MOSFET 管短路时允许的瞬态温升。因为控制器有可能是在正常工作时突然短路，所以设计应是基于正常工作时的温度来计算允许的瞬态温升。MOSFET 管的结点温度可由下式计算

$$T_j = T_c + P_D R_{th(jc)} \tag{3-38}$$

式中，T_c 为 MOSFET 管表面温度；T_j 为 MOSFET 管结点温度；$R_{th(jc)}$ 为结点至表面的热阻，可从元器件数据表（Data sheet）中查得；P_D 为 MOSFET 管耗散的功率。

理论上 MOSFET 管的结点温度不能超过 175℃，所以电动机相线短路时 MOSFET 管允许的温升为

$$\Delta T = T_{jmax} - T_j = (175 - 109)\,℃ = 66\,℃$$

2）根据瞬态温升和单脉冲功率计算允许的单脉冲时的热阻系数。由图 3-74 可知，短路时 MOSFET 管耗散的功率约为

$$P_D = U_{DS}I_D = 25 \times 400\,\mathrm{W} = 10000\,\mathrm{W}$$

脉冲的功率也可以通过将图 3-74 测得波形存为 EXCEL 格式的数据，然后通过 EXCEL 进行积分，从而得到比较精确的脉冲功率数据。

对于 MOSFET 管温升计算有如下公式

$$\Delta T = P_D Z_{th(jc)} R_{th(jc)} \tag{3-39}$$

式中，$R_{th(jc)}$ 为结点至表面的热阻，可从元器件数据表中查得；$Z_{th(jc)}$ 为热阻系数，即

$$Z_{th(jc)} = \frac{\Delta T}{P_D R_{th(jc)}} = \frac{66}{10000 \times 0.45} = 0.015$$

3）根据单脉冲的热阻系数确定允许的短路时间。由图 3-75 最下面一条曲线（单脉冲）可知，对于单脉冲来说，要想获得 0.015 的热阻系数，其脉冲宽度不能大于 20μs，即允许的短路时间不能大于 20μs。

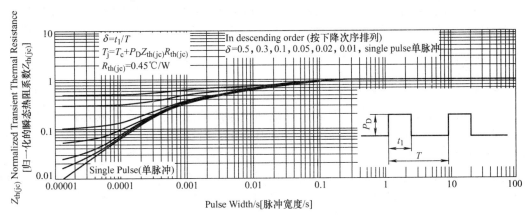

图 3-75　归一化的最大瞬态热阻系数

（3）设计短路保护应注意的几个问题

由于不同控制器的 PCB 布线参数不一样，导致相线短路时回路阻抗不等，短路电流也因此不同。所以不同控制器应根据实际情况设计适当的短路保护时间。

由于应用中使用的电源电压有可能不同，也会导致短路电流的不同，同样也会影响到保护时间。

注意控制器实际工作时的可能最高温度，工作温度越高，短路保护时间就应该越短。

短路保护时间是指 MOSFET 管能承受的最长短路时间。在设计短路保护电路时，应考虑硬件和软件的响应时间、电流保护的峰值，这些参数都会影响到最终的保护时间。因此硬件电路设计和软件的编写至关重要。

短路保护时间是单次短路保护时间，短路后短时间内不能再次短路。如果设计成周期性短路保护，则短路保护时间应更短。

6. 电动自行车用控制器失效分析及提高可靠性的设计措施

（1）电动自行车用控制器的实现方式与组成部分

目前电动自行车用控制器，普遍采用 PWM 调制方式。控制器内部必须要有 PWM 发生电路，还要有电源电路、功率器件、功率器件驱动电路、控制部件（转把、闸把、电动机霍尔传感器等）信号采集单元与处理电路、过电流与欠电压等保护电路。

（2）影响控制器可靠性的因素

从表现形式来看，控制器的失效一般有以下几种：

1）功率器件损坏。一般有以下几种可能：电动机损坏引起的；功率器件本身的质量差或选用等级不够引起的；器件安装或振动时松动引起的；电动机过载引起的；功率器件驱动电路损坏或参数设计不合理引起的。

2）控制器内部供电电源损坏。一般有以下几种可能：控制器内部电路短路；外围控制部件短路；外部引线短路。

3）控制器工作时断时续。一般有以下几种可能：器件本身在高温或低温环境下发生参数漂移；控制器总体设计功耗大，导致某些器件局部温度过高而使器件本身进入保护状态；接触不良。

4）连接线磨损及接插件接触不良或脱落引起控制信号丢失。连接线磨损及接插件接触不良或脱落，一般有以下几种可能：线材选择不合理；对线材的保护不完备；接插件的选型不好；线束与接插件的压接不牢。

（3）提高控制器可靠性的方案

了解电动自行车控制系统可能发生故障点以后，有针对性的可靠性设计就有了目标。

1）首先是功率器件的型号、品牌、产地和供应商的选择，然后是对功率器件的筛选，以上两点是提高功率器件可靠性的前提。在此基础上，对功率器件安装工艺的设计和对功率器件驱动电路的设计才有意义。对无刷直流电动机控制器而言，一般上管的驱动比较复杂，目前大多数厂家采用专用驱动芯片驱动。专用驱动芯片的不足之处是价格较高，内部的电路采用了有源电路，转换效率偏低，其主要的应用场合是在周围电路完全没有交流电存在的情况下，利用其内部电路完成变频、变压。

2）对于控制器的内部电源，为了防止控制器内部或外部短路对电源的损坏，同时也是出于对电源自身的保护，可以把电源设计成独立供电方式，这样既可以防止局部电路（转把、闸把、电动机霍尔传感器等）发生短路而烧坏控制器，又可以防止电源电压异常升高而击穿外部器件。基于以上考虑，可以采用 DC - DC 模块，该模块负载能力强，自身的功率损耗相当低（不到 0.1W），这在提高控制器的整体效率、降低控制器的运行温度方面有着线性稳压器无可比拟的优点。

3）要克服控制器对温度的敏感，第一是选择温度系数好的元器件，第二是从设计上降低各模块电路的功率消耗，第三是尽量减少无用功率消耗，第四是充分考虑到控制器的散热。如果采用无功率消耗的功率管驱动方案，加上高效率的 DC - DC 电源模块，可以将控制器工作电流降低到 30mA 以下。需要注意的是，在电动自行车用控制器里，用于采样电流信号的大功率电阻器件属于控制器的功率器件之一，电流采样电阻的功率消耗属于无用消耗，应该算控制器功率损耗的一部分。要减小控制器的功耗，降低控制器的运行温度，可以利用电动机的转速与电动机电流的绝对对应关系，通过检测电动机转动转速来检测电动机电流，从而达到控制电流的目的。

4）由于电动自行车电气系统信号的传输是用连接线束来完成的，出于提高电动自行车整车的可靠性和提高控制器本身的可靠性出发，对电动车连接线束与接插件的要求是：连接可靠，防水，防尘，抗振，防氧化，防磨损。基于以上要求，电动自行车连接线束与接插件要有完备的防护套，接插件一定要达到汽车级的接插要求，因为电动车的使用环境从某种意义上讲，比汽车的使用环境还要恶劣。

（4）无刷直流电动机控制器的保护

对于无刷直流电动机控制器，由于输入的控制变量与控制器使用功率器件比较多，控制器可以利用各种输入信号对控制系统完成相当完善和灵活的保护，这些保护功能可以有：过电流保护、减电流保护、低电流过载保护，电动机换相信号错误保护以及在没有过电流的情况下电动机堵转直接保护等。无刷直流电动机控制器通过直接读取各种控制信号，进行实时处理或保护，这种方法就可以大大提高无刷直流电动机控制器的设计可靠性。

3.3.3 电磁兼容设计的认知

1. 电磁兼容基础知识

（1）电磁兼容概述

电磁兼容是一门新兴的综合性学科。电磁兼容学科主要研究的是如何使在同一电磁环境下工作的各种电气电子设备和元器件都能正常工作，互不干扰，达到兼容状态。

（2）电磁兼容性的基本概念

1）电磁骚扰与电磁干扰。电磁骚扰是指任何可能引起设备性能降低或对有生命物质产生损害作用的电磁现象。由机电或其他人为装置产生的电磁骚扰，称之为人为骚扰；来源于自然现象的电磁骚扰，称之为自然骚扰。

电磁干扰则是指由电磁骚扰引起的设备或传输通道性能的下降。所以骚扰和干扰的含义是不同的。从概念上讲，骚扰是一种电磁能量，干扰是骚扰产生的结果或后果。

电磁干扰产生于骚扰源；大量骚扰源的存在造成电磁环境污染，导致电磁兼容性问题尖锐化。

2）电磁兼容性（EMC）。电子设备受电磁骚扰的影响而出现故障或性能降级，就称之为设备对电磁骚扰敏感。如何在设备与电磁环境之间寻求一种协调的关系和共存的条件，这就是电磁兼容性技术。

3）电磁兼容常用名词术语。为了描述电磁骚扰与电磁兼容性，需要引入许多名词术语，国家军用标准 GJB 72A—2002《电磁干扰和电磁兼容名词术语》有详细的内容，这里仅选其中的一部分。

① 电磁兼容性（EMC）。指设备、分系统、系统在共同的电磁环境中能一起执行各自功能的共存状态，包括以下两个方面：

● 设备、分系统、系统在共同的环境中运行时，可按规定的安全裕度实现设计的工作性能且不因电磁干扰而受损或产生不可接受的降级；

● 设备、分系统、系统在预定的电磁环境中正常地工作且不会给环境（或其他设备）带来不可接受的电磁干扰。

② 电磁干扰（EMI）。指任何可能中断、阻碍，甚至降低、限制无线电通信或其他电气电子设备性能的传导或辐射的电磁能量。

③ 辐射发射（RE）。指以电磁场形式通过空间传播的有用的或无用的电磁能量。

④ 传导发射（CE）。指沿金属导体传播的电磁发射。此类金属导体可以是电源线、信号线及一个非专门设置的导体，例如一个金属管等。

⑤ 电磁敏感度（EMS）。指设备、器件或系统因电磁干扰可能导致工作性能降级的特性。

⑥ 辐射敏感度（RS）。指对造成设备、分系统、系统性能降级的辐射干扰场强的度量。

⑦ 传导敏感度（CS）。指当引起设备呈现不希望有的响应或性能降级时，对电源线、控制线或信号线上的干扰信号（电流或电压）的度量。

（3）电磁干扰

电磁干扰三要素：

① 电磁骚扰源，指产生电磁骚扰的元器件、设备或自然现象；

② 耦合途径或耦合通道，指把能量从骚扰源耦合到敏感设备上，并使该设备产生响应的媒介；

③ 敏感设备，指对电磁骚扰产生响应的设备。

所有的电磁干扰都是由上述三个因素的组合而产生的，把它们称为电磁干扰三要素，如图 3-76 所示。

由电磁骚扰源发出的电磁能量，经过某种耦合通道传输到敏感设备，导致敏感设备出现某种形式的响应并产生效果。这一作用过程及其效果，称之为电磁干扰效应。

图 3-76　电磁干扰三要素

电磁兼容学科研究的主要内容是围绕构成电磁干扰的三要素进行的，即对电磁骚扰源、耦合通道和敏感设备的研究。

骚扰源的研究包括其发生的机理、时域和频域的定量描述，以便从源端来抑制干扰的发射，通常采用滤波技术来限制骚扰源的频谱宽度和幅值。

骚扰的耦合通道有两种：通过空间辐射和通过导线传导。辐射发射主要研究在远场条件下骚扰以电磁波的形式发射的规律以及在近场条件下的电磁耦合。通常采用屏蔽技术来阻断骚扰的辐射。传导发射主要研究骚扰沿导线传输的影响。通常传导发射通过公共地线、公共电源线和互连线而实现。

电磁兼容的研究内容还包括电磁兼容控制技术、测量技术、分析预测等。

（4）基本的电磁兼容控制技术

最常用也是最基本的电磁兼容控制技术是屏蔽、滤波、接地。此外平衡技术、低电平技术等也是电磁兼容的重要控制技术。随着新工艺、新材料、新产品的出现，电磁兼容控制技术也得到不断地发展。

1）屏蔽主要用于切断通过空间的静电耦合、感应耦合形成的电磁噪声传播途径，这三种耦合又对应于静电屏蔽、磁场屏蔽与电磁屏蔽，衡量屏蔽的质量时采用屏蔽效能这一指标。

2）滤波是在频域上处理电磁噪声的一种技术，其特点是将不需要的一部分频谱滤掉。

3）接地提供有用信号或无用信号，它是电磁噪声的公共通路。接地的好坏则直接影响到设备内部和外部的电磁兼容性。

（5）电磁兼容标准

为了确保设备及其各单元必须满足的电磁兼容工作特性，国际有关机构、各国政府和军事部门以及其他相关组织制定了一系列的电磁兼容性标准。标准对设备电磁骚扰发射和电磁抗扰度作出了规定和限制。电磁兼容性标准是进行电磁兼容性设计的指导性文件，也是电磁兼容性试验的依据，因为试验项目、测试方法和极限值等都是标准给定的。

1）电磁兼容标准的制定。电磁兼容标准主要通过标准化组织来制定，国际上制定电磁兼容的主要标准化组织如表 3-5 所示。

表 3-5　国际上主要标准化组织和标准

国家或组织	制定单位	标准名称
IEC	CISPR	CISPR Pub. × ×
	TC77	IEC × × × ×
欧盟	CEN/CENELEC	EN × × × × ×
美国	FCC	FCC Part × ×
	MIL	MIL – STD. × × ×
德国	VDE	VDE × × ×
日本	VCCI	VCCI

① IEC（国际电工委员会）有两个平等的组织制定 EMC 标准，即 CISPR（国际无线电干扰特别委员会）和 TC77（第 77 技术委员会）。

② CEN/CENELEC（共同的欧洲标准化组织）由欧洲标准化委员会授权制定欧洲标准 EN。

③ FCC（美国联邦通信委员会）主要制定民用标准，关于电磁兼容的标准主要包括在 FCC Part15 和 FCC Part18 中。

④ MIL – STD 是美国军用标准。

⑤ 德国的 VDE（电气工程师协会）是世界上最早建立电磁兼容标准的组织之一。

⑥ 日本的 VCCI（干扰自愿控制委员会）是民间机构，其标准与 CISPR 和 IEC 标准一致。

我国的 EMC 标准绝大多数引自国际标准。其来源包括：

① 国际无线电干扰特别委员会出版物，例如 GB/T 6113.101 ~ 6113.105—2008 ~ 2016，GB/T 6113.201 ~ 6113.204—2008 ~ 2017，GB 14023—2011；

② 国际电工委员会，例如 GB/T 4365—2003；

③ 部分引自美国军用标准，例如 GB/T 15540—2006；

④ 部分引自国际电信联盟有关文件，例如 GB/T 15658—2012；

⑤ 引自国外先进标准，例如 GB/T 17626.1 ~ 17626.18，17626.20 ~ 17626.22，17626.24，17626.27 ~ 17626.30，17626.34—2005 ~ 2017。

根据我国自己的科研成果制定的标准，例如 GB/T 15708。为了世界贸易的需要，我国的很多 EMC 标准都采用了 CISPR 和 IEC 标准。实际上世界上大多数国家采用 CISPR 和 IEC 的标准。

2）EMC 标准的理论基础。EMC 标准的主要内容之一就是规定电磁干扰和电磁敏感度的极限值，极限值的制定在理论上应该满足图 3-77 所示的原则。

EMI（电磁干扰）和 EMS（电磁敏感度）是相互对立的两个方面，图 3-77 说明，设备的 EMI 极限值与 EMS 极限值之间应该留有足够的余量（IM），即设备 EMI 发射要小于 EMS，这样设备才有足够的抗干扰能力。另一方面，设备的 EMI、EMS 实测值应该与极限值之间有足够的余量。比如在 EN300 386 标准中，辐射发射的极限值（EMI Limit）为 40dBμV/m，而电磁敏感度极限值（EMS Limit）为 130dBμV/m。由此可见，EMI、EMS 极限值之间余量的重要性。

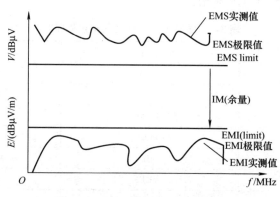

图 3-77　EMC 标准的理论基础图

3）电磁兼容标准的分类。电磁兼容标准可以分为：基础标准、通用标准、产品类标准和专用标准。

① 基础标准是制定其他 EMC 标准的基础，它描述了 EMC 现象，规定了电磁干扰的发射和敏感度的测试方法、测试设备和布置，同时定义了试验等级和性能判据，但并不涉及具体的产品。例如 IEC 61000—××—×× 系列标准。

② 产品类标准和专用标准是针对某种产品系列和专用产品的 EMC 测试而制定的。它往往引用了基础标准的内容，同时根据产品的特殊性对测试做出更加详细的规定。对于干扰发射测试，它规定了产品的干扰发射限值。对于抗扰（敏感）度试验，它规定了产品应该达到的试验等级和性能判据。如：

- CISPR11 EN55011：工科医射频设备　电磁骚扰性　限值和测量方法；
- CISPR22 EN55022：信息技术设备　无线电骚扰性　限值和测量方法；
- CISPR24 EN55024：信息技术设备　抗扰性　限值和测量方法；
- GB/T 17618—2015 信息技术设备抗扰度　限值和测量方法。

通常专用的产品 EMC 标准包含在某种特定产品的一般用途标准中，而不形成单独的 EMC 标准。例如：GB/T 9813.1~9813.4—2016~2017 微型计算机通用规范，其中包括电磁兼容检测项目，要求按 GB 9254—2008，GB 9254—2008/XG1—2013 进行。

③ 通用标准是按照产品使用的环境来分类的，例如欧洲标准中分类是按表 3-6 进行的。通用标准规定了设备应该在哪些端口做发射和抗扰度试验，包括设备的交、直流电源端口、信号和数据线端口、机壳、接地点等，同时也规定了可以依据的基础标准。

表 3-6　欧洲通用标准的分类

使 用 环 境	通用发射标准	通用抗扰度标准
民用、商用、轻工业区	EN 50081—1	EN 50082—1
工业区	EN 50081—2	EN 50082—2

4）产品的电磁兼容标准遵循原则。产品遵循标准的原则依照如此的顺序：专用产品类标准→产品类标准→通用标准。即一个产品如果有专用产品类标准，则它的 EMC 性能应该满足专用产品类标准的要求；如果没有专用产品类标准，则应该采用产品类标准进行 EMC 试验；如果没有产品类标准，则用通用标准进行 EMC 试验，以此类推。

(6) 电磁兼容测试技术简介

1）概述。电磁兼容测试是根据有关电磁兼容标准规定的方法对设备进行测试，评估其是否达到标准要求。产品在定型和进入市场之前 EMC 性能必须达到标准要求。

2）EMC 测试项目。EMC 测量主要分两大类：电磁干扰 EMI 测试和电磁敏感度 EMS 测试。

3）电磁干扰测试。

① 辐射发射（RE）测试，指测试通过空间传播的电磁能量。

② 传导发射（CE）测试，指测试沿电源线、控制线或信号线传播的电磁能量。

4）抗扰性测试。

① 辐射敏感度（RS）测试，指测试设备对空间电磁骚扰的抗扰性。

② 工频磁场辐射敏感度（PMS）测试，指检验电子电气产品对工频磁场的抗扰性。

③ 射频场感应的传导敏感度（CS）测试，指测试设备对沿电源线、控制线或信号线传输的电磁能量的敏感度。

④ 电快速瞬态脉冲群抗扰度（EFT/B）测试，指模拟对电感性负载的切换（如继电器、接触器），对高压开关的切换（如真空开关）设备的干扰。放电波形为 5ns/50ns（上升沿 5ns，半波时间 50ns）的脉冲串，脉冲串持续时间 15ms，脉冲周期为 300ms。特点是上升时间快、持续时间短、能量低，但有较高的重复频率。

⑤ 浪涌抗扰度（SURGE）测试，指模拟电网中的故障，雷击（直接或间接）对设备的干扰，电网中的开关操作。放电波形为开路电压（1.2μs/50μs）、短路电流（8μs/20μs）的脉冲。特点是上升时间慢（相对 EFT/B）、持续时间较长、能量大。

⑥ 电压跌落与中断抗扰度（DIP）测试，指模拟由低压、中压或高压网络中的故障所造成（短路或接地故障）的电压瞬时跌落和中断，以及由连接到电网的负荷连续变化引起的电压变化。

⑦ 电力线感应/接触，指模拟室外信号线与电力线距离过近或接触故障。

⑧ 静电放电抗扰度（ESD）测试，指模拟操作人员或物体在接触设备时的放电，以及人或物体对邻近物体的放电。

（7）EMC 测试结果的评价

对 EMI 测试结果以是否达到某个限制要求为准则；对于 EMS 试验，其性能判据可分为四个等级：

1）A 级：试验中性能指标正常；

2）B 级：试验中性能暂时降低，功能不丧失，试验后能自行恢复；

3）C 级：功能允许丧失，但能自恢复，或操作者干预后能恢复；

4）R 级：除保护元器件外，不允许出现因设备（元器件）或软件损坏或数据丢失而造成不能恢复的功能丧失或性能降低。

（8）EMC 设计的重要性

产品的 EMC 设计是保证产品的 EMC 性能，而产品的 EMC 性能的好坏直接涉及电子产品的市场准入性。随着电子设备的大量运用，各国都感觉到产品 EMC 性能的重要性，纷纷从法规上提出对进入本国市场电子产品的 EMC 要求。

另外产品的 EMC 性能好坏，还关系到产品的稳定性，影响客户满意度，主要表现在：

1）产品 EMC 设计考虑不周易引起内部串扰，影响产品稳定性；

2）抗外部干扰能力差，工作状态难稳定；

3）产生干扰会引起客户投诉。

最后产品的 EMC 性能好坏还与产品的竞争力密切相关。在市场竞争中，相同的产品是否通过 CE 认证常常可以起到决定性的作用。

所以为了参与国际竞争，成为国际化的大公司就必须进行产品的 EMC 设计，解决产品的 EMC 问题。

（9）产品的认证

产品通过特定的测试流程，表明产品符合相应政策、法令、法规的过程，称之为产品认证。以 CE 认证为例，简述产品认证的基本流程如下：

1）产品 EMC、安全规范性能达到标准要求；

2）提出认证要求，联系认证公司进行认证测试（自我宣称方式不需要该步骤）；

3）认证公司给出认证证书（COC）、报告；

4）签署符合性声明（由专业实验室负责）；

5）在产品上贴上 CE 标志。

任何产品都要经过测试，发表符合性声明，加贴 CE 标记才能进入欧洲市场。其他国家的产品认证过程也与此相似。CE 标记如图 3-78 所示，可按比例缩放。

图 3-78　CE 标记图

2. EMC 基础理论知识

（1）电磁干扰的耦合机理

电磁干扰传播或耦合，通常分为两大类：即传导干扰传播和辐射干扰传播。通过导体传播的电磁干扰，叫传导干扰；通过空间传播的电磁干扰，叫辐射干扰，如图 3-79 所示。

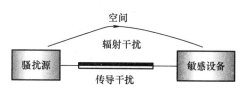

图 3-79　传导干扰和辐射干扰

电磁干扰的单位通常用分贝来表示，分贝的原始定义为两个功率之比

$$dB = 10\log(P_1/P_2) \tag{3-40}$$

通常用 dBm 表示功率的单位，dBm 是功率相对于 1mW 的值，即

$$dBm = 10\log(P/0.001) \tag{3-41}$$

通过以下的推导可知电压由分贝表示为（注意有一个前提条件为 $R_1 = R_2$）

$$P_1 = \frac{V_1^2}{R_1}, \quad P_2 = \frac{V_2^2}{R_2}$$

$$dB = 10\log(V_1^2/V_2^2) = 20\log\frac{V_1}{V_2} \tag{3-42}$$

通常用 dBμV 表示电压的大小，dBμV 是电压相对于 1μV 的值，即

$$dB\mu V = 20\log(V/10^{-6}) \tag{3-43}$$

对于辐射骚扰通常用电磁场的大小来度量，其单位是 V/m，通常用的单位是 dBμV/m。

1）传导干扰。共阻抗耦合是由两个回路经公共阻抗耦合而产生，干扰量是电流 i，或变化的电流 di/dt。

● 容性耦合。在干扰源与干扰对象之间存在着分布电容而产生，干扰量是变化的电场，即变化的电压 du/dt。

● 感性耦合。在干扰源与干扰对象之间存在着互感而产生，干扰量是变化的磁场，即变化的电流 di/dt。

① 共阻抗耦合干扰抑制方法：

● 让两个电流回路或系统彼此无关。信号相互独立，避免电路的连接，以避免形成电路性耦合。

● 限制耦合阻抗，使耦合阻抗越低越好，当耦合阻抗趋于零时，称之为电路去耦。为使耦合阻抗小，必须使导线电阻和导线电感都尽可能小。

● 电路去耦。即各个不同的电流回路之间仅在唯一的一点作电的连接，在这一点就不可能流过电路性干扰电流，于是达到电流回路间电路去耦的目的。

● 隔离。电平相差悬殊的相关系统（比如信号传输设备和大功率电气设备之间），常采用隔离技术。

② 容性耦合干扰抑制方法：

● 干扰源系统的电气参数应使电压变化幅度和变化率尽可能地小；

● 被干扰系统应尽可能被设计成低阻；

● 两个系统的耦合部分的布置应使耦合电容尽量小。例如电线、电缆系统，则应使其间距尽量大，导线短，避免平行走线；

● 对干扰源的干扰对象进行电气屏蔽，屏蔽的目的在于切断干扰源的导体表面和干扰对象的导体表面之间的电力线通路，使耦合电容变得最小。

③ 感性耦合干扰抑制方法：

● 干扰源系统的电气参数应使电流变化的幅度和速率尽量小；

● 被干扰系统应该具有高阻抗；

● 减少两个系统的互感，为此让导线尽量短，间距尽量大，避免平行走线，采用双线结构时应缩小电流回路所围成的面积；

● 对于干扰源或干扰对象设置磁屏蔽，以抑制干扰磁场；

● 采用平衡措施，使干扰磁场以及耦合的干扰信号大部分相互抵消。如使被干扰的导线环在干扰场中的放置方式处于切割磁力线最小（环方向与磁力线平行），则耦合的干扰信号最小；另外如将干扰源导线平衡绞合，可将干扰电流产生的磁场相互抵消。

2）辐射干扰。

① 近场和远场。干扰通过空间传输实质上是干扰源的电磁能量以场的形式向四周空间传播。场可分为近场和远场。近场又称感应场，远场又称辐射场。判定近场和远场的准则是以离场源的距离 r 而定的。若 $r > \lambda/2\pi$，则为远场；若 $r < \lambda/2\pi$，则为近场。

常用波阻抗来描述电场和磁场的关系，波阻抗定义为

$$Z_0 = \frac{E}{H} \tag{3-44}$$

式中，E 为电场强度（V/m）；H 为磁场强度（A/m）。

在远场区电场和磁场方向垂直并且都和传播方向垂直称为平面波，电场和磁场的比值为固定值，为 $Z_0 = 120\pi = 377\Omega$。图 3-80 为波阻抗与距离的关系。

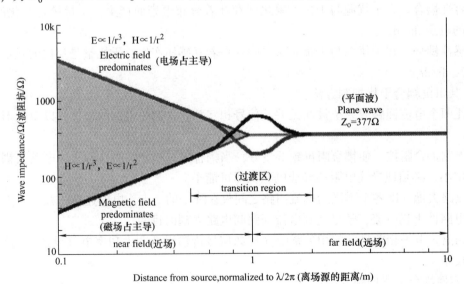

图 3-80　波阻抗与距离的关系

② 减少辐射干扰的措施。

● 辐射屏蔽：在干扰源和干扰对象之间插入一个金属屏蔽物，以阻挡干扰的传播。

● 极化隔离：干扰源与干扰对象在布局上采取极化隔离措施。即一个为垂直极化时，另一个为水平极化，以减小其间的耦合。

● 距离隔离：拉开干扰源与被干扰对象之间的距离，这是由于在近场区，场量强度与距离平方或立方成比例，当距离增大时，场衰减很快。

● 吸收涂层法：被干扰对象有时可涂复一层吸收电磁波的材料，以减小干扰。

（2）电磁干扰的模式

1）共模干扰与差模干扰

① 共模干扰：两导线上的干扰电流振幅相等、方向相同时称之为共模干扰，如图 3-81 所示。

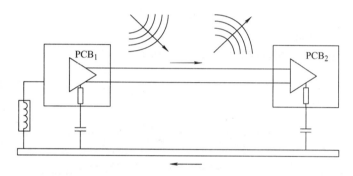

图 3-81　共模干扰

② 差模干扰：两导线上的干扰电流振幅相等、方向相反时称之为差模干扰，如图 3-82 所示。

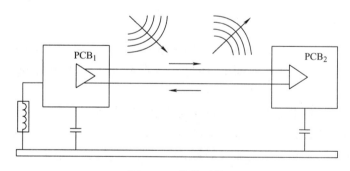

图 3-82　差模干扰

2）PCB（印制电路板）的辐射与线缆的辐射

① PCB 的辐射。PCB 上有许多信号环路，其中有差模电流环也有共模电流环，计算其辐射强度时，可等效为环天线，如图 3-83 所示。辐射强度由下式计算：

$$E = 263 \times 10^{-16} f^2 A I / r \tag{3-45}$$

式中，E 为电场强度（V/m）；f 为电流的频率（MHz）；A 为电流的环路面积（cm^2）；I 为电流的强度（mA）；r 为测试点到电流环路的距离（m）。

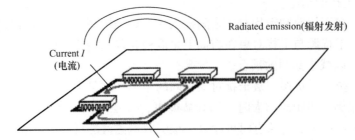

图 3-83　PCB 的辐射

② 线缆的辐射。计算线缆的辐射强度时，将其等效为单极天线，如图 3-84 所示，其辐射强度由下式计算：

$$E = 12.6 \times 10^{-7} fIL/r \qquad (3-46)$$

式中，L 为电缆的长度（m）。

从以上两式可以看出线缆的辐射效率远大于 PCB 的辐射效率。

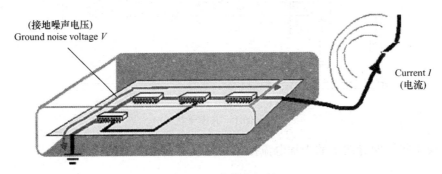

图 3-84　线缆的辐射

（3）电磁屏蔽理论

1）屏蔽效能的概念。屏蔽是利用屏蔽体来阻挡或减小电磁能传输的一种技术，是抑制电磁干扰的重要手段之一。屏蔽有两个目的，一是限制内部辐射的电磁能量从该内部区域泄漏出，二是防止外来的辐射干扰进入某一区域。

电磁场通过金属材料来隔离时，电磁场的强度将明显降低，这种现象就是金属材料的屏蔽作用。可以用同一位置无屏蔽体时电磁场的强度与加屏蔽体之后电磁场的强度之比来表征金属材料的屏蔽作用，定义屏蔽效能（简称 SE）。电场的屏蔽效能为

$$SE = 20\lg(E_1/E_2) \qquad (3-47)$$

磁场的屏蔽效能

$$SE = 20\lg(H_1/H_2) \qquad (3-48)$$

式中，E_1、H_1 为无屏蔽体时的电场强度和磁场强度；E_2、H_2 为有屏蔽体时的电场强度和磁场强度。

2）屏蔽体上孔缝的影响。实际上屏蔽体上面不可避免地存在各种缝隙、开孔以及进出电缆等各种缺陷，这些缺陷将对屏蔽体的屏蔽效能有较大损害。

理想屏蔽体在 30MHz 以上的屏蔽效能已经足够高，远远超过工程实际的需要。真正决

定实际屏蔽体的屏蔽效能的因素是各种电气不连续缺陷，包括缝隙、开孔、电缆穿透等。

屏蔽体上面的缝隙十分常见，特别是目前机柜、插箱均是采用拼装方式，其缝隙十分多，如果处理不妥，缝隙将恶化屏蔽体的屏蔽效能。

（4）电缆的屏蔽设计

如果导体从屏蔽体中穿出去，将对屏蔽体的屏蔽效能产生显著的恶化作用。这种穿透比较典型的是电缆从屏蔽体中穿出，如图3-85所示。电缆穿透的作用是将屏蔽体内外通过导线连通，等效于两个背靠背的天线，对屏蔽体的屏蔽有极大的影响。

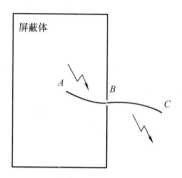

图3-85　电缆穿透原理图

为了避免电缆穿透对屏蔽体的影响，可以从几个方面采取措施：

1）采用屏蔽电缆时，屏蔽电缆在穿出屏蔽体时，采用夹线结构，保证电缆屏蔽层与屏蔽体之间可靠接地，提供足够低的接触阻抗。

2）采用屏蔽电缆时，用屏蔽连接器将信号接出屏蔽体，通过连接器保证电缆屏蔽层的可靠接地。

3）采用非屏蔽电缆时，采用滤波连接器转接，保证电缆与屏蔽体之间有足够低的高频阻抗。

4）采用非屏蔽电缆时，电缆在屏蔽体的内侧（或者外侧）要足够短，使干扰信号不能有效地耦合出去，从而减小了电缆穿透的影响。

5）电源线通过电源滤波器穿出屏蔽体，保证电源线与屏蔽体之间有足够低的高频阻抗。

（5）接地设计

接地是抑制电磁干扰、提高电子设备电磁兼容性的重要手段之一。正确的接地既能抑制干扰的影响，又能抑制设备向外辐射干扰；反之，错误的接地反而会引入严重的干扰，甚至使电子设备无法正常工作。

1）接地的概念。电子设备中的"地"通常有两种含义：一种是"大地"，另一种是"系统基准地"。接地就是指在系统的某个选定点与某个电位基准间建立低阻的导电通路。"接大地"就是以地球的电位作为基准，并以大地作为零电位，把电子设备的金属外壳、线路选定点等通过接地线、接地极等组成的接地装置与大地相连接。"系统基准地"是指信号回路的基准导体（电子设备通常以金属底座、机壳、屏蔽罩或粗铜线、铜带作为基准导体），并设该基准导体电位为相对零电位，但不是大地零电位，简称为系统地。

接地的目的有两个：一是为了安全，称为保护接地。电子设备的金属外壳必须接大地，这样可以避免因事故导致金属外壳上出现过高对地电压而危及操作人员和设备的安全。二是为电流返回电源提供低阻抗通道。

2）接地的种类。实际上，各种地线都存在电气上或是物理上的联系，不一定有明确的划分。在地系统中，有时一个地既承担保护地，又承当防雷地的作用；或既承担工作地，又承担保护地的作用。而不同功能的地连接，针对的电气对象不同，其处理方式的侧重点还会有所差异。

① 保护接地是为了保护设备、装置、电路及人身的安全，防止雷击、静电损坏设备，或在设备故障情况下，保护人身安全。因此在设备、装置、电路的底盘及金属机壳一定要采取保护接地。其保护原理是：通过把带故障电压的设备外壳短路到大地或地线端，产生的短路电流使熔丝或断路器断开，从而达到保护设备和人员安全的作用。

② 工作接地用的是单板、母板或系统之间信号的等电位参考点或参考平面，它给信号回流提供了低的阻抗通道。信号质量很大程度上依赖于工作接地质量的好坏。由于受接地材料特性和其他技术因素的影响，接地导体的连接或搭接无论做得如何好，总有一定的阻抗，信号的回流会在工作地线上产生电压降，形成地纹波，对信号质量产生影响；信号越弱，信号频率越高，这种影响就越严重。尽管如此，在设计和施工中最大限度地降低工作接地导体的阻抗仍然是非常重要的。

（6）滤波设计

1）滤波电路是由电感、电容、电阻、铁氧体磁珠和共模线圈构成的频率选择性网络，低通滤波器是电磁兼容抑制技术中普遍应用的滤波器。为了减小电源和信号线缆对外辐射，接口电路和电源电路必须进行滤波设计。

滤波电路的效能取决于滤波电路两边的阻抗特性，在低阻抗电路中，简单的电感滤波电路可以得到40dB的衰减，而在高阻抗电路中，几乎没有作用；在高阻抗电路中，简单的电容滤波电路可以得到很好的滤波效果，在低阻抗电路中几乎不起作用。在滤波电路设计中，电容应靠近高阻抗电路设计，电感应靠近低阻抗电路设计。

电容器的插入损耗随频率的增加而增加，直到频率达到自谐振频率后，由于存在导线和电容器电极的电感在电路上与电容串联，于是插入损耗开始下降。

2）电源电磁干扰滤波器是一种无源双向网络，它一端接电源，另一端接负载。在所关心的衰减频带的较高频段，可把电源电磁干扰滤波器看作是"阻抗失配网络"。网络分析结果表明，滤波器阻抗两侧端口阻抗失配越大，对电磁干扰能量的衰减就越是有效。由于电源线侧的共模阻抗一般比较低，所以滤波器电源侧的阻抗一般比较高。为了得到较好的滤波效果，对低阻抗的电源侧，应配高输入阻抗的滤波器；对高输入阻抗的负载侧，则应配低输出阻抗的滤波器。

普通的电源滤波器对于数十兆以下的干扰信号有较好的滤波作用，在较高频段，由于电容的电感效应，其滤波性能将会下降。对于频率较高的干扰情况，要使用馈通式滤波器。该滤波器由于其结构特点，具有良好的滤波特性，其有效频段可以扩展到GHz，因此在无线产品中使用较多。

滤波器的使用，最重要的问题是接地问题。只有接地良好的滤波器才能发挥其滤波作用，否则是没有价值的。滤波器使用要注意以下问题：

① 滤波器放置在电源的入口位置；

② 馈通滤波器要放置在机箱（机柜）的金属壁上；

③ 滤波器直接与机柜紧密连接，滤波器下面不能涂保护漆；

④ 滤波器的输入、输出引线不能并行、交叉。

3. 无刷直流电动机控制器抑制电磁干扰的措施

从形成电磁干扰的要素来看，要抑制电磁干扰，首选的方法是直接消除干扰原因，抑制干扰源；其次是切断电磁干扰的传播路径，消除干扰源和被干扰设备之间的直接耦合和辐射；第三是提高被干扰设备的抗干扰能力，降低系统对噪声等干扰的敏感度。目前，常用的抑制干扰的措施主要是切断电磁干扰源和被干扰设备之间的耦合路径，该方法对电磁兼容性设计过程中的电磁干扰问题行之有效、方便易行。抗干扰的主要手段为去耦、滤波、接地、屏蔽、瞬态噪声抑制等。对于无刷电动机控制器来说，抑制电磁干扰的措施主要有以下几方面：

（1）控制电路的电磁兼容设计

1）接地。控制系统中地线有功率地、数字地和模拟地，在实时控制系统中，正确接地是抑制干扰的重要措施，良好的接地不仅可以保证 PCB 的电路内部互不干扰和稳定可靠地工作，而且可以减少电路的电磁辐射和对外界电磁场的敏感度。在信号的工作频率小于 1MHz 的低频电路中，由于频率较低，电路板上的元器件和走线的寄生电感值都比较小，单点接地可以防止多点接地产生公共地阻抗的电路耦合，所以系统电路板上低频部分采用串联单点接地。另外，模拟地是模拟电路零电位的公共基准点，由于本系统的模拟电路部分都是小信号，因此模拟电路部分容易受到数字电路的干扰。而数字地是数字电路零电位的公共基准点，由于数字电路工作在脉冲状态，特别是脉冲的转换时间较短或频率较高时，会产生高频干扰噪声，这些噪声无疑会对模拟电路产生干扰。而功率地是逆变桥和逆变桥驱动电路零电位的公共基准点，由于电动机的电压较高，电流较大，将会导致功率地线上的干扰进一步增大。所以本系统将功率电路、数字电路和模拟电路分开设置与布线，并在一点接地。

2）滤波设计。滤波是用来切断干扰源从信号线以及电源线上传播的路径。具体做法是：在芯片电源端附近配置解耦用高频电容，为芯片提供瞬态电流量，减小高频交流阻抗；应用扁平电缆铁氧体来抑制扁平信号电缆的射频干扰；应用电缆铁磁环来抑制传感器电缆的射频干扰。

3）合理布线。时钟及 PWM 等电路频率较高，尽量消除这些信号的回路或减少回路面积，并将这部分高频电路远离敏感的模拟电路来降低串扰。对于信号输入线、驱动输出线等外接线缆也较容易受到外界电磁干扰，造成系统工作不正常，可以使用双绞线和同轴电缆等屏蔽线来减弱这种影响。

4）驱动电路的电磁兼容设计。当逆变器的功率器件从开到关过渡的过程中，主电流回路将有很高的电流变换率，使得主电流回路上产生较大的感应电压，这个电压有可能加在功率开关器件的栅极上，使得本来应截止的功率开关器件导通，造成误动作；另外，由于电路回路不可避免地存在寄生电感，所以当在开关管关断和开通的瞬间产生较大的 di/dt 时，如果寄生电感比较大，则感应电压也会比较高，这样就形成了一个大的干扰源。因此，因对驱动电路进行电磁兼容设计，具体措施是：驱动电路的电源附近用电容解耦，来消除驱动电源的噪声问题，在干扰源处放置一个去耦电容，形成一个局部交流低阻抗回路，将电流聚集在干扰源周围。设计去耦电路时，必须保证去耦回路的阻抗比剩下的电源分配系统的阻抗值要低，因为低阻抗回路使走线中的高频器件和电路器件保留在该闭合回路，减少电磁干扰；相反，如果去耦回路的阻抗比系统剩下的电源分配系统的阻抗高的话，部分高频器件会通过电源分配系统转换为较大的回路形式，在这种情况下，将会产生射频电流和电磁干扰散射。

去耦电容可以帮助滤除高频噪声，去耦电容的布局具体规则为：

① 每片集成电路旁放置一个充放电电容，大小为 10μF 以上。

② 电源输入端跨接 $10 \sim 100\mu\mathrm{F}$ 电解电容，滤除低频干扰。

③ 芯片的每个电源引脚都就近放置一个 $0.01\mu\mathrm{F}$ 的电容，为高频干扰提供低阻抗回路。

④ 为减少电流的环路面积，将去耦电容放置在芯片的最近处。

（2）控制器机箱屏蔽设计

从电力电子的角度看，电动机驱动控制器就是功率逆变器和变速电动机控制器。以往的对功率逆变器和变速电动机控制器的电磁辐射发射的测试研究表明，这类设备能够产生高达 $800\mathrm{MHz}$ 的射频噪声。切断辐射源沿着空间的传播途径是有效处理电磁辐射的方法，该方法的优点是对系统电路不需要作任何更改。保证屏蔽体的导电连续性是电磁屏蔽的关键所在；将关键电路用一个屏蔽体包围起来，使耦合到这个电路的电磁场通过反射和吸收被衰减，总的屏蔽效能等于吸收损耗与反射损耗之和。因此，电磁屏蔽设计的要点为采用金属导电的外壳，并且妥善处理机箱上的动力线、信号线开口和机箱部件之间的缝接。为此采用金属接插件和屏蔽电缆对系统提供良好的电磁封闭；采用导电铝箔或铜箔将金属机箱上的缝接以及电磁屏蔽的端接处密封，以消除缝隙引起的电磁泄漏。另外，信号电缆在端接处使用航空连接器且保证与机箱的 $360°$ 端接，可以抑制辐射耦合。

电磁干扰会严重影响电子电气设备或系统的正常运行，甚至会使电子元器件发生永久性损坏，因此必须采取措施对其充分地抑制。

3.3.4 绿色设计的认知

绿色设计也是生态设计、环境设计、环境意识设计。在产品整个生命周期内，着重考虑产品环境属性（可拆卸性、可回收性、可维护性、可重复利用性等）并将其作为设计目标，在满足环境目标要求的同时，保证产品应有的功能、使用寿命、质量等要求。绿色设计的原则被公认为 "3R" 的原则，即 Reduce（减量化）、Reuse（回收重用）、Recycle（循环再生），减少环境污染、减小能源消耗，产品和零部件的回收再生循环或者重新利用。

1. 绿色设计的含义

绿色设计就是在质量合格的前提下，产品高效节能而且在使用过程中不对人体和周围环境造成伤害，在报废后还可以回收利用。譬如，环保冰箱是指无氯氟烃（CFC）、节能和低噪声达标的产品，彩电要求辐射低于 $0.07\mathrm{mR/h}$，空调和洗衣机要节能和低噪声，环保微波炉主要是指在距离微波炉外表面 $5\mathrm{cm}$ 和 $5\mathrm{cm}$ 以外的任何点，微波功率密度不得超过 $10\mathrm{W/mm^3}$。

国际经济专家认为，未来所有的产品都将进入绿色设计家族，可回收、易拆卸、部件或整机可翻新和循环利用，绿色产品有可能成为世界主要商品市场的主导产品，而绿色产品的设计也将成为工业生产行为的规范。如不实行绿色设计，产品进入国际市场的资格将被取消。

2. 绿色设计的要求

"绿色设计" 不能被看作是一种风格的表现。成功的 "绿色设计" 的产品来自于设计师对环境问题的高度意识，并在设计和开发过程中运用设计师和相关组织的经验、知识的创造性结晶。目前大致有以下几种设计主题。

1）使用天然的材料，以"未经加工的"形式在家具产品、建筑材料和织物中得到体现和运用。

2）怀旧的简洁的风格，精心融入"高科技"的因素，使用户感到产品是可亲的、温暖的。

3）实用且节能。

4）强调使用材料的经济性，摒弃无用的功能和纯装饰的样式，创造形象生动的造型，回归经典的简洁。

5）多种用途的产品设计，通过增加乐趣的设计，避免因厌烦而替换的需求；它能够升级、更新，通过尽可能少的使用其他材料来延长寿命；使用"附加智能"或可拆卸组件。

6）产品与服务的非物质化。

7）组合设计和循环设计。

3. 绿色设计的内容

绿色设计的内容很多，在产品的设计、经济分析、生产、管理等阶段都有不同的应用，这里着重将设计阶段的内容加以分析。

（1）绿色材料选择与管理

所谓绿色材料指可再生、可回收，并且对环境污染小、低能耗的材料。因此，在设计中应首选环境兼容性好的材料及零部件，避免选用有毒、有害和辐射特性的材料。所用材料应易于再利用、回收、再制造或易于降解，提高资源利用率，实现可持续发展。另外，还要尽量减少材料的种类，以便减少产品废弃后的回收成本。

电子产品中的材料种类比较多，常见的有：导电材料、导体材料、绝缘材料等。材料的绿色特性，对产品的绿色性能具有极为重要的影响，因此在选择时应注意以下几点：

1）尽可能选用无毒、无污染、无腐蚀性的材料；

2）首选可回收材料、标准化材料；

3）同一产品单元尽量选用较少的材料种类；

4）为便于回收，材料上要标注出其型号、类、级等。

电子产品中的元器件选择时应注意以下几点：

1）器件的规格种类应尽量少；

2）尽量选用低功耗器件，特别是集成电路之类的；

3）能通过集成电路插座来连接于电路中；

4）选用的元器件应有清晰的标注，尽可能选用标准元器件；

5）交流供电的电子产品中首选具有屏蔽壳的电源变压器；

6）直流供电的电子产品一般用电池作为电源，用时应先尽量选用无毒材料制造的高能电池；如果限于条件所用电池含有有毒材料，则需对有毒材料进行显著标注，便于用后处理。

（2）产品的可回收性设计

可回收性设计就是在产品设计时要充分考虑到该产品报废后回收和再利用的问题，即它不仅应便于零部件的拆卸和分离，而且应使可重复利用的零件和材料在所设计的产品中得到充分的重视。资源回收和再利用是回收设计的主要目标，其途径一般有两种，即原材料的再循环和零部件的再利用。鉴于材料再循环的困难和高昂的成本，目前较为合理的资源回收方式是零部件的再利用。

（3）产品的装配与拆卸性设计

为了降低产品的装配和拆卸成本，在满足功能要求和使用要求的前提下，要尽可能采用最简单的结构和外形，组成产品的零部件材料种类尽可能少。并且采用易于拆卸的连接方法，拆卸部位的紧固件数量尽量少。

（4）产品的包装设计

产品的绿色包装，主要有以下几个原则：

1）材料最省，即绿色包装在满足保护、方便、销售、提供信息的功能条件下，应是使用材料最少而又文明的适度包装。

2）尽量采用可回收或易于降解、对人体无毒害的包装材料。例如纸包装易于回收和再利用，在大自然中也易自然分解，不会污染环境。因而，纸包装是一种对环境友好的包装。

3）易于回收、再利用。采用可回收、重复使用和再循环使用的包装，提高包装物的生命周期，从而减少包装废弃物。

除此之外，还有绿色产品的成本分析，绿色产品设计数据库等。

4. 绿色设计的方法

（1）模块化设计

在对一定范围内的不同功能或相同功能不同性能、不同规格的产品进行功能分析的基础上，划分并设计出一系列功能模块，通过模块的选择和组合可以构成不同的产品，满足不同的需求。

模块化设计既可以很好地解决产品品种规格、产品设计和制造周期与生产成本之间的矛盾，又可为产品的快速更新换代，提高产品的质量，方便维修，有利于产品废弃后的拆卸、回收，为增强产品的竞争力提供必要条件。

（2）循环设计

循环设计是在进行产品设计时，充分考虑产品零部件及材料回收的可能性、回收价值的大小、回收处理方法、回收处理结构工艺性等与回收有关的一系列问题，以达到零部件及材料资源和能源的充分有效利用、环境污染最小的一种设计的思想和方法。

（3）可拆卸设计

良好的可拆卸性是产品可维修性、材料可回收性和可再生的重要保证。因此，产品设计阶段就要充分考虑产品废弃后能否方便地拆卸、回收和再生。为此，首先从观念上重视可拆卸性设计。设计人员应经常与用户、产品维护及资源回收部门取得联系，获得产品结构在拆卸方面存在的不足，为可拆卸性设计的发展准备有关数据资料。其次，拆卸产品在整机设计时，要从结构上考虑拆卸的难易程度，制定出相应的设计目标并提出结构方案。对模块间的连接方式等问题要进行细致的研究与设计：要尽量避免采用不可拆卸连接方式，如焊接、粘接等；电路之间、印刷板之间，避免用导线直接焊接、粘接、铆接方式，应采用插头座的方式来连接等。

除此之外，还有组合设计、绿色包装设计等。

5. 绿色设计

要使设计真正成为绿色设计，并不是一件容易的事，除了需要注意产品的各项功能外，还需要设计师具有多方面的产品设计知识。

绿色设计的第一步是材料选择，绿色材料是指在满足一般功能要求的前提下，具有良好的环境兼容性的材料。绿色材料在制备、使用以及用后处置等生命周期的各阶段，具有最大的资源利用率和最小的环境影响。一般情况下，优先选用可再生材料及回收材料，并且尽量选用低能耗、少污染的材料；环境兼容性好也是绿色材料需要注意的地方，有毒、有害和有辐射性的材料必须避免，所用材料应易于再利用、回收、再制造或易于降解。为了便于产品的有效回收，还应该尽量减少产品中的材料种类，还必须考虑材料之间的相容性。材料之间的相容性好，意味着这些材料可一起回收，能大大减少拆卸分类的工作量。

除了材料的选择外，设计中还要应用到人机工程学的原理，让使用者感到舒适、方便、心情愉快、无压抑感；同时也要避免电磁辐射、噪声、有毒气体、有刺激性的气体和液体对人的危害。同时，还要考虑到产品的环境性能设计，将环境性能作为设计目标是绿色设计区别于传统设计的主要特点之一。由于不同产品有不同的环境性能，设计时应根据产品特点、使用环境与要求等分别予以满足。加长产品的使用寿命也可以起到环保的作用，设计师在对产品功能和经济性进行分析的基础上，采用各种先进的设计理论和工具，使设计出的产品能满足当前和将来相当长一段时间内的市场需求。最大限度地减少产品过时，也就减少了报废处理和过时产品的数量，当然也就节约了能源和资源，减轻了环境的压力。

绿色设计中很重要的一点是节能降耗的设计。减少能源需求，可以通过减少实际应用能源消耗和减少待机能源消耗来实现。设计师需要合理地设计产品结构、功能、工艺或利用新技术、新理论，使产品在使用过程中消耗能量最少、能量损失最少。因此，在产品的设计阶段，对其使用造成的能源消耗问题应给予足够的重视。

除了在使用中需要考虑到绿色设计，还要关注产品在使用之外的问题。可拆卸性设计也是需要考虑的问题，产品在设计时应该充分考虑到产品报废后较多的零部件应拆卸方便，便于回收与再利用，从而达到节省成本、减少污染、保护环境的目的，这将作为产品性能和结构设计的一项重要评价指标。现在许多产品已经注意到了这些问题，譬如现在不少电子产品都开始采用简单结构和外形，减少零部件种类，采用易于拆卸或破坏的连接方法，减少拆卸部位的紧固件数量，尽量避免零件表面的二次加工，减少产品中所用材料的种类，并在模具上模压出材料的代号标识等，这些都是绿色设计取得的成绩。

在设计初期，还要考虑到该产品报废后回收和再利用的问题，广泛采用标准化、模块化的零部件有利于报废时的回收和再利用。使产品报废后，容易拆卸和分解，并可以加以回收或再生。这将是 21 世纪绿色工业产品的一项重要指标。

包装作为产品的最后一个环节，也与绿色设计密不可分。绿色包装技术是指从环境保护的角度优化产品包装方案，使得资源消耗和废弃物产生最少。目前这方面的研究很广泛，大致可以分为包装材料、包装结构和包装废弃物回收处理 3 个方面。当今世界主要工业国都要求包装应做到 "4R1D"（Reduce 减量化、Reuse 回收重用、Recycle 循环再生、Recover 能量再生和 Degradable 可降解）原则。

无论是材料、工艺、结构还是包装设计，都是与绿色密不可分的。绿色设计可以是选择环保材料，也可以是在设计过程中尽量不浪费材料并使材料能保证被回收。

在中国现阶段是非常缺少绿色设计意识，这是一个新的问题。社会可持续发展的要求预示着"绿色设计"将成为21世纪工业设计的热点之一。为了减少环境问题，设计师要对产品进行环保性能的改进，要对环境问题和其影响有很好的了解。目前工业设计的商业价值日益受到众多厂家的认同和重视，设计师在不少公司的研发部门被委以重任，这一切使得设计师有机会展示他们对环保问题处理的能力。

"绿色设计"给工业设计带来了更多的挑战，也带来了更多的机会。一场"绿色革命"已经来到，在环保成为世界发展趋势的情况下，绿色设计正起着前所未有的重要作用。

绿色设计的出发点主要是在技术层面上，从环境保护、节约能源的角度出发。这是"自然为本"的设计思想的反映，也体现了现代设计师的道德和社会责任心的回归。

但是，绿色设计不应该仅仅停留在技术层面上，更应该体现在设计的思维和原则上。绿色设计是在设计观念上的一次变革，要求设计师以一种更负责的方法去设计更加简洁、长久、完美的产品。

绿色设计的含义是"以人为本"设计原则的体现，绿色思维也是人性思维的反映。因此，在产品设计中，绿色设计的内容除了前面提到的几点外，还要加入一点，就是产品的人性化设计，即注重产品能更好地满足个人的需要，包括功能更加完善，使用起来更加安全、舒适，外观更加美观等。产品设计中的绿色思维还应该包括安全、自然、人性的含义，这样才能算得上真正意义上的绿色产品。

【想一想】

为什么要关注"无铅"？

【做一做】

工作任务3-5 设计出电动自行车用控制器的硬件电路并编制出应用程序

要求：

1) 硬件设计。根据市场调研报告、产品标准和电路总体设计方案，采用PSoC的CY8C24533单片机，利用PSoC的Designer5.4开发环境，充分进行可靠性设计、电磁兼容设计和绿色设计，设计出48V/350W电动自行车用无刷直流电动机控制器的硬件电路，并生成系统文件BOM表（物料清单）、数据表（Data sheet）和原理图。

2) 软件设计。采用C语言或汇编语言，利用PSoC的Designer5.4开发环境编制出系统主程序、各个子程序、电流PI和速度模糊自适应PID双闭环控制算法程序、PWM中断程序、定时器中断程序。

项目 4 协助设计 PCB

模块 4.1 绘制电路原理图

学习目标：

1）熟悉 Protel 99 SE 电路设计软件的功能和使用方法。
2）熟悉原理图设计流程和技巧。
3）熟悉原理图设计、编辑、处理的方法。

任务目标：

1）会进行原理图的设计，设置原理图环境；会进行元器件的查找、放置及电路的连线；会进行电气规则的检查，生成电路报表。
2）会使用 Protel 99 SE 软件完成原理图设计。

4.1.1 原理图的设计流程

采用 Protel 99 SE 软件来设计电动自行车用控制器的电路图。原理图设计的工作主要包括创建原理图、设置环境和电路原理图的设计、编辑及报表生成等，设计流程图，如图 4-1 所示。各个步骤具体操作内容如下。

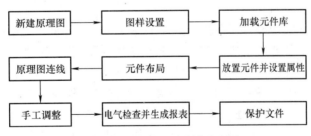

图 4-1 电路原理图设计流程图

1）新建原理图。即在指定路径上创建一个工程（或称设计数据库），在其中的文档文件夹中新建一原理图文档，并进行命名。可以在"文件"菜单栏上单击 File | new 选项来建立。

2）图样设置。即设置原理图的设计环境，如：图样的大小、颜色，图样标题、边框，还有栅格、光标设置等。通常用"设计"菜单命令 Design | Options 来设置图样环境。

3）加载元器件库。即在电路原理图编辑器中，用元器件库管理器中间的 Add | Remove 按钮，来加载电路中所要用的元器件库。在元器件库中没有的元器件，就要用元器件编辑器自己制作新元器件。

4）放置电路需要的各种电气元器件和非电气元器件，并对各元器件的相关属性进行设置。通常使用 Wiring Tools（电路工具栏），来放置导线、元器件、网络编号、端口等电气元器件。使用 Drawing Tools（绘图工具栏），放置直线、图形等各类非电气元器件。并且对于 Protel 99 SE 元器件库中不存在的元器件，可以进行制作。

5）元器件布局是指将电气元器件和非电气元器件的位置，按电路功能进行调整，可以进行元器件移动、元器件旋转、文字编排等操作，使图样上元器件排列整齐，要求方便连接，布局合理，分布均匀。

6）在电路图中的连线一般要求横平竖直，可以通过导线、端口、网络标号等实现电路的连接。用 Wiring Tools 中的导线工具，对整个电路图元器件进行连线，连线时要注意捕捉线路的电气节点，完整连接。

7）手工调整，在原理图连线中，需要对某些元器件的位置、导线走向、文字等再进行调整，使电路布局合理，连线整齐、美观。通过进行元器件移动、元器件旋转、文字编排等操作，完善设计。

8）完成连线后，对电路原理图要进行电气规则检查（ERC 检查），并对照 ERC 报表进行修改，再进行检查，直到没有错误为止。再进行电路的后期编辑，生成网络表、元器件清单等相关报表。

9）最后，保存文件、打印输出。

通过以上步骤，一张电路原理图设计就完成了。

4.1.2 绘制电路原理图的步骤

电路图绘制需要的基本技能有：工程的建立、保存，原理图文件的建立、保存，元器件库的加载、元器件加载、连线操作等，还有电路编辑、工具使用技巧。这些技能通过以下步骤得以掌握。

（1）如何新建设计文件

为了方便设计文件的管理，要在指定路径上建立一个文件夹，之后的设计文件就可以存放在其中，如建立一个 E 盘文件夹，名为"电动车用控制器"。先建立一个工程设计，然后在其中新建文件，即工程设计、原理图文件。

1）新建设计。在 Protel 99 SE 中，文件都是要放在工程设计文件中，通过在"文件"菜单栏上单击 File | new 选项来建立，新建设计有四个要素：

① Design Storage Type（设计保存类型），在其后输入框单击下拉按钮，可见系统保存类型有两个选项：MS Access Database、Windows File System。

● MS Access Database 方式。将设计过程中产生的全部文件，都存储在单一的数据库中，同原来的 Protel 99 文件方式。即：所有的原理图文件、元器件库文件、PCB 文件、网络表、材料清单等，都存在一个库文件中，在资源管理器中只能看到唯一的 × ×.db 设计文件。

● Windows File System 方式。在对话框底部指定的硬盘位置，建立一个数据库的文件夹，所有文件被自动保存的文件夹中。可以直接在资源管理器中，对数据库中的设计文件，如原理图、PCB 等进行复制、粘贴等操作。这种数据库的存储类型，便于在硬盘中对数据库内部的文件进行操作，但不支持 Design Team 特性。

这里选 MS Access Database 选项，将工程设计定义为数据库的类型，文件后缀以".ddb"命名。

②Database File Name（数据库文件名）。在输入框中输入设计名称为"电动车用控制器.ddb"。这里文件后缀一定不能修改，否则系统不能识别。

③Database Location（数据库保存位置）。用来确定数据库保存路径。要改变文件保存的默认路径，可单击右边的 Browse 按钮，弹出数据库文件定位对话框，设置文件路径为"E：电动车用控制器"。

④Password（密码）。可以设置一个密码，选 Yes 表示设置密码，选 No 表示不设密码。这里不设置密码，选 No，单击 OK 按钮确认。

这样，就建立了一个新设计文件，系统自动打开设计并显示在窗口。

2）关闭数据库。在关闭数据库时，首先要逐个关闭库中所有打开的文件，以免丢失有效信息，关闭设计文件有两种方法：

方法一，把光标移到设计的标题栏上，右击标题栏中的文件标签，弹出快捷菜单。选择其中的 Close 命令，这时会弹出文件保存确认框，单击 Yes 按钮，即保存并关闭了文件。

方法二，可以用"文件"菜单，选 Flie | Close 命令，依次关闭窗口中打开的各文件，直到工作窗口呈灰色后，才能用 Close 命令关闭数据库，退出 Protel 99 SE 设计系统。

注意：在关闭各个文件时，不能直接用窗口右上角的"×"按钮来关闭退出，这样做容易丢失设计信息，特别是在系统执行功能时，强行退出会造成死机。

3）新建原理图。在"电动车用控制器.ddb"中，打开第三个图标"文档管理器"（Documents），在编辑窗口右击鼠标，选 New 命令或选择 File | New，系统将弹出 New Document（新建文件类型）对话框，其中共有十个图标，各图标分别代表着不同类型的文件，其文件类型及功能见表 4-1。

表 4-1 文件类型及功能

图 标	名 称	功 能
	CAM output configurat	输出辅助文件
	Document Folder	建立文件夹
	PCB Document	建立 PCB 文件
	PCB Library Document	建立 PCB 元器件库
	PCB Printer	PCB 打印输出
	Schematic Document	建立原理图文件
	Schematic library Document	建立原理图库文件
	Spread Sheet Document	建立报表文件
	Text Document	输出文本文件
	Waveform Document	输出波形文件

通常，一个设计中包含的文件很多，类型各不相同，要根据设计内容选择文件类型，选中一个特定图标，就建立相应类型的文件，即按需选取设计功能。在新建文件类型对话框中，选择 Schematic Document 图标，新建原理图文件，命名为"电动车用控制器.sch"。

注意：打开"电动车用控制器.sch"原理图文件后，通常文件以整张图样方式显示，这对画图是不方便的，所以先要放大图样，按几次快捷键〈PageUp〉，直到显示图样栅格时大小才合适。

4）设置图样环境。一个较好的图样环境，有助于人们设计的进行。电路原理图的设计环境，可以用"设计"菜单命令（Design）中的 Options 来设置，图样环境如图样大小、颜色、方向、标题、边框，还有图样的网格、光标形状的设置等。

在 Sheet Options 选项卡中，设置选项有如下 3 个方面内容。

① 左边 Options 区域内。

● Orientation 复选框：设置图样放置方向，单击右侧的下拉式按钮，出现下拉式列表，选择 Landscape 图样水平放置。

● Title Block 复选框：设置图样标题栏，单击 Title Block 右边的下拉式按钮，将出现一个下拉式列表，选择 Standard 选项，用标准型模式的"ANSI"形式。

● Show Reference Zone 复选框：显示边框参考。

● Show Border 复选框：显示图样边框。

● Show Template Graphics 复选框：设置是否显示模版上的图形文字。

● Border Color：用于设置边框颜色。

● Sheet Color：设置图样底色。

② 在中间 Grids 区域内，进行图样栅格大小及显示的设置。

● Snap 复选框："Snap"为"捕获栅格"设置。

● Visible 复选框：选中此项表示网格可见。

● Electrical Grids 区域：设置电气栅格。

③ 在右边 Standard Style 区域，设置图样大小。

● Standard：设置标准图样。标准图样尺寸规格见表 4-2。

● Custom：自定义图样。

表 4-2 标准图样尺寸规格

代　　号	尺寸规格/in	代　　号	尺寸规格/in
A4	11.5×7.6	E	42×32
A3	15.5×11.1	Letter	11×8.5
A2	22.3×15.7	Legal	14×8.5
A1	31.5×22.3	Tabloid	17×11
A0	44.6×31.5	Orcad A	9.9×7.9
A	9.6×7.5	Orcad B	15.6×9.9
B	15×9.5	Orcad C	20.6×15.6
C	20×15	Orcad D	32.6×20.6
D	32×20	Orcad E	42.8×32.2

注：1in = 2.54cm。

设置图样尺寸的基本原则是：尽可能选择尺寸小的标准图样，这样可以使设计操作比较方便，尤其输出时更加合理。这里图样大小用系统默认值 B。

注意：用大小合适的图样进行电路绘制，可以使显示和打印会相对清晰一致，而且也比较节省存储空间。

- 在 Organization 选项卡：设置图样标题栏信息。
- Organization：用于输入设计单位的名称。
- Address：用于输入设计单位的地址。
- Sheet：用于输入图样的页号和总页数。
- Document：用于输入图样的标题名、图样编号及版本号。

注意：当选择标题类型为 "ANSI" 选项时，在图样上就可以看到设置标题的信息，如图 4-2 所示。

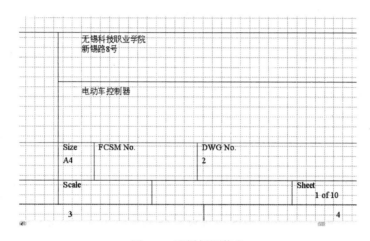

图 4-2 图样标题信息

【想一想】

1）常用的电路设计软件有哪些？
2）设置图样大小用的单位与公制单位如何换算？

【做一做】

练习 4-1 建立一个新的设计，设置图样环境。

要求：按图 4-2 设置图样标题栏。

（2）元器件的加载

1）加载所用的元器件库的方法有两种：

- 用元器件管理器，单击中间的 Add | Remove 按钮；
- 用工具栏中的元器件库按钮。

系统元器件文件的路径在 C：\ Design Explorer 99 \ Library \ Sch 目录及其子目录下，选择所要加载的元器件库文件，如常用元器件库 Miscellaneous Devices. lib，也可直接在所要载入的元器件库文件上双击鼠标，就可载入该元器件库文件。在此还要加载自己所创建的新元器件库。

2）放置元器件的操作

① 在电路图中，通常要放置很多元器件，放置元器件的操作方法有多种：

● 用元器件管理器中 Browse 元器件浏览器下面的 Place 放置元器件。这方法直观、快速。

● 用元器件管理器中 Browse 元器件浏览器下面的 Find 按钮，查找元器件后，再用其中 Place 按钮放置。

● 用右键打开快捷菜单，选择 Place Part 放置命令，在弹出的对话框中输入元器件名来放置。

● 用连线工具栏中的放置元器件按钮来放置元器件。

● 用主菜单的"放置"菜单中的 Part 命令放置元器件。

● 用快捷键：< P + P >、< Alt + P + P > 等。

● 还可以在原理图元器件库中操作，用元器件管理器的 Place 按钮放置。

各种放置元器件的方法各有千秋，现以第一种方法为例，说明放置和操作元器件的步骤。

② 放置元器件步骤。

● 打开电路原理图文件"电动车用控制器.sch"。

● 加载所需元器件库。如常用元器件库 Miscellaneous Devices. lib（若没有该元器件库，则需重新加载元器件库）。

● 在原理图中放置元器件，如放置晶体管 NPN。

注意：工作窗口出现十字光标，上面带有一个浮动元器件时，单击左键就可放置一个元器件，按右键则放弃操作。按 < 空格 > 键可以旋转元器件方向，按 < X >、< Y > 键可以进行元器件的镜向翻转。

③ 设置元器件属性。设置元器件属性是一个很重要的步骤，通常在放置元器件之前要先确定其属性。当在元器件浮动状态时，按 < Tab > 键或在已放置的元器件上双击鼠标，即可打开元器件属性对话框，它包括元器件属性和图形标签页。

元器件属性标签页（Attributes）功能是设置元器件的电气属性，主要有如下5个参数。

● Lib Ref：元器件名，属性由系统给出，一般不要改动。

● Footprint：元器件的封装。

● Desianat：元器件编号。

● Part：元器件标注。

● Part：复合元器件的单元选项，使用复合元器件时，要输入所用的单元号。

元器件图形标签页（Graphical Attrs）用于显示元器件图形属性，主要有如下7个参数。

● Orientation：设置元器件旋转的角度。

● Mode：元器件模式。

● X – Location、Y – Location：元器件 X、Y 位置坐标值。

● Fill Color：填充颜色。

● Line：线条颜色。

● Pin：引脚颜色等参数。

● Mirrored：将元器件镜像翻转。

④ 元器件的操作。

移动元器件的方法有：

● 用"编辑"菜单的 Move（移动）命令来移动所选择的元器件。

● 将光标放至要移动的元器件上，按住鼠标左键不放，将元器件拖到合适的位置。

● 也可在元器件属性框中，修改元器件 X、Y 坐标值，改变元器件位置。

在原理图中聚焦后的元器件，可以对其进行编辑操作，如移动、删除等。将光标移动到所聚焦的元器件上，单击鼠标左键元器件上就出现虚线框，若在图样空白处单击鼠标左键，则可撤销元器件聚焦。

当原理图中有多余的元器件或对象，则要对其进行删除操作，常用四种方法：

● 用"编辑"菜单命令的 Delete，在窗口光标变为十字形后，将光标移到要删除的元器件或对象上，单击鼠标左键，即可将其删除。

● 用"编辑"菜单命令的 Clear，当操作对象较多时，首先选中要删除的所有元器件，元器件周围出现黄色框，如图 4-3 所示。选中后，再用 Clear 命令，单击其中任一元器件即可删除。

● 用 Delete 键来删除。在删除对象上先单击元器件进行聚焦，可看到元器件上有虚线框出现，然后再按 Delete 键即进行删除。

● 用快捷键来删除。用快捷键如 < E + D >、< Alt + E + D >、< Alt + E + L >，光标变为十字形后，将光标移到要删除的元器件处单击，或先选中要删除的元器件，再用 < Alt + E + L > 来删除。

在 Protel 99 SE 中复制元器件与 Windows 中不同，操作步骤如下：

● 首先要选择复制的元器件，它四周出现黄色线框，如图 4-3 所示。

● 用"编辑"菜单命令的 Copy，这时光标变为十字状，移动鼠标到元器件上，（光标又变为箭头，此时元器件被复制到剪贴板中），在某处单击以选定参考点，它就是粘贴时元器件的基准点。

● 用"编辑"菜单命令的 Pase，或用工具栏的粘贴按钮，在图样上单击鼠标，元器件就被复制到光标处，并处于被选中状态。

● 用"撤销选取"按钮，来撤销选取状态，使元器件正常显示。

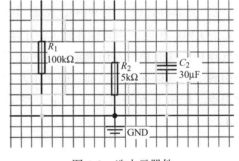

图 4-3　选中元器件

注意：使用复制命令，必须要选定元器件的参考点，粘贴时光标位于该点。光标变为十字状时，不能做其他操作。

【想一想】

1）加载元器件库有哪些步骤？

2）放置元器件的方法有哪些？

3）如何制作新元器件？

【做一做】

任务4-1 建立设计文件和原理图文件，并向原理图文件中放置元器件。

要求：按图4-4完成电路元器件放置，自己制作其中的新元器件。

（3）绘制原理图

1）元器件布局。在原理图中放置所有元器件后，再利用 Protel 99 SE 提供的工具、指令，并根据元器件之间的连接关系，手工移动元器件调整它们的位置，即进行元器件布局。通常绘制原理图时，要求电路结构合理、元器件布局均匀、方便连线。现以控制器的电源电路为例，可以按图4-4进行元器件布局。

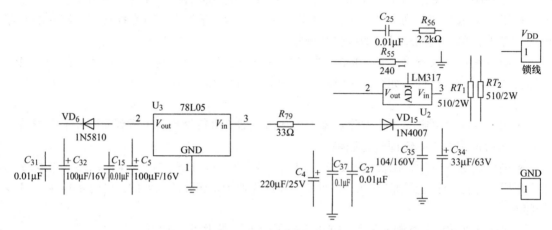

图 4-4　元器件布局

2）元器件连线。用 Wiring Tools 中的放置导线按钮，对整个电路图进行连线。将元器件 C_{31} 与 VD_6 相连，当光标靠近 C_{31} 引脚时，在元器件引脚端点将出现一个黑圆点，它代表电气连接，这时单击左键确定连线的起点，上移在拐点处单击再移动鼠标到另一元器件 VD_6 的引脚上，同样在出现黑圆点时单击左键，一条导线就画成了。画其他导线时，也要注意捕捉黑点。把所有元器件都连接上，在适当位置放上接点，就可以得到电路图，如图4-5所示。

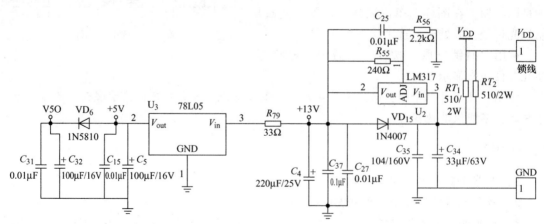

图 4-5　电源电路

注意：元器件之间用导线连接，不要直接用引脚相连；在导线、导线之间或导线、元器件引脚间的连接，都不能出现重叠，否则电气规则检查时会出现错误。

　　3）手工调整。原理图的连线要横平竖直，分布均匀。电路图画好后，对不理想的地方要进行手工调整，可以移动元器件、导线，也可以修改显示文字等。最后保存文件到自己的文件夹。

【想一想】

　　怎样进行元器件连线？

【做一做】

任务 4-2　完成电动自行车用控制器原理图的绘制。

　　要求：按图 4-5，进行电路元器件布局、连线。

4.1.3　电路的后期编辑

　　(1) 电路的 ERC（电气规则）检查

　　Protel 99 SE 提供了电路电气规则检查工具——ERC（Electrical Rule Check）检查，它可以根据电路电气规则，来对设计的电路图进行检查，并给出检查报告，以便对照 ERC 报告进行电路的修改、处理。进行电路的 ERC 检查有两个步骤：

　　1）ERC 检查设置。检查之前先要设置一下检查规则，可执行"工具"菜单的 ERC 命令，屏幕上出现电气规则检查设置对话框，其中包括 Setup 和 Rule Matrix 两项。

　　在 Setup 标签页中，ERC Options 区域用于设置检查的项目有 8 个参数。

　　● Multiple net names on net：多个网络名称的检查。设定检查电路图时，如果在同一条网络上放置了多个不同的网络名称，系统将出现错误信息。

　　● Unconnected net labels：未连接的网络标号检查。设定检查电路图时，如有没有实际连接的网络名称，即悬空状态，系统将出现警告信息。

　　● Unconnected power objects：电源未连接的检查。设定检查电路图时，如存在未实际连接的电源符号，系统将出现警告信息。

　　● Duplicate sheetunmbers：图样标号重复性检查。设定检查层次电路图时，如有同名的图样号，系统将出现错误信息。

　　● Duplicate component designators：设定检查电路图时，如有同名的元器件序号，系统将出现错误信息。

　　● Bus label format errors：设定检查电路图时，如总线名称的书写格式有错误，系统将出现警告信息。

　　● Floating input pins：设定检查电路图时，如有输入信号悬空，系统将出现警告信息。

　　● Suppress warnings：设定是否将警告信息记录到 ERC 文件中。

　　在 Rule Matrix 标签页中显示系统定义的通用规则阵列。

　　注意：一般不要修改系统设置的规则。

2）运行 ERC 检查。在需要的电路检查项目上打勾，系统即开始对电路进行检查，然后生成 ERC 检查报告，报告给出文件的路径、名称、创建日期，如电路中有错误，报告中会给出提示信息。再打开原理图文件，根据提示信息对错误处进行修改、处理，电路改正后，要重新执行 ERC 检查，有时可能要进行多次检查、修改，直到完全正确为止。例如，对电源电路图检查后，ERC 报告如图 4-6 所示。

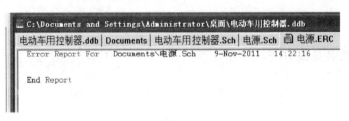

图 4-6　电路图检查报告

3）No ERC 的使用。在电路设计中，有时允许一些错误生成，如电路的开路状态。为了能通过系统检查，就可以在该点放置一个忽略 ERC 测试的标记，系统在进行电气规则检查（ERC）时，将忽略对这些点的检查。

启动 No ERC 命令有两种方法：

① 单击 Wiring Tools 电路图工具栏内的 ✖ 图标；

② 执行菜单命令 Place | Directives | No ERC。

启动 No ERC 命令后，光标变成十字状，将光标移到需要忽略 ERC 测试点的位置单击鼠标，图样上出现一个红色的"×"，即放置一个忽略 ERC 测试点，如图 4-7 所示。单击可以继续放置，也可击鼠标右键，结束放置状态。在放置忽略 ERC 测试点时，按 Tab 键，可打开忽略 ERC 测试点属性对话框，在对话框中进行测试点位置、颜色的参数设置。

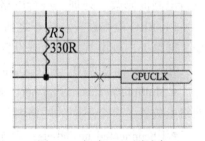

图 4-7　忽略 ERC 测试点

注意：忽略 ERC 测试点，只能放置在电路中某些容许错误的地方。

（2）产生网络表

网络表是电路原理图和印制电路板图之间的桥梁，它是反映元器件间连接关系的文本文件，印制电路文件中的元器件、网络，都要根据网络表来加载，当原理图设计完成后，必须先将其转换为网络表文件，才能完成印制电路板文件的设计。

1）网络表的选项。PCB 设计通常要用到网络表，可执行"设计"菜单命令的 Create Netlist，包括 Preferences 和 Trace Options 两个选项卡，可根据电路的需要来设置网络表的选项。

2）生成网络表。网络表通常为 ASCII 码文本文件，其内容主要有电路图中各元器件的参数（序号、元器件类型与封装信息），以及元器件间网络连接信息、PCB 布线信息等。在网络表的选项设置完后，单击 OK 按钮，系统将进入生成报表程序，并将结果保存为 ××.net 文件。例如，对电源电路生成网络表，其部分信息如图 4-8 所示。

（3）材料报表

材料报表主要用于整理一个电路或一个项目文件中使用的所有元器件。报表主要包括元器件的名称、标注、封装等内容。用"报告"菜单命令的 Bill of Material，打开材料清单向导，在对话框中有一些选项，按需选取后，用鼠标左键单击图中的 Next 按钮，逐级出现对话框，完成设置后用鼠标左键单击 Finish 按钮。系统程序会进入表格编辑器，并形成扩展名为 *.xls 的元器件列表。

例如，对电路图生成元器件列表，部分信息如图 4-9 所示，其中列出各个元器件的四个属性项目：元器件标注、编号、元器件封装、元器件描述。

电动车用控制器.ddb | Documents | 电动车用控制器.Sch

```
[
C4
RB.2/.4
220uF/25V


]
[
C5
RB.2/.4
100uf/16v


]
[
C15
0805
0.01uF


]
[
C25
0805
0.01uF
```

	A	B	C	D
1	Part Type	Designator	Footprint	Description
2	0.01uF	C27	805	Capacitor
3	0.01uF	C25	805	Capacitor
4	0.01uF	C15	805	Capacitor
5	0.1uF	C37	805	Capacitor
6	0.01uF	C31	805	Capacitor
7	1N5810	VD6	805	Diode
8	2.2K	R56	805	
9	33	R79	805	
10	33uF/63V	C34	RB.4/.8	Electrolytic Capacitor
11	78L05	U3	TO-2201	
12	100uf/16v	C5	RB.2/.4	Electrolytic Capacitor
13	100uf/16v	C32	RB.2/.4	Electrolytic Capacitor
14	104/160v	C35	805	Capacitor
15	220uF/25V	C4	RB.2/.4	Electrolytic Capacitor
16	240	R55	805	
17	510/2W	RT1	805	
18	510/2W	RT2	805	
19	IN4007	VD15	805	Diode
20	LM317	U2	TO-2201	
21	锁线	VDD	PAD1	Connector
22				

图 4-8　网络表　　　　　　　　　　图 4-9　材料清单

注意：在画电路原理图时，元器件属性的参数输入要正确，否则会得不到元器件清单。

整理好电路图后，用"文件"菜单命令的 Save 保存电路原理图。到此已完成了电路图的设计工作。

【想一想】

1）电路的基本报表有哪些？

2）电路里检查有哪些项目？如何使用 No ERC 功能？

【做一做】

任务 4-3　完成电动自行车用控制器原理图的编辑。

　　要求：1）参照图 4-10，完成 6 管电动车用控制器电路原理图。

　　　　　2）生产 ERC 报表、网络表及材料报表。

　　　　　3）参照图 3-20，完成 12 管电动车用控制器电路原理图。

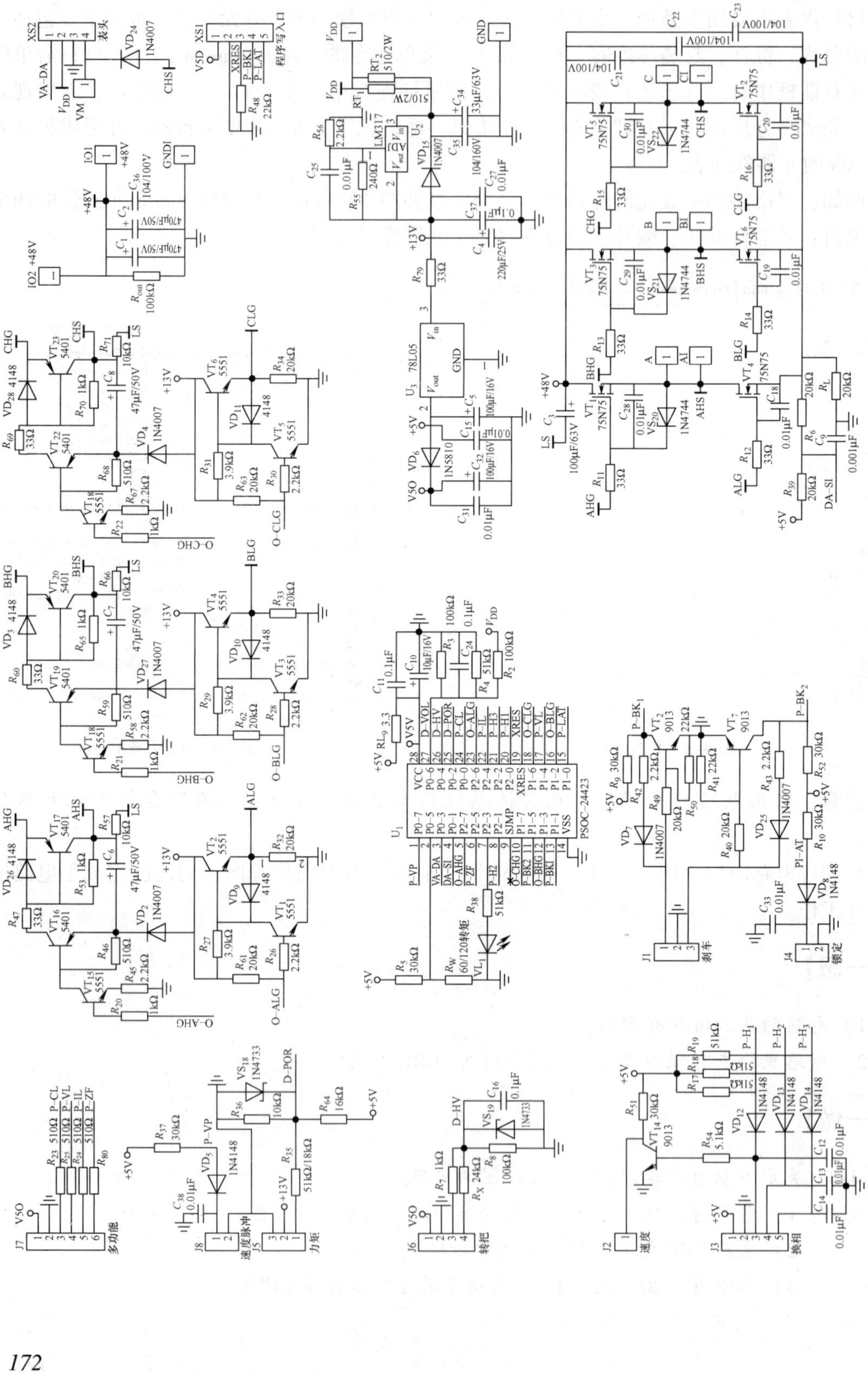

图 4-10　6管电动车用控制器电路

模块 4.2 协助设计 PCB 的实现

学习目标：

1）熟悉印制电路板基础知识。

2）熟悉 PCB 设计流程。

3）理解电路板的规划和设计方法。

4）熟悉电路板的设计技巧。

任务目标：

1）会建立 PCB 文件，会规划印制电路板，会加载网络表、元件布局和 PCB 的布线，会进行 DRC 检查（设计规则检查）及生成报表。

2）会使用 Protel 99 SE 完成印制电路板图的设计。

印制电路板简称为 PCB，它提供了对电阻、电容、集成电路等各种电子元器件进行固定装配的机械支撑，提供了实现集成电路中各种电子元器件之间的布线、电气连接或电气绝缘所要求的电气特性，同时为自动锡焊提供阻焊图形，为元器件的插装、粘装、检查、维修提供识别字符和图形。

4.2.1 PCB 的设计流程

印制电路板现已用在很多仪器设备中，一个印制电路板主要由基板、焊盘、在基板上的元器件、连接元器件的导线和通孔等组成，通常人们采用 Protel 99 SE 软件来设计 PCB 图。PCB 的设计流程如图 4-11 所示。各设计步骤的工作主要如下：

1）绘制原理图和创建网络表。原理图是设计 PCB 文件的前提，而网络表是连接原理图和 PCB 图的桥梁，所以在绘制 PCB 前，一定要先画出正确的原理图并创建网络表。网络表是由原理图生成，包含原理图中元器件信息、元器件之间连线关系和元器件封装形式，是创建 PCB 文件所必需的报表。

2）建立 PCB 文件和规划电路板。在设计项目中建一个 PCB 文件，可以手工新建文件，也可以用向导功能来建立。然后进行电路板规划，这一步主要是对电路板的各种物理参数进行设置，包括电路板是用单面板、双层板、还是多层板，电路板的形状、大小尺寸、电路板

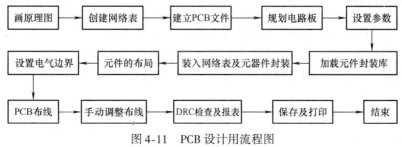

图 4-11 PCB 设计用流程图

的安装方式，在需要放置固定孔的地方放上合适的安装孔，以及在机械层上绘制 PCB 的物理边界，在禁止布线层上绘制 PCB 的电气轮廓等等。印刷电路板的大小、形状，一方面由电路决定，另外受设备外壳大小限制。

3）设置参数。Protel 99 SE 提供了多种参数，以创建便利和友好的工作环境。这里设置参数是指设置工作层面参数、PCB 编辑器的工作参数、元器件布局、PCB 布线参数等。

4）加载元器件封装库、装入网络表及元器件封装。PCB 文件信息，不像电路图那样是用手工绘制的，可由系统根据网络表自动生成的，系统装入网络表信息的同时，已加载了对应元器件的封装。

5）元器件的布局。元器件的布局常以每个功能电路的核心元器件为中心，围绕它来进行布局。元器件应均匀、整齐、紧凑地排列在 PCB 上，尽量减少和缩短各元器件之间的引线和连接。自动布局完成后，要对不符合要求或不尽人意之处，可以拖动元器件进行手工调整，便于以后进行布线。

6）PCB 布线。这是将 PCB 上的各个元器件用导线连接起来，包括手工布线、自动布线和手工调整三个过程。PCB 布线在保证电路性能要求的前提下，设计时力求走线合理，少用外接跨线，并按一定顺序走线，方位尽可能保持与原理图的相一致，尽量少拐弯，力求线条简单明了、直观，便于安装和检修。

7）手动调整布线。虽然 Protel 99 SE 提供自动布线的成功率几乎是 100%，但有些布线仍不太理想，需要手动调整，即对自动布线后的印制电路板中，元器件的位置、导线走向等进行修改，以优化设计效果，满足客户要求。

8）DRC（Design Rule Check）检查及报表。为了确保电路板图符合设计规则，以及所有的网络均已经正确连接，布线完毕后一定要做 PCB 设计规则检查，检查项目有安全间距检查、电路短路检查、没有连接的网络检查、孔径大小检查等，检查后再产生相关的报表，如：DRC 报表、元器件清单、网络表等。再根据检查结果进行处理。

9）保存及打印。将调整好的印刷电路板文件保存，以便于打印和使用。

注意：在自动布线时，先要在禁止布线层上，绘制 PCB 的电气轮廓线。

4.2.2　PCB 的设计规则

印制电路板提供了对各种电子元器件进行固定装配的支撑，提供了实现电气连接或电气绝缘所要求的电气特性。因此 PCB 设计工作任务比较复杂，PCB 设计的基本原则有电气连接的准确性、电路板的可测试性、可靠性和环境适应性、工艺性（可制造性）、经济性等。这里主要谈 PCB 布局、布线的原则。

1. 元器件布局原则

对电路的元器件进行布局时，要根据电路功能、电磁兼容性、信号传送等进行布局，元器件布置时，首先按一定的方式分组，如：单元电路功能、元器件队类型、信号传送等，把同组的元器件放在一起，不相容的器件要分开布置，以保证各元器件在空间上不相互干扰。通常可以参考以下原则：

1）按照电路的流程安排各个功能电路单元的位置，使布局便于信号流通，并使信号尽可能保持一致的方向。

2）以每个功能电路的核心元器件为中心，围绕它来进行布局。元器件应均匀、整齐、紧凑地排列在 PCB 上，尽量减少和缩短各元器件之间的引线和连接。

3）在高频下工作的电路，要考虑元器件之间的分布参数。一般电路应尽可能使元器件平行排列。这样不但美观，而且容易装焊，易于批量生产。

4）尽量缩短高频元器件之间的连线，减少他们的分布参数和相互之间的电磁干扰。容易受干扰的元器件不能靠得太近，输入、输出应尽量远离。

5）发热量大的器件应为散热片留出空间，甚至应将其装在整机的底版上，以利于散热。热敏元器件应远离发热元器件。

6）电路板的最佳形状为矩形，长宽比为 3∶2 或 4∶3。电路板尺寸大于 200mm × 150mm 时，应考虑电路板所受的机械强度。位于电路板边缘的元器件，离电路板边缘一般不小于 2mm。

2. PCB 的布线原则

各种电路板有着不同的结构与作用，通过印制板上的印制导线、焊盘及金属化过孔等，实现元器件引脚之间的电气连接。要设计出好的 PCB，必须按规则进行电路布线，通常 PCB 布线遵循的原则如下。

1）输入、输出端用的导线，应尽量避免近距离相邻和平行，相邻层之间最好采用"井"字形网状结构，要加地线，以免发生反馈耦合。

2）印制板导线的最小宽度，主要由导线与绝缘基板之间的黏附强度，以及流过它们的电流值决定。对于一般集成电路，尤其是数字电路，通常选 0.2~0.3mm 导线宽度。当然，只要允许还是尽可能用宽线，如电源线和地线。在同一 PCB 中，地线、电源线宽应大于信号线。

3）导线的最小间距，主要由最坏情况下的线间绝缘电阻和击穿电压决定。对于集成电路，尤其是数字电路，只要工艺允许，可使导线间距小至 0.5~0.8mm。

4）印制导线拐弯处，一般采取圆弧形或有较大的夹角，因直角在高频电路中会影响电气性能。

5）尽量避免使用大面积敷铜，否则长时间受热时，易发生铜箔膨胀和脱落现象。必须用大面积铜箔时，最好用栅格状，这样有利于排除铜箔与基板间黏合剂在受热产生的挥发性气体。

6）为了防止电磁干扰，数字地和模拟地应分开，并单独设置模拟地和数字地。

7）尽量选择抗静电等级高的元器件，抗静电能力差的敏感元器件应远离静电放电源。

还要注意实际电路的某些特殊要求，这样才能较好完成 PCB 设计。

【想一想】

1）简述 PCB 的设计流程。

2）PCB 的外形设计有哪些要求？

3）线宽的规则有哪些？

【做一做】

查阅有关 PCB 设计规范文件。要求：了解企业制作 PCB 规范。

4.2.3 协助设计 PCB

1. 建立 PCB 文件并设置参数

（1）建立 PCB 文件

建立一个 PCB 文件的方法有两种：自动、手动。自动方法是用系统提供的文件向导功能来做，手动方法是选择"文件"菜单命令的 New，出现 New Document 对话框，选择其中的 PCB Document 图标，单击 OK 按钮，或双击 PCB Document 图标，工作区中就出现了新建的 PCB 文件，名为"PCB1.PCB"。新建的 PCB 文件各项属性都是 Protel 99 SE 提供的默认设置，需要根据实际情况进行一些修改。如文件命名为"电动车用控制器.PCB"。

（2）设置板层及参数

1）进行板层的设置。PCB 文件中的层面很多，各种层面又要在不同的管理器中设置，具体如下：

① 设置信号层。在 Design 设计菜单中，选择 Layer Stack Manager 命令。在 Layer Stack Manager 对话框中，进行信号层、电源/接地层的添加、删除等操作。其中：

- Add Layer 按钮，可以添加信号层。
- Add Plane 按钮，可以添加电源、接地层。
- Delete 按钮，可以删除层面。
- Move Up 按钮，可以向上移动层面。
- Move Down 按钮，可以向下移动层面。
- Properties 按钮，可以设置层面的属性。

现制作的 PCB 为双层板，则不需再添加其他的板层，单击下面 OK 按钮以确定。

② 设置机械层。选择"设计"菜单命令的 Mechanical Layers，弹出机械层面管理器 Setup Mechanical Layers 对话框，要选择其他需要的层面时，单击各个工作层面的复选框，即可打开该工作层面，如：单击 Mechanical Layer l 复选框，可选择机械层 1。再单击已选层面的复选框，就关闭该层面。Visible 选项用来设置层面是否可见，打"√"的层面在窗口可以见。要选择四个层面，就在 Mechanical Layer4 前打"√"，单击 OK 确定。

③ 设置其他层面。选择"设计"菜单命令的 Options，打开文档设置对话框 Documet Options，选 Layers 标签，即为工作层面显示框，其中出现所有层面名称，如：信号层、电源层、机械层、防护层、阻焊层、丝印层、禁止布线层、多层。单击某一工作层面前的复选框，名称前方框内就有"√"，这表示可打开该工作层面，设置一层面后在窗口底下的标签栏中，就可以看到设置的层面标签。

④ 设置系统层面。在 Protel 99 SE 中提供了 6 个系统层面，在选择"设计"菜单命令的 Options 得到的工作层面显示框中，在需要的系统层面前打"√"，这里选择的层面：错误

层、连接层、焊盘、过孔显示层、可视栅格两个层面，如图 4-12 所示。完成板的层面设置后，单击 OK 按钮。

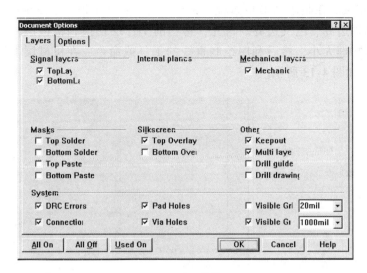

图 4-12　设置其他层面

2）设置 PCB 工作参数。PCB 工作参数有捕获栅格、元器件移动、电气栅格、计量单位等。用"设计"菜单命令的 Options，打开文档设置对话框 Documet Options，单击第二个标签 Options，在其选项卡中设置捕获栅格为 20mil，元器件移动为 20mil，电气栅格范围为 8mil，可视栅格样式为线状，计量单位为英制单位。其他用系统默认值，设置后单击 OK 按钮。

【想一想】

1）PCB 有哪些层面？各个层面的作用是什么？
2）PCB 工作参数有哪些？

【做一做】

任务 4-4　建立"电动车用控制器 . PCB"文件及参数设置。

要求：用两种方法建立 PCB 文件，并设置常用层面。设置捕获栅格为 10mil，元器件移动为 10mil，电气栅格范围为 5mil，可视栅格样式为线状，计量单位为英制单位。

2. 准备原理图、网络表

按照 4-10 图样完成电动车用控制器电路原理图之后，要进行 ERC 检查，以确保图样信息的准确。再生成网络表，这个由电路原理图生成的报表，包含了原理图中元器件信息、元器件之间的连线关系和元器件封装形式说明。用"设计"菜单命令的 Create Netlist，选择网络表的格式为 Protel，系统建立一个网络表文件，给出电路图中元器件信息及网络信息，这里也可以检查一下电路、元器件信息是否完整。

3. 规划电路板并设置参数

1）规划电路板。在制造 PCB 的过程中，重要的一步就是设置电路板的边界。PCB 中需要两种边界：物理边界、电气边界。首先，将当前工作层切换到机械层，按电路板设计要求，确定电路板物理大小，然后利用绘制直线的工具或命令，在机械层上绘制矩形，尺寸 100mm×60mm，如图 4-13 所示。

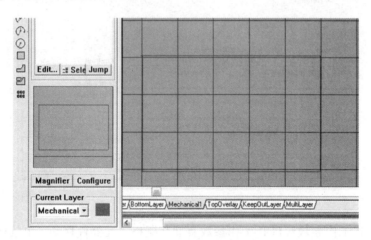

图 4-13 绘制 PCB 矩形边界

注意：绘制 PCB 的矩形边界时，可以查看窗口状态栏显示的坐标变化，以了解绘制线段的长度。也可以修改属性的坐标，调整线长。

再选工作区底部标签 Keep Out Layer，在禁止布线层上，用同样的方法绘制一个矩形框，作为 PCB 的电气轮廓，用来作为布局、布线的范围。如果是手工制板，这一步可以在元器件布局之后做，以使电路板边框的大小更合适。现在已经完成了对电路板的规划。

2）工作参数的设置。执行"工具"菜单命令的 Preferences，弹出 Preferences（PCB 工作参数设置）对话框，如图 4-14 所示。设置的参数有通用、显示、颜色、显/隐、默认、信号分析。

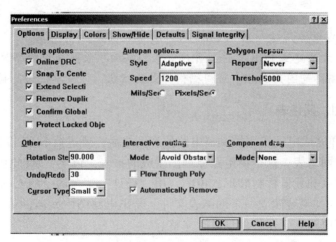

图 4-14 PCB 工作参数设置

选其中 Options 选项卡，来设置有关编辑、移动、填充、交互布线、其他等选项。选中 Online DRC 项，即执行 PCB 的在线检查功能。Snap To Center 、Extend Selection 等选项可以用系统默认。

4. 装入元器件库与网络表

1）加载元器件库。选择"设计"菜单命令的 Add | Remove Library，或单击窗口左边 PCB 浏览器中的 Add | Remove 按钮，将弹出 PCB Libraries（元器件库添加/删除）对话框，选中所需要的元器件库后，单击 Add 按钮，即可添加被选中的元器件库。双击元器件列表框中的元器件库文件，也可将其添加到选中文件列表中，再单击 OK 按钮，即装入了所选的元器件库。

2）装入网络表和元器件。在 PCB 编辑器中，装入所需的 PCB 元器件库后，便可以开始装入网络表和元器件了。方法有两种：加载网络表、同步更新。

用原理图的同步器（Synchronizer）装入网络表和元器件时，首先打开原理图文件，执行"设计"菜单命令的 Update PCB，弹出 PCB 文件列表框，选择其中 PCB 文件。单击 Apply 按钮，弹出 PCB 更新设置框，有连接类型、元器件设置、规则、分类四项。将网络连接方式选用为层次结构，元器件设置选为更新元器件封装、删除多余元器件，选中生成元器件类型，生成网络类型项。完成同步器设置后，单击 Execute 按钮。系统将开始自动生成 Netlist Macros（网络宏），并将其在对话框中列出，对新建的 PCB 文件，同步器开始扫描更新，也就是将原理图信息装入到 PCB，网络表被装入 PCB 文档后，所有元器件的封装将被自动放置在 PCB 的工作区，如图 4-15 所示。图线显示了所有元器件的连接信息（淡绿色的直线），并有一个矩形的 Room 区域，表示元器件的放置范围，可用删除命令删去阴影矩形。

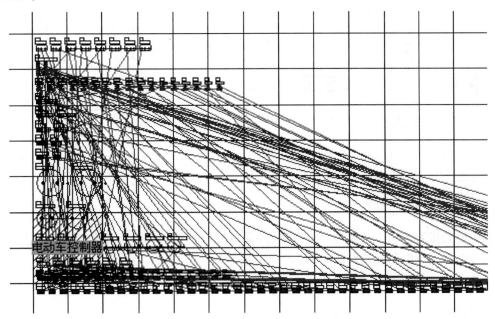

图 4-15　同步器更新 PCB

注意：在装入网络表前，先加载所需的元器件封装库，否则系统会找不到元器件。装入网络表时，如果出错就不要运行，应返回原理图修改，否则会丢失元器件或网络连接，不能实现 PCB 布线。

【想一想】

1）PCB 工作参数有哪些？
2）PCB 中如何加载元器件？

【做一做】

任务 4-5 规划"电动车用控制器.PCB"电路板并加载元器件。

要求：建立 PCB 文件，设置 PCB 边界为 100mm×56mm，加载电路网络表。

5. 元器件布局

装入网络表和元器件后，绘制电路板边界 100mm×60mm，便可以开始对元器件进行布局了。元器件的布局分自动布局和手工调整两种，通常会结合着使用。

自动布局是指在规划完电路板和装入网络表及元器件封装后，启用 PCB 编辑器的自动布局功能，其程序是根据网络表中的信息，自动地将元器件分布在电路板上。自动布局后一般效果不太理想，可以手工调整元器件。

在 PCB 中要将元器件排列整齐，可以用 6 个位置排列按钮来将元器件左对齐、中心对齐、右对齐及上、下对齐等。如对图 4-16 中的元器件进行排列时，先把元器件选中，元器件边框呈现白色，用右对齐按钮后，元器件以最右边元器件件为准向右对齐，排列就如图 4-17 所示。

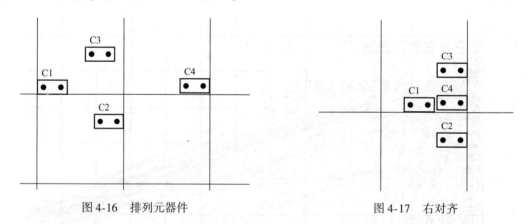

图 4-16　排列元器件　　　　　　　　图 4-17　右对齐

利用位置排列按钮，按照图 4-18 将一些元器件手工地移动到指定位置，并调整元器件的排列方向，完成电路元器件的布局。

注意：自动布局之前，通常要设置布局规则，还要画好 PCB 的电气边界。

6. 布线

1）布线的设置。在对电路板布线之前，先要进行规则设置，布线规则有 Clearance Con-

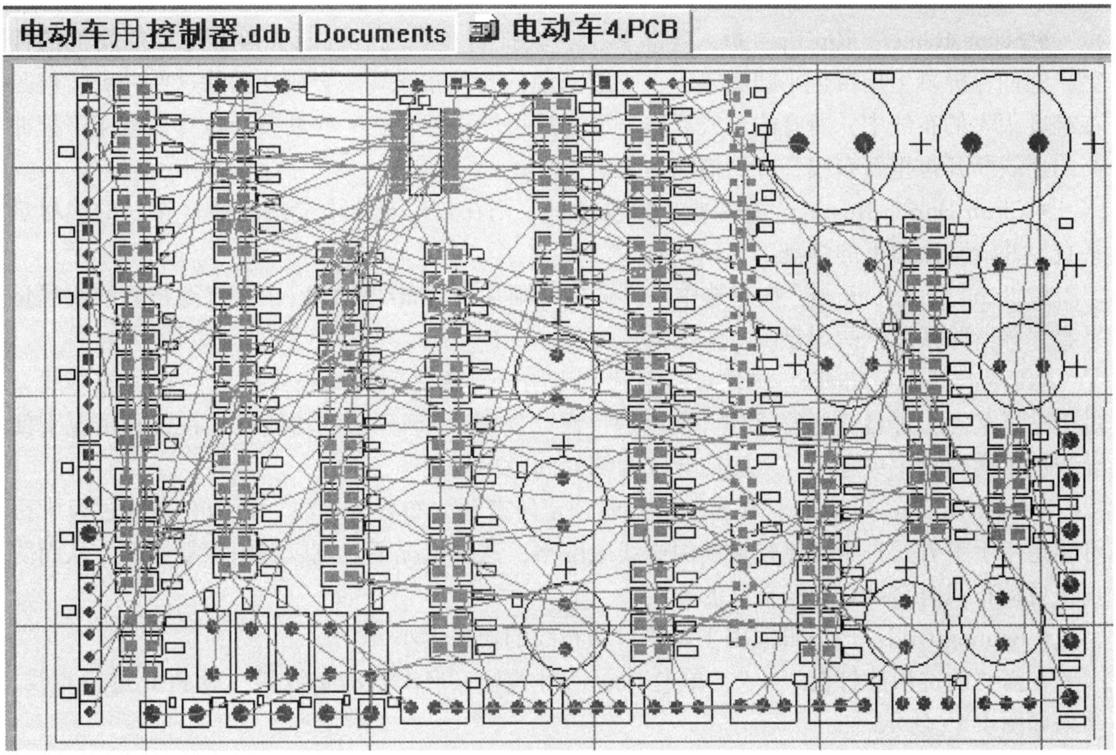

图 4-18　同步器更新 PCB

straint（安全间距）、Routing Conners（导线拐角）、Routing Layer（布线层面）、Width Con-
straint（布线宽度）等。

选择"设计"菜单命令的 Rules，在得到的设计对话框中，选择各个选项卡，可以完成
各类规则设置，其有三个按钮：Add 可以来增加新规则，Delete 是删除一条规则，Properties
用来修改规则。

例如，设置布线间距规则：在整板上不同网络的间距为 0.254mm。设置布线层面规则：
Top Layer 为 Horizontal、设置 Bottom Layer 为 Vertical。设置布线宽度时，将三个输入框 Mini-
mum width、Maximum width 和 Preferred 的线宽参数都设置为 0.762mm。

2）运行自动布线。在 PCB 文件中，用"自动布线"菜单命令的 All 可设置自动布线选
项，各项设置的含义如下。

● Memory：存储器算法，针对 PCB 上所有的存储器或类似存储器的网络。它是启发式
和探索式的，即使 PCB 上没有存储器件也应该开启该选项。

● Fan Out：表贴元器件辐射算法，主要用于从表贴元器件的焊盘辐射出过孔。使用这
一算法时是从每一个从表贴元器件的焊盘上布出一小段连线，并在连线末端放置一个过孔。
一般都应该开启这一算法。

● Pattern：模式算法，它集合了一系列不同的算法，每种算法对应于一种特殊的 PCB 元
器件布局模式，自动布线时总是应该使用它。

● Shape Router—Push And Shove：推挤算法，它是自动布线器常用的主要算法，它与常
用的推挤布线相比具有明显的优势，因为它按照对角线推挤，对把其他走线推开的距离没有

限制，而且可以穿过过孔和焊盘。

● Shape Router—Rip Up：拆线重布算法，在推挤布线之后可能会留下许多空间上的冲突，它们在屏幕上用黄色小圆圈表示，一般来说，各种布线算法会成功消除这些冲突，但是在难度很大的布线中，所有的布线算法完成之后可能仍然存在一些冲突，该算法就用于把冲突的连线断开再重新布线，直到消除冲突。

● Clean During Routing：如果选中该复选框，则在自动布线中会随时使得布好的线尽量平直，并清除残留下的焊盘。

● Clean After Routing：如果选中该复选框，则在自动布线完成后，会使得布好的线尽量平直，并清除残留下的焊盘。

● Evenly Space Tracks：均化布线空间，当两个焊盘之间有一条走线时，有可能导线会过于贴近某一个焊盘（尽管这样并没有违反设计规则），该算法的功能就是在这种情况下使导线位于两焊盘中央穿过，从而使导线两侧的间距尽量相等。

● Lock All Pre—Routes：在自动布线时锁定所有预先布好的连线。因为在布线过程中很可能是用手工方式先布好比较重要的连线或网络，这种情况下就可以选中该复选框，从而防止在自动布线时会破坏已经布好的连线。

● Routing Grid：该编辑框用于设置自动布线的栅格大小。

在需要的选项前打上"√"，单击 Route All 按钮，启动自动布线器，对 PCB 进行布线，结果如图 4-19 所示。

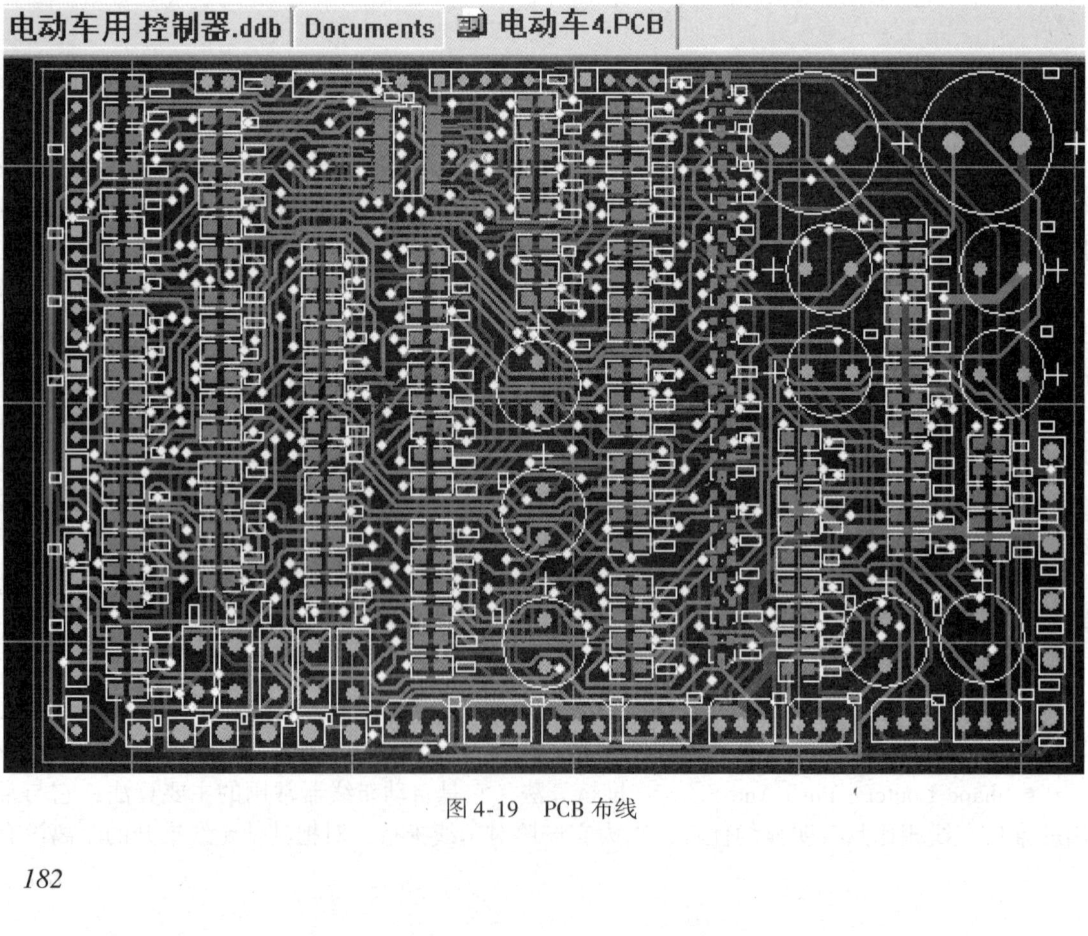

图 4-19　PCB 布线

注意：如果自动布线不能完成，则可手工布线方式继续完成，或 Undo 一次，不要用撤销全部布线功能，它会删除所有的预布线。

7. PCB 手工调整

PCB 布线结束后，可能存在一些令人不满意的地方，如有的结构不理想，有的缺少电路输入、输出端口，这些可以通过手工调整布线、调整元器件等，把电路板设计得尽量完美。

1）手工调整布线。要进行手工布线，首先要设置栅格的大小。通常按 < G > 键，打开快捷菜单，选择光标移动间距为 5mil。

在手工布线时，要拆除以前的布线，还要注意不断地改变层面，以免出现交叉线。在"工具"菜单中拆线有四个菜单命令，分别是：Tools | Un – Route | All、Tools | Un – Route | Net、Tools | Un – Route | Connection 和 Tools | Un – Route | Component。可根据需要调整情况，选择相应的菜单命令。在两个层面上布同一网络线时，系统会自动放置一个过孔。另外布线时，还可以按 < Shift + 空格 > 键改变走线的模式，也可以利用交互布线工具智能布线。

2）放置少量孤立焊盘。用于放置少量飞线、电源/地线或输入/输出信号线的连接盘，以及大功率元器件固定螺钉孔、印制板固定螺钉孔等。

3）接地线的加宽。通常为了确保电路的安全，要把电源线和地线加宽。可以在线框属性框设置，如图 4-20（左）所示，在左边可以对地线宽进行修改，线宽改为 50mil，再用整体属性编辑功能，修改其他相同地线网络。单击下面 Global 按钮，转化成 Local 按钮，在图 4-20（右）的 Copy Attributes 复制属性区域的 Width 选项上打上勾。修改后的布线如图 4-19 所示，其中地线网络都被加宽。

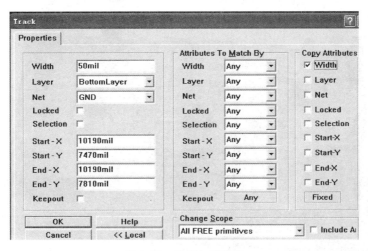

图 4-20　地线加宽设置

4）调整文字。如果要修改图中元器件标号、标注，在文字属性设置对话框进行。其 Height 框决定字符的大小，系统默认为 40mil，Width 框决定字符的线宽，默认值为 10mil，还有是字型、层面、角度、位置等。要修改图样中所有元器件的标注，可用元器件的整体属性编辑功能。

例如，将全部元器件标注字符的高度改为 50mil，宽度改为 8mil。

在如图4-21（左）所示的Height框中输入50mil，Width框中输入8mil。然后，单击下面Global按钮（该按钮被单击后就变成了Local按钮），打开元器件整体属性编辑框如图4-21（右）所示。在右边Copy Attributes复制属性区域的Height、Width选项上打上勾，单击OK确定。系统搜索要改变的字符，找到后给出修改框，单击Yes即可完成字符整体属性的修改。

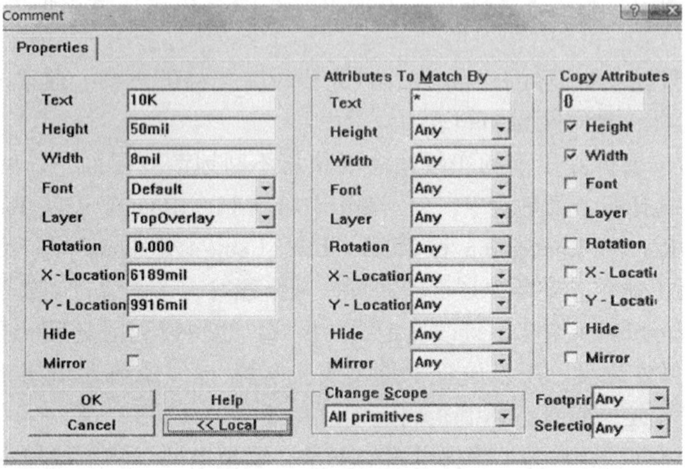

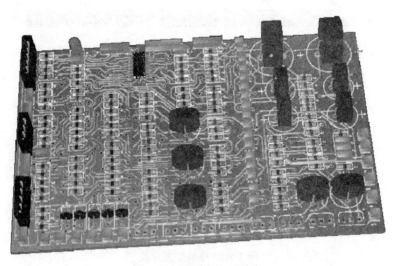

图4-21　整体属性编辑框

5）电路板的3D预览。用"视图"菜单命令的Board in 3D，可以对设计的电路板进行3D模拟，显示如图4-22所示，在其左边的小视窗中移动鼠标以查看其电路板，由此可以观察元器件布局、电路连线是否合理。

图4-22　电路板3D预览

【想一想】

1）PCB的布线规则有哪些？

2）如何设置布线安全间距？

【做一做】

任务4-6 进行 PCB 的布局、布线。

要求：加载网络表来放置元器件后，按图4-18进行布局，再按图4-19进行布线。

8. DRC 检查及 PCB 报表

PCB 布线设计完成后，需要检查 PCB 是否符合设计规则，同时也需确认所制定的规则是否符合印制板生产工艺的需求，一般工艺上对电路板检查有如下几个方面：

① 线与线、线与元器件焊盘之间的距离是否合理，是否满足生产要求。对一些不理想的线形进行修改。

② 电源线和地线的宽度是否合适，电源与地线之间是否耦合，在 PCB 中是否还有能让地线加宽的地方。模拟电路和数字电路部分是否有各自独立的地线。

③ 对于关键的信号线是否采取了最佳措施，如：长度最短，加保护线，输入线及输出线被明显地分开。当然，有些电路板还有特殊的要求。

1）DRC 检查的规则设置。DRC 检查是 PCB 的设计规则检查（Design Rule Check），单击"工具"菜单的 Design Rule Check，其 Report 选项有下面4个。

① Routing Rules 区域：用于设置一般性的检查规则包括 Clearance Constraints（安全间距检查），Max/Min Width Constraints（导线宽度检查），Short Circuit Constraints（电路的短路检查），Un‐Flouted Net Constraints（没有连接的网络）等。

② Manufacturing Rules 区域：用于设置与制作电路板有关的检查规则，包括 Minimun Annular Ring（圆环宽度检查），Acute Angle（尖角检查），孔径大小检查等。

③ High Speed Rules 区域：用于对那些高频规则进行检查。包括 Parallel Segment Constraints（平行布线检查），Max/Min Length Constraints（网络长度检查）等。

④ Options 区域：进行系统设置。其中，Create Report File 项，即在规则检查完毕生成 DRC 检查报告；Create Violations 项，在电路板里检查出违反规则的地方，用高亮度绿色表示出来；Sub‐Net Details 项，对设置的子网络一起检查；Internal Plane Warm 项，用于电源的检查；Stop where 项，设置停止检查的次数。

2）执行设计的检查。在完成了上面的设置后，单击 Rvn DRC 按钮，系统立即自动执行设计的检查功能。如果还选择了 Create Report 选项，系统在进行检查后，将自动产生一个检查结果报告，后缀为 .DRC。例如，对 PCB 检查后报表如图4-23所示。其中列出的检查项目有短路、断开网络、间距、线宽、孔径的检查。如果报告中有错误，要作出处理，直到完全正确为止。

3）生成 PCB 的报表。用"报告"菜单的命令生成报表，还有设计层次表、网络状态表、信号分析表等，可以根据需要进行选用。至此 PCB 的设计就完成了。

9. PCB 保存及输出

为了设计出好的电子产品，需要对所做的 PCB 进行很多次检查、修改、编辑。最后将调整好的印刷电路板文件保存，便于后面打印输出。

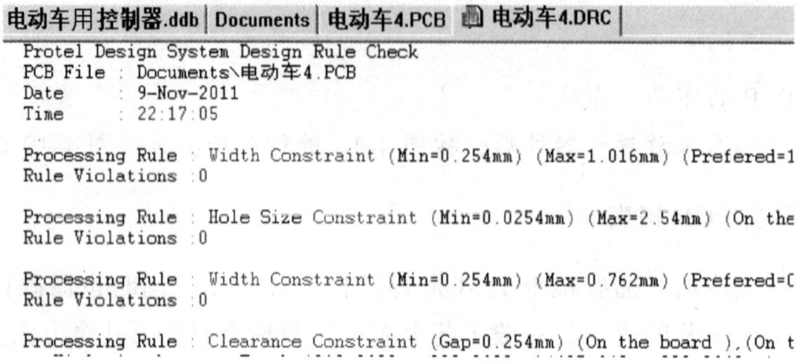

```
电动车用控制器.ddb | Documents | 电动车4.PCB | 电动车4.DRC |
Protel Design System Design Rule Check
PCB File : Documents\电动车4.PCB
Date     : 9-Nov-2011
Time     : 22:17:05

Processing Rule : Width Constraint (Min=0.254mm) (Max=1.016mm) (Prefered=1
Rule Violations :0

Processing Rule : Hole Size Constraint (Min=0.0254mm) (Max=2.54mm) (On the
Rule Violations :0

Processing Rule : Width Constraint (Min=0.254mm) (Max=0.762mm) (Prefered=0
Rule Violations :0

Processing Rule : Clearance Constraint (Gap=0.254mm) (On the board ),(On t
```

图 4-23   DRC 检查报表

【想一想】

1) PCB 的 DRC 检查规则有哪些?

2) 如何生成 PCB 元器件清单报表?

【做一做】

任务4-7   完成电动自行车用控制器的 PCB 设计 (6 管、12 管两选一)。

要求：按照图 4-19，完成电动车用控制器的 PCB 设计。布线规则：一般导线宽为 20mil，电源、地线宽为 40mil。对 PCB 进行 DRC 检查并修改，生成相关报表。

项目5 结构件设计

学习目标：

1）熟悉产品设计文件规范。
2）熟悉有关的国家或行业标准。
3）熟悉引出线和插接件的要求。
4）熟悉结构件、原材料、外构件。

任务目标：

1）会设计并绘制目标产品的零件图、部件图和总装配图的图样。
2）会编制部件图、总装配图的明细表。

模块 5.1　设计文件规范

1. 整机技术文件介绍

技术文件是产品研究、设计、试制与生产实践经验积累所形成的一种技术资料，也是产品生产和使用、维修的基本依据。技术文件分为设计文件、工艺文件和研究试验文件等，它们是整机产品生产过程的理论依据。

（1）技术文件的应用领域

电子设备技术文件按工作性质和要求的不同，形成了专业制造和普通应用两类不同的应用领域。

1）专业制造是指专门从事电子设备规模生产的领域，其技术文件具有生产的法律效力，必须执行统一的标准，实行严格的管理，生产部门完全按图样进行工作，技术部门分工明确，各司其职。一张图样一旦通过审核签署，便不能随便更改，即使发现错误，操作者也不能擅自改动。技术文件的完备性、权威性和一致性得以体现。

2）普通应用则是一个极为广泛的领域，它泛指除专业制造以外所有应用电子技术的领域（如技术交流、技术说明、专业教学、技术培训等），其技术文件始终是一个不断完善的过程，技术文件的管理具有很大随意性和灵活性，文件的编号、图样的格式很难正规和统一。

（2）技术文件的特点和作用

产品技术文件是企业组织生产和实验管理的法规，因而对它有严格的要求。

1）标准严格。电子产品种类繁多，但其表达方式和管理办法必须通用，即其技术文件必须标准化。标准化是确保产品质量、实现科学管理、提高经济效益的基础，是信息传递、交流的纽带，是产品进入国际市场的重要保证。我国电子行业的标准目前分为三级，即国家标准（GB）、专业（部）标准（ZB）和企业标准。

产品技术文件要全面、严格地执行国家标准，要用规范的"工程语言（包括各种图形、符号、记号、表达形式）"描述电子产品的设计内容和设计思想，指导生产过程。电子产品文件标准是依据国家有关的标准制定的，如电气制图应符合国家标准 GB/T 6988.1—2008《电气技术用文件的编制　第 1 部分：规则》的有关规定，电气简图用图形符号标准应符合国家标准 GB/T 4728. × 的有关规定，电气设备用图形符号应符合国家标准 GB/T 5465. × 的有关规定等。

2）格式严谨。按照国家标准，工程技术图具有严谨的格式，包括图样编号、图幅、图栏、图幅分区等，其中图幅、图栏等采用与机械图兼容的格式，便于技术文件存档和成册。

3）管理规范。产品技术文件由技术管理部门进行管理，涉及文件的审核、签署、更改、保密等方面都由企业规章制度约束和规范。技术文件中涉及核心技术的资料，特别是工艺文件，它是一个企业的技术资产，对技术文件进行管理和不同级别的保密是企业自我保护的必要措施。

2. 设计文件

设计文件是记录设计信息的媒体。它是产品研究、设计、试制与生产实践经验积累所形成的技术资料，为组织生产和使用产品提供基本依据。

（1）对设计文件的基本要求

1）设计文件应全面表述产品的软/硬件组成、型式、结构、接口、原理等设计信息，以及在制造、验收、使用、维护和修理时所必需的技术数据和说明。

2）编制设计文件时，应根据产品的复杂程度、继承程度、生产批量、组织生产的方式以及试制与生产等特点确定其内容和组成。在满足组织生产和使用要求的前提下，按照少而精的原则编制设计文件。

3）产品设计文件应准确、清晰，设计文件之间应协调。设计文件的编制应符合相关的标准。

4）用不同媒体记录同一产品设计文件时应对其标识相同的设计文件的编号和更改标记，其记载的技术内容应一致。

5）产品设计文件应给出编号。编号的方法见 SJ/T 207.4—1999。

6）当需要说明软件文件的版次时，应在其编号后加一斜线和版次序号。版次序号由中间以脚点隔开的两组数字组成，脚点前数字表示版本修订序号，脚点后数字表示同一版本修改序号。例如：× ×2.403.003CX 表示某实时操作系统程序的原版；× ×2.403.003CX/0.1 表示某实时操作系统程序原版本的第一次修改；× ×2.403.003CX/2.1 表示某实时操作系统程序第二次修订版本的第一次修改（即第三版本的第一次修改）。

（2）设计文件的分类

1）按表达形式分类。设计文件按表达形式可分为图样、简图、文字内容和表格形式四种。

① 图样是按比例描述零件或组件的形状、尺寸等的图示形式。图样是以投影关系为主绘制的图，是用于说明产品加工和装配要求的设计文件。

② 简图是以图形符号为主绘制的图，是用于说明产品电气装配连接、各种原理和其他示意性内容的设计文件。

③ 文字内容设计文件是以文字为主，用以说明产品技术要求、检验要求及使用方法等的设计文件。

④ 表格形式设计文件是以表格的形式说明产品的组成情况、相互关系等的设计文件。

2）按生成的过程和使用特征分类。

① 手工编制的设计文件有草图、原图、底图和复制图四种。

● 草图是设计产品时所绘制的原始图，是供生产和设计部门使用的一种临时性的设计文件。草图也可用徒手方式绘制。

● 原图是供描绘底图用的设计文件。

● 底图是经过有关人员签署并作为唯一凭证的设计图样。

● 复制图是以底图为依据所复制或显现的设计文件。

② 计算机编制的设计文件。是指采用计算机技术编制的设计文件。用以规定产品的组成、型式、结构尺寸、工作原理，及在制造、调试、验收、使用、维修、贮存和运输时所必需的设计信息，也是组织生产和使用产品的基本依据。用计算机编制的设计文件分初始设计文件、基准设计文件、工作设计文件三种。

初始设计文件是未经审查的用计算机编制的设计文件。基准设计文件是经签署作为唯一凭证的用计算机编制的设计文件。工作设计文件是用基准设计文件直接生成供生产、管理使用的设计文件。

3）按记录信息的媒体分类。

① 非纸质设计文件有磁盘（软盘、硬盘）、光盘、磁带等；

② 纸质设计文件有硫酸底图样、晒图样、印刷纸、打印纸、照相纸及复印纸等。

4）按产品研制阶段分类。按产品研制阶段分有试制设计文件、设计定型设计文件和生产定型设计文件三种。

（3）设计文件的成套性

1）产品基本设计文件。是指能代表该产品的设计文件。各级产品的基本设计文件包括如下内容：零件（7、8级）——零件图；部件（5、6级）——装配图或媒体程序图；整件（2、3、4级）——明细表（MX）；成套设备/成套软件（1级）——明细表（MX）。

2）产品设计文件的成套性。是指以产品为对象所编制的设计文件的总和。它是产品设计试制完成后，应具备的设计文件。对软件而言是指从软件开发、生产、测试到维护等全过程。

电子设备产品设计文件的成套性见表5-1。

表5-1 电子设备产品设计文件的成套性

序号	文件名称	文件简号	产品		产品的组成部分		
			成套设备（1级）	整机（2、3、4级）	整件（2、3、4级）	部件（5、6级）	零件（7、8级）
1	产品标准	—	●	●	—	—	—
2	零件图	—	—	—	—	—	●
3	装配图	—	—	●	●	●	—
4	媒体程序图	—	—	—	■	■	—

序号	文件名称	文件简号	产品		产品的组成部分		
			成套设备 （1级）	整机 （2、3、4级）	整件 （2、3、4级）	部件 （5、6级）	零件 （7、8级）
5	外形图	WX	—	○	○	○	○
6	安装图	AZ	○	○	—	—	—
7	总布置图	BL	○	—	—	—	—
8	概略图（框图）	FL	○	○	○	—	—
9	信息处理流程图	XL	—	—	□	—	—
10	电路图	DL	—	○	○	—	—
11	接线图	JL	—	○	○	○	—
12	线缆连接图	LL	○	○	—	—	—
13	机械传动图	CL	○	○	○	—	—
14	其他图	T	○	○	○	○	—
15	程序	CX	—	—	■	—	—
16	软件规范文本	RB	—	—	□	—	—
17	技术条件	JT	—	—	○	○	○
18	技术说明书	JS	●	●	○	—	—
19	使用说明书	SS	○	○	—	—	—
20	软件生产操作说明	CS	—	—	□	□	—
21	说明	S	○	○	○	○	—
22	表格	B	○	○	○	○	—
23	明细表	MX	●	●	●■	—	—
24	整件汇总表	ZH	○	○	—	—	—
25	备附件及工具汇总表	BH	○	○	—	—	—
26	成套运用文件清单	YQ	○	○	—	—	—
27	其他文件	W	○	○	○	○	—

注：1. 表中"●""■"分别表示硬件、软件必须编制的文件；"○""□"分别表示硬件、软件应根据产品生产和使用的需要而编制的文件；"—"表示不需编制的文件。

2. 表中"其他图（T）""说明（S）""表格（B）"和"其他文件（W）"四个文件简号的右方，允许加数字作序号，并应从本身开始算起，例如：S、S1、S2 等。

3. 必要时，可在程序（CX）文件简号后，加脚点和后缀，后缀由企业自定。

4. 在表的"产品的组成部分"中，当零件需要绘制外形图时，则不应绘制零件图。

5. 产品较简单时，可只编制使用说明书，而不编制技术说明书。

模块 5.2　引出线及接插件

　　电动自行车用控制器电路部分包括电路板、导线束、接插件及辅助物品（如包裹胶带和波纹管等），GB/T 26846—2011 对电动自行车用控制器的引出线及接插件做出了如下规定：

（1）材料与结构

1）接插器材料为 PA66，也可选择耐温大于 120℃ 的其他材料。

2）主回路引出线采用 F46 阻燃高温线，也可选择耐温大于 200℃的阻燃高温线；控制回路引出线采用 RV－90 阻燃线，也可选择耐温大于 90℃的阻燃线。

3）导线截面积、单丝直径等关系见表 5-2。经供需双方同意，其他绞合结构也可以采用。

表 5-2　导线截面积、单丝直径等关系

截面积/mm^2		0.2	0.3	0.4	0.5	0.75	1.0	1.2	1.5	2.0	2.5
单丝直径/mm		0.15	0.15	0.15	0.20	0.20	0.20	0.20	0.20	0.20	0.25
标称绝缘厚度/mm	薄壁	0.28	0.28	0.28	0.28	0.30	0.30	0.30	0.30	0.35	0.35
	超薄壁	0.20	0.20	0.20	0.20	0.20	0.20	—	—	—	—
最小绝缘厚度/mm	薄壁	0.22	0.22	0.22	0.22	0.24	0.24	0.24	0.24	0.28	0.35
	超薄壁	0.16	0.16	0.16	0.16	0.16	0.16	—	—	—	—
最大导体直流电阻（20℃）/（mΩ/m）		符合 JB/T 8139—1999 的规定									
峰值载流量/A		7	7	8.5	9.5	12.5	15	17	19	22	26

注：截面积为 1.2mm^2 铜芯导体的最大导体直流电阻为 15.5mΩ/m。

4）接点应符合的要求。

插接件与导线连接采用压接时，在插接件的导线压接处和绝缘压接处之间应能看见导线的绝缘层和线芯。导线的线芯应从插接件的导线压接处伸出，但不能影响插接件连接；所有线芯在导线压接处被包住，线芯不应被切断，如图 5-1 所示。插接件应固定住导线的绝缘层而不被损坏，其横断面应符合 GB/T 26846—2011 附录 A 的要求。

（2）插拔力

单线片式插接件和单线柱式插接件的插拔力应符合 QC/T 417.2—2001 中的相应规定。

（3）拉脱力

拉脱力应不小于表 5-3 的规定（多根导线与单个插接件端子压接时，每根导线应分别符合表 5-3 的规定）。拉脱力与导线标称截面、插接件材料厚度的关系见表 5-3。

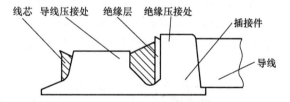

图 5-1　导线与插接件的压接连接

表 5-3　拉脱力与导线标称截面、插接件材料厚度的关系

导线标称截面/mm^2	插接件材料厚度/mm	最小拉脱力/N
0.2		40
0.3	0.25 ~ 0.4	50
0.4		60
0.5		70
0.75	0.25 ~ 0.5	90
1.0		115
1.5	0.35 ~ 0.5	155
2.0		195
2.5	0.4 ~ 0.6	235

注：插接件材料厚度为推荐使用厚度。

（4）电动自行车用直流电动机的引出线及接插件

1）引出线。电动机引出线应有套管，电动机轴出线部位应具有必要的引出线保护措施。

2）引出线颜色。电动自行车用无刷直流电动机的引出线相线颜色为：黄色（A）、绿色（B）、蓝色（C）。

电动自行车用无刷直流电动机引出线中霍尔信号线颜色为：红色（正）、黑色（负）、黄色（A）、绿色（B）、蓝色（C）。

3）相线引出线插头型式可参见 DJ221-4A 插头（厚度 $T=0.4\text{mm}$），如图 5-2 所示。霍尔引出线端子接插器的型式可参见 DJ7061A-2.8-11 接插器，如图 5-3 所示，引出线相线颜色位置如图 5-4 所示。

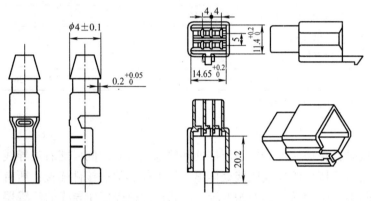

图 5-2 DJ221-4A 插头   图 5-3 DJ7061A-2.8-11 接插器   图 5-4 引出线相线颜色位置图

（5）电动自行车用控制器引出线及接插件

1）电源线。控制器的电源引出线端子接插器的型式可参见 DJ7031-6.3-21 接插器，如图 5-5 所示；电源线颜色位置如图 5-6 所示。

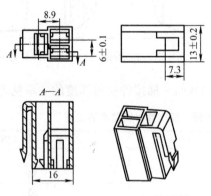

图 5-5 DJ7031-6.3-21 接插器

图 5-6 电源线颜色位置图

2）相线。控制器的相线引出线插座型式可参见 DJ221-4A 插座（厚度 $T=0.4\text{mm}$），如图 5-7 所示。A 相为黄色，B 相为绿色，C 相为蓝色。

3）霍尔信号线。控制器的霍尔信号线的引出线端子接插器的型式可参见 DJ7061A-2.8-21 接插器，如图 5-8 所示。霍尔信号线颜色为：红色（正）黑色（负）、黄色（A）、绿色（B）、蓝色（C）。

4）控制器的调速转把和断电刹车引出线。其接插器的型式可参见 DJ7041A‑2.8‑11 接插器，如图 5-9 所示。+5V 调速电源线为红色，调速地线为黑色，调速信号线为蓝/白双色，断电刹车信号线为黄/绿双色，对应引出线颜色位置如图 5-10 所示。

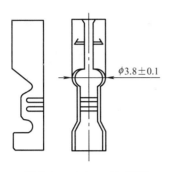

图 5-7　DJ221‑4A 插座

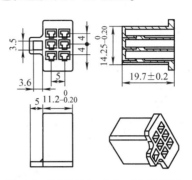

图 5-8　DJ7061A‑2.8‑21 接插器

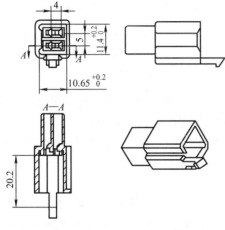

图 5-9　DJ7041A‑2.8‑11 接插器

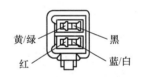

图 5-10　引出线颜色位置图

5）速度信号输出线。控制器速度信号（相线信号）输出的引出线端头型式可参见 DJ221‑4A 插头，如图 5-1 所示；速度信号线为绿/白双色。

6）助力信号线。控制器的助力信号线接插器可参见 SM‑Y 接插器，如图 5-11 和表 5-4 所示。+5V 电源线为红色，地线为黑色，助力信号线为棕色，对应引出线颜色位置如图 5-12 所示。

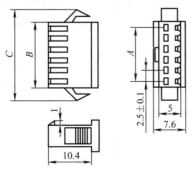

图 5-11　SM‑Y 接插器

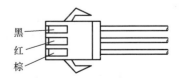

图 5-12　引出线颜色位置图

表 5-4 助力信号线芯数、编号和尺寸

芯数	编号	A	B	C	芯数	编号	A	B	C
2	SM－2Y	2.5	5.5	10.5	5	SM－5Y	10.0	13.0	19.0
3	SM－3Y	5.0	8.0	14.0	6	SM－6Y	12.5	15.5	21.5
4	SM－4Y	7.5	10.5	16.5	7	SM－7Y	15.0	18.0	24.0

如其他功能引出线和接插器的使用，其颜色和接插器型式应区别于已规定的规格。其要求见 GB/T 26846—2011。

另外，电路设计还应注意以下问题：

1）电路的载流量与导线截面积的匹配。

可依据汽车电工手册，参照表 5-5。

表 5-5 导线瞬间载流量

截面积/mm²	0.3	0.4	0.5	0.75	1	1.5	2	2.5
直径/(根/mm)	16/0.15	23/0.15	28/0.15	32/0.20	42/0.20	48/0.20	64/0.20	77/0.20
载流量/A	7	8.5	9.5	12.5	15	19	22	26

在设计电路时首先要清楚电动车电气系统的正常工作电流及最大工作电流，然后从相应表中选取对应的标称截面积及线材，确保满足使用要求和线路安全。

电动自行车线束内的导线具有不同截面积，不同截面积的导线允许通过的电流值各不相同。控制系统主供线（控制器电源输入线、电动机用线）多用 1.5mm² 以上导线；控制系统信号线束（刹车断电线束、霍尔转把线束、助力线束、无刷直流电动机信号线束等）多用 0.5mm² 以上导线。

2）电路布局。

电路设计的合理与否还取决于电路的布局是否合理。一般来讲，电路布局应遵循以下原则：

① 不应有电线裸露在外面，特别避免将主线束扎卡在整车的最低部位（可通过）。

② GB 17761—1999 中已明确规定了电路中接插件及接头的抗拉脱力必须达到 10N（用 10N 的拉力给电路中接头处在不同方向上施力，无松脱现象则判合格，反之则判为不合格）。在电路设计中应该尽量减少接线头或焊点，同时还应保证其牢固度和抗拉脱能力。电路的设计应达到标准中规定的防雨及绝缘电阻不小于 2MΩ 的标准要求，同时布线时避免使导线经常处于受力状态。

③ 设计参数与选材应该达到标准参数值 K_g 的 1.1～1.3 倍，设计选材的标准应符合或近似于汽车主线的设计要求及选材标准，以此来提高电路的载流量的安全系数，同时也是为提高产品的整体质量，降低主线故障率。

④ 对无刷信号线屏蔽技术的应用（应对无刷直流电动机信号线、控制系统信号电路进行屏蔽）。

模块 5.3 结 构 件

电动自行车用控制器的结构件由外壳（铝壳）、前后端（挡）板、密封垫、防水硅胶塞、铝条等组成，如图 5-13 所示。

（1）外壳

外壳采用铝合金建筑型材，符合 GB 5237.1—2008 的基材 6063A，6063A 铝合金广泛用于建筑、家具、车辆、机电、家电器材的型材，挤压性能良好，是可挤压截面形状的薄壁型材，耐蚀性高，表面处理性能良好。外壳通常采用梳型结构，有利于电子元器件的散热，如图 5-14 所示。

图 5-13 电动自行车用控制器的结构件

图 5-14 电动自行车用控制器外壳

标记按名称、合金牌号、供应状态和标准号的顺序表示。用 6063A 铝合金制造的，供应状态为 T5 的外壳用铝型材，标记为：

外壳 铝合金 6063A – T5 GB 5237.1—2008。

（2）铝条

控制器铝条（6 管）材质为铝合金 6063A – T5；规格为 92mm×16mm×4mm，如图 5-15 所示。

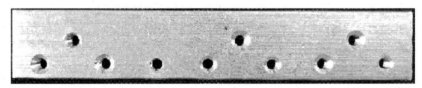
图 5-15 电动自行车用控制器铝条

（3）前后端（挡）板

外壳可配铁质挡板，材料为 Q235A（GB/T 701—2008）；也可配塑料挡板。

（4）密封垫和防水硅胶塞（橡胶出线圈）

密封垫和防水硅胶塞起密封、防水、缓冲等作用。材质为硅橡胶，硬度为 50HRC，颜色可任意选择，质量符合 SGS 认证。

模块 5.4 原 材 料

（1）绝缘贴片

绝缘贴片要表面平整，无异物，贴面应有胶均匀分布，黏合力良好，每片之间切割整齐且取时方便操作。

（2）导热片

导热片厚度一定要薄，0.7×10^{-2}mm 左右。可选取聚酰亚胺薄膜，该膜具有优良的耐高低温性、电气绝缘性、耐溶剂性、耐原子辐射性，能在 $-269℃ \sim +450℃$ 的温度范围内长期使用。市场上颜色为黄色透明状的较薄，导热性较好，如图 5-16 所示。

（3）热缩套管

热缩套管如图5-17所示。通常用于易生热的电线及铜线等的绝缘保证；亦使用于要求美观的排线。要求：

1）材质：符合美国 UL224 要求，耐温为 125℃，耐压为 600V，耐燃为 VW-1 即可，以及符合于 CSA 的 C22NO1981 标准中的 OFT 等级（一般套管表面印上 UL/CSA 符号）；

2）外观：检查产品标示之安全规范编号与收缩规格是否与承诺书相符，本体黑色；

3）收缩系数：PE 热缩套管圆内径收缩率应为 50%，收缩壁厚约增加 2.1 倍，管长收缩为 5%～10%；

4）绝缘测试：在 AC 2500V 的介电耐压下最少 60s 无击穿、电弧现象。

图5-16　聚酰亚胺薄膜

图5-17　热缩套管

（4）导热硅脂

电动车用控制器中导热硅脂的选取取决于导热硅脂的性能参数，导热硅脂作为一种化学物质，有着一些反映自身特性的相关性能参数。了解这些参数的含义，大致上可以判断一款导热硅脂产品的性能高低。

1）导热系数。导热硅脂的导热系数在 1～6W/(m·K) 之间，数值越大，表明该材料的热传递速度越快，导热性能越好。但是与铜、铝这些金属材料相比，导热硅脂的导热系数只有它们的 1/100 左右，换而言之，在整个散热系统中，硅脂层其实是散热瓶颈之所在。

2）热阻系数。导热硅脂的热阻系数在 0.005～0.1℃/W 之间，热阻显然是越低越好，热阻的大小与导热硅脂所采用的材料有很大的关系。

3）黏度。对于导热硅脂来说，黏度在 250Pa·s 左右，具有很好的平铺性，容易地在一定压力下平铺到芯片表面四周，而且保证一定的黏滞性，不至于在挤压后多余的硅脂会流动。

4）工作温度范围。导热硅脂的工作温度一般在 -50～180℃。工作温度是确保导热硅脂处于固态或液态的一个重要参数，温度过高，导热硅脂流体体积膨胀，黏度下降；温度降低，流体体积缩小，黏度上升，这两种情况都不利于散热。

5）介电常数。普通导热硅脂所采用的都是绝缘性较好的材料，空气的介电常数约为 1，常见导热硅脂的介电常数约为 5。

6）油离度。油离度是指产品在 200℃ 下保持 24h 后硅油析出量，是评价产品耐热性和稳定性的指标。

导热硅脂是一种高导热和绝缘的有机硅材料，几乎永远不固化，可在 -50～+230℃ 的温度下长期保持使用时的脂膏状态。既具有优异的电绝缘性，又有优异的导热性，同时具有低油离度（趋向于零），耐高低温、耐水、耐臭氧、耐气候老化。广泛涂覆于各种电子产品和电器设备中发热体（功率管、晶闸管、电热堆等）与散热设施（散热片、散热条、壳体等）之间的接触面，起传热媒介作用，具有防潮、防尘、防腐蚀、防振等性能。

模块 5.5 外 购 件

（1）绝缘粒

绝缘粒（螺钉绝缘外套）用于紧固螺钉并与发热组件金属片的绝缘，与散热垫片配合使用，选用规格 TO－220（普通型），如图 5-18 所示。技术要求如下。

1）材质：不可太软，以手轻按绝缘不变形为宜；

2）安全规范要求：UL94V－0；

3）没有毛边、裂痕、缺口、缩水不良等；

4）整形温度：≥200℃；

5）绝缘耐压：AC3.0kV/0.5mA/1min；

6）试穿：能顺利穿入晶体孔内。

（2）控制器线束密封专用防水胶

控制器线束密封专用防水胶可选用 HY－618 有机硅黏接密封胶，如图 5-19 所示。HY－618 是一种流动型的单组分室温固化有机硅黏接密封胶，与一般有机硅胶比，具有更好的耐温性、耐水性、耐酸性、密封性，以及更优的黏接强度（20Pa·s），可黏合的材料类型有玻璃、电子元器件、塑料类、橡胶类、金属类、其他材质、陶瓷、其他。

图 5-18 绝缘粒

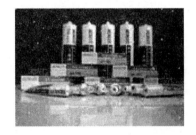

图 5-19 HY－618 有机硅黏接密封胶

（3）束线带

束线带主要用于导线的束扎。其技术要求如下。

1）材质：不可太硬，软硬程度以实际束线易束为准，拉开不应断裂，束线应紧固，防火等级 94V－2；

2）外观：颜色应均匀且为白色，线齿咬合应紧密；

3）操作使用：束线带圈径应大于束线圈径，毛边不应影响束线插入，束紧后带体剩余长度不小于 10mm 为宜；

4）适用温度：－40 ~ +85℃。

（4）螺钉

控制器组装用紧固螺钉可选用十字槽盘头螺钉 GB/T 818—2016，表面镀锌（D·Zn9）。

【做一做】

工作任务 5-1　设计并绘制电动自行车用控制器的产品图样。

要求：

1) 控制器匹配 48V/350W 无刷直流电动机和容量 20Ah 的蓄电池；
2) 采用机械制图 Auto CAD 软件绘制图样；
3) 绘制零件图、部件安装图和产品总装配图图样，图样要有名称和图号；
4) 具有部件安装图、总装配图各自对应的明细表。

项目6　产品装接与性能试验

电动自行车用控制器生产流程图，如图 6-1 所示。从图中可知，电动自行车用控制器的生产制造大致可分成产品装接和性能试验两部分。

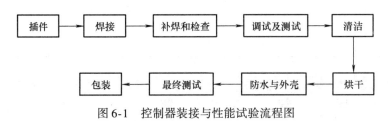

图 6-1　控制器装接与性能试验流程图

模块 6.1　产品装接

学习目标：

1) 熟悉电子产品装接工艺流程。
2) 掌握电路原材料、元器件装接的方法。

任务目标：

1) 会领取及检查电路的原材料、元器件。
2) 会装接电子产品印制电路板。

6.1.1　控制器装接所需原材料、元器件及要求

控制器的品质核心在于采购的原材料和加工工艺。原材料的采购要遵循定厂、定牌，不要随意更改。如必需更改，需经严格测试合格后方能使用。

1. 组装所需原材料

（1）PCB

PCB 的选择是一个很重要的关键点，它是关系着成品控制器合格与否的一个核心。对 PCB 材的选择要求严格，半成品贴片板的贴片工艺要精良，在组装之前要对 PCB 进行严格的测试。

1) CY8C24533 一键通修复方案中 6 管插件图及相应接口功能说明如图 6-2 所示。

注意：电解电容有黑边的一边为"负"脚，另一边（方形焊盘）为"正"脚。

① 电源接口部分。

D＋：强电正极。　　　　　　　　　　D－：强电负极，报警器的电源负极。

DMS：电门锁线、防盗 48V。　　　　H5：电动机霍尔线 5V 电源。

Z5：转把电源。　　　　　　　　　　5V：1∶1助力电源。

② 其他功能性接口。

P2：巡航。　　　　　　　　　　　　FD：防盗信号。

H：高电平刹车。　　　　　　　　　L：低电平刹车。

SD：转把信号。　　　　　　　　　　XZ：低速挡。

YBM：仪表线。　　　　　　　　　　1∶1：一键通修复按钮。

XS：限速。　　　　　　　　　　　　CZ：高速指示。

ZZ：中速指示。　　　　　　　　　　SS：高速挡。

YY：一键通语音。　　　　　　　　　DZ：低速指示。

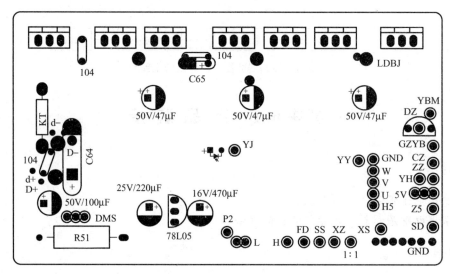

图6-2　控制器的元器件安装图

2）直插器件清单。电动自行车用控制器直插器件见表6-1。

表6-1　控制器直插器件清单

控制器电压/V	36	48	60/64	说明	特征
R51	270Ω/3W	330Ω/3W	330Ω/3W＋220Ω/3W（串联）	功率电阻	
C64	63V/1000μF	63V/1000μF	80V/1000μF	电解电容	高频、低阻抗
C65	63V/220μF	63V/220μF	80V/220μF	电解电容	

3）直插器件使用时的注意要点。

① 104电容为100V耐压，CBB材质。

② C64（1000μF）电解电容，必须用软胶加固（一般采用703胶）。

③ 建议C65电解电容也用软胶加固。

④ 3个50V/47μF电容，建议放倒后安装，直插方式容易损坏。

⑤ 78L05稳压管优先考虑AS78L05/CJ78L05。

（2）MOSFET管

MOSFET管的主要参数为：耐压、内阻、100℃时的电流。这些参数可通过MOSFET管测试仪器来检测，主要是分析同一批 MOSFET 管参数的一致性。建议使用的 MOSFET 管有 ST 的 75NF75（限流要在 20A 以下）、AOT430（限流要在 17A 以下）、4145（限流要在 17A 以下）。

（3）元器件

元器件的参数配置，它有耐压、容量、温度以及损耗角等要求，不要擅自更换和使用其他品牌和型号的插件元器件。

（4）康铜丝

要求其阻抗约为 272mΩ/m，500W 电动机的控制器需要焊两根（直径为 1.5mm，每根长度约为 2.5cm）时（长度为焊接后贴片这一面露出部分的长度），控制器工作电流约为 (27 ± 1)A。对于 350W 和 250W 电动机的控制器只焊一根，长度约为 2.0cm 左右，工作在 48V 时电流一般为 18～16A，36V 供电时则为 14A。

（5）铝壳、螺钉、绝缘粒、亚胺膜和导热硅脂

铝壳选择时首先要了解其材料的成分比例，确认是否是回收铝。其次要知道铝壳的加工工艺，铝条的平直度、表面粗糙度、成分铝的占有比例。检查铝壳、前后端挡板、铝条组装后的相互配合程度。

螺钉的选取要注意其硬度，硬度要高，最好使用带垫片的不锈钢螺钉。

绝缘粒应具备耐高温特性，其耐温不得低于 200℃。导热片其厚度一定要薄，0.7×10^{-2}mm 左右。亚胺薄膜市场上颜色为黄色透明状的较薄，导热性较好。

导热硅脂的要求：导热性好，在受 150℃ 高温时，导热硅脂仍保持原有现状，不能固化。

（6）线束

控制器中的线束线径有以下几种，如图 6-3 所示。

1）大电流（14～18A）通过的导线要采用截面积为 2.0mm²/u24038X 左右的导线（按 10A/mm² 的电流计算）。500W 电动机的控制器要用截面积为 2.5mm²/u20197X 以上的导线。通过大电流的导线有电动机三相线和电源的正负极线，要求为耐高温的阻燃线，温度需要大于 100℃。在生产企业中普遍采用线径为 φ2.0mm 的国标标准导线，500W 电动机的普遍采用 φ2.5mm 的国标标准导线。

图 6-3　控制器线束

2）弱电流通过的导线在控制器中分为两种：

① 转把、刹车、功能类的线束可使用 0.5mm²/u12290X 的导线，在生产企业中一般采用 φ0.5mm 线径的导线。

② 电门锁线采用截面积为 0.8mm²/u12290X 的导线，在生产企业中一般采用 φ0.8mm 的导线。

目前各厂家均采用端子机来将端子和线束进行连接，考虑到电流和恶劣的工作环境，冲压好的端子所能承受的拉力要求如下：

- 0.3mm²/u30340X 线，拉力大于 3kg；
- 0.5mm²/u30340X 线，拉力大于 6kg；
- 0.8mm²/u30340X 线，拉力大于 8kg；

- 1.5mm²/u30340X 线，拉力大于 155N；
- 2.5mm²/u30340X 线，拉力大于 235N。

所用的金属端子要求如下：

- 厚度不小于 0.4mm.；
- 材质建议选用磷铜；
- 绝缘漆。对上绝缘漆的工作条件要求很高，如漆的稀释比例和容器的清洁等问题。在漆的选材上建议使用三防漆（防潮、防静电、防腐），喷漆时要注意漆的浓度，不宜过浓或过稀。MOSFET 管部位不要喷漆，以免影响其散热。

2. 场地要求

1）操作台和场地要干净整洁。

2）要有良好的通风性。

3）人员和场地要有防静电措施。

4）烙铁使用要求：

① 温度要求：(360 ± 20)℃$(35W)$，(380 ± 20)℃$(50W)$。

② 测试仪器：烙铁温度测试仪。

③ 焊接线束时采用 35W 的烙铁较为适宜，焊接康铜时采用 50W 的烙铁较为适宜。

④ 烙铁漏电处理：将烙铁的外表金属部分用 2.5mm² 的导线与漏电保护的接地相连，用万用表交流挡测烙铁与漏地保护地线之间的电压，应小于 3V，最佳状态为 0V。烙铁的金属部分和漏电保护地线之间的电阻应小于 4Ω。

⑤ 烙铁要采用内热式。

6.1.2 控制器组装工艺及流程

1. 准备工作

1）领料；

2）测试待加工的 PCB；

3）MOSFET 管安装及其操作：选定待装的铝条，确定其正反面，在装 MOSFET 管的那一面涂上导热硅脂，导热硅脂的厚度要求 0.03mm 左右，且要均匀，如图 6-4 所示。涂好后铺上亚胺膜，如图 6-5 所示。在亚胺膜和 MOSFET 管接触的一面也要涂上导热硅脂，厚度为 0.03mm 左右，如图 6-6 所示。

图 6-4　涂上导热硅脂的铝条

图 6-5　铺上亚胺膜的铝条

图 6-6　涂上导热硅脂的铝条（与 MOSFET 管接触的一面）

将 MOSFET 管和 LM317 用电动螺钉刀安装到铝条上，或者插在图 6-6 的模具上（其厚度为 1cm 左右，孔径为 MOSFET 管引脚的最大宽度），然后将整体放于图 6-4 中的铝条上，逐个将 MOSFET 管安装到铝条上，让螺钉与铝条保持（90±2）°，不要让螺钉来回晃动以免损坏亚胺膜，同时要拧紧螺钉。注意固定螺钉时扭力的一致性。对安装好 MOSFET 管的铝条要进行绝缘测试，这种测试有两种方法供参考：

① 将 MOSFET 管装到铝条上但未安装在 PCB 上之前。

测试工具采用绝缘电阻表，测试方法是黑表笔夹住铝条，红表笔逐个放在 MOSFET 管中间的那个引脚上进行测量，如图 6-7 所示。

② 调试好但未装铝壳之前或装好铝壳后。

图 6-7　测量绝缘电阻

测试工具采用绝缘电阻表，测试方法是黑表笔夹住铝条（未装铝壳之前）或铝壳的一个边角（装好铝壳），红表笔依次放在电源正极线和负极线上进行测量。

2. 焊接

线束要采用手工焊接，电源正负极线和电动机三相线每点的焊接时间约为 1.5s 左右，其余线为 1s 左右，焊接时要注意线的根部不要有铜线露出。

（1）准备工作

1）检查元器件有无领错。

2）准备好待加工的 PCB、按贴片板上的标识将插件、元器件（包括场效应管）相应地插在 PCB 上，注意元器件的极性。

（2）焊接顺序

元器件装焊顺序依次为：电阻器、电容器、二极管、晶体管、集成电路、大功率管，其他元器件先小后大。

（3）对元器件焊接要求

1）电阻器焊接。将电阻器按图准确装入规定位置。要求标记向上，字向一致。装完同一种规格的电阻器后再装另一种规格，尽量使电阻器的高低一致。

2）电容器焊接。将电容器按图装入规定位置，并注意有极性电容器其 " + " 与 " - " 极不能接错，电容器上的标记方向要可见。先装玻璃釉电容器、有机介质电容器、瓷介电容器，最后装电解电容器。

3）二极管焊接。二极管焊接要注意以下几点：

① 注意阳极、阴极的极性，不能装错；

② 型号标记要可见；

③ 焊接立式二极管时，对最短引线焊接时间不能超过2s。

4）晶体管焊接。注意e、b、c三引线位置要插接正确；焊接时间尽可能短，焊接时用镊子夹住引线脚，以便散热。焊接大功率晶体管时，最好加装散热片。

5）集成电路焊接。首先按图样要求，检查型号、引脚位置是否符合要求。焊接时先焊边沿的两只引脚，以使其定位，然后再从左到右、自上而下逐个焊接。

6）拆焊。拆焊是将原焊点上的焊料熔化，使元器件与电路板分离，取出元器件的过程。拆焊要比焊接困难，拆卸不当，容易将元器件或电路板损坏。常用吸锡电烙铁拆焊。

（4）补焊和检查

检查板子上有无漏焊、虚焊、搭锡，并进行补焊和修改。

（5）剪脚

剪脚时所剩引脚高度为（1.5±0.5）mm（包括焊点在内总体剩余高度）。

3. 大面积镗锡

由于PCB上的铜片通过大电流的能力有限，在设计PCB时，在需要通过大电流的地方设计了大面积镗锡的地方。镗锡时要做到焊锡均匀，镗锡的截面积不得小于2.0mm²，在镗锡时要与镀金丝配合焊接在板子上，不得只镗锡，由于镀金丝的吸附力，锡液化后不掉锡。焊接效果如图6-8所示。

图6-8 焊接效果图

【做一做】

工作任务6-1 装接48V/350W电动自行车用控制器印制电路板

要求：

1）自带装接工具，自备已加工的PCB。

2）领取并检查电路原材料、元器件，装接准确。

模块6.2 性能试验

学习目标：

1）熟悉电子产品的主要技术参数。

2）熟悉电子产品的测试方法与内容。

3）熟悉电子产品的路试测试方法与内容。

任务目标：

1）会测试电子产品的技术性能指标。

2）会记录和分析测试数据。

3）会撰写测试报告。

4）会记录路试的测试状况。

6.2.1　控制器主要技术参数

控制器主要技术参数如下：

1）起动方式：手柄控制起动快慢，控制灵活；

2）标准电动模式：霍尔电子无级调速系统，调速范围 0～100%，1.2V～4.3V；

3）工作电压：DC 31V～44V/DC 41V～60V；

4）欠电压保护：DC 31.5V±0.5V/DC 41V±0.5V（可根据用户要求设定）；

5）限流电流：18A（平均值），最大脉冲电流≤45A（可根据用户要求设定）；

6）额定功耗：<2W，关电门低功耗时<1W；

7）额定功率：≤400W；

8）限速功能：最高车速可达 35～45km/h（根据电动机而定），行驶速度的限速控制在 20km/h 以内；

9）倒车功能：将倒车选择线（THR）对地短接，倒车信号有效，待电动机速度为 0 时，实现倒车功能；倒车选择线高电平时倒车信号无效，待电动机速度为 0 时，实现正常运行方向；

10）巡航模式：具有自动巡航和手动巡航两种功能可选；

11）刹车：柔性 EABS + 机械的刹车系统；

12）防飞车功能：开电门时检测转把，转把电压小于 0.7V，LED 显示转把错误，若转把电压大于 1.4V 则进入防飞车程序，待转把电压小于 1.4V 进入正常模式，解决了无刷控制器由于转把或电路故障引起的飞车现象，提高了系统的安全性；

13）助力功能：骑车者脚踏助力器时，给出相应比例的助动力，实现了在骑行中辅以动力，让骑行者感觉更轻松（1:1～1:3，可选）；

14）堵转、过电流保护功能：自动判断电动机在过流时是处于纯堵转状态，还是在运行状态或电动机短路状态，如过电流时是处于运行状态，控制器将限流值设定在固定值，以保持整车的驱动能力；如电动机处于纯堵转状态，则控制器 2s 后将电动机断电，起到保护电动机和电池作用，节省电能；如电动机处于短路状态，控制器将电动机断电并接好电路，以确保控制器及电池安全。

15）自检保护功能：控制器对闸把、转把、巡航、霍尔传感器、电动机等外部接口进行实时自检，以确保控制器正常工作。

6.2.2　控制器的检验和调试

（1）控制器的检验

控制器的检验项目和方法见表 6-2。

表 6-2 控制器检验项目和方法

物料检验标准书——控制器					核准：
					审核：
					起承者：

编号		版次	生效日期		修改日期		管理单位	品保部

检查标准	品质标准	型式检查	一般检查	入厂检查	样本容量 n	合格判定数 c	检查方法
外观	1-1 控制器表面应色泽均匀，无明显飞边、划伤、裂纹和凹陷，引出线完整无损	√		√	10	0	目视
	1-2 控制器装配应连接牢固，没有松动现象，引出线应焊接牢固	√		√	10	0	目视
	1-3 接插件应焊接牢固，不允许有虚焊现象，不得有虚接现象	√		√	10	0	目视
	1-4 商标印记类不允许出现印字不良、错位、色差、图文模糊及其他缺陷	√		√	10	0	目视
尺寸	2-1 尺寸依据 BOM 及图面	√		√	5	0	卷尺
	2-2 引出线规格符合 BOM 要求	√		√	5	0	卷尺
性能	3-1 引出线接插件拉脱力大于 20N	√		√	2	0	推拉力计
	3-2 控制器带负载能力（在电动机额定输出定子电流 2 倍的情况下应能正常工作 3min）	√		√	2	0	测功机
	3-3 控制器应能对电动机进行无级调速	√		√	2	0	测功机
	3-4 电压下降到额定电压的 87%，控制器应使电动机断电不工作	√		√	2	0	测功机
	3-5 控制器电流超过额定值时，控制器应能自动限流，限流值应不大于电动机额定电流 2.5 倍	√		√	2	0	测功机
	3-6 控制器产生刹车断电动作时，应自动切断电动机电源	√		√	2	0	测功机
	3-7 控制器导电部分对地之间，在恒定湿热条件下，绝缘电阻应大于 0.5MΩ	√	√		2	0	绝缘电阻表
	3-8 当环境温度达到（40±2）℃时，相对湿度为 90%~95% 时，控制器应持续正常工作 2h	√	√		2	0	恒温箱
	3-9 离地高度为 1m，自由摔落在水泥地面上，任何功能和性能不得缺失	√	√		2	0	测功机
	3-11 控制器功耗应不大于电动机额定功率 5%	√		√	2	0	测功机
	3-12 控制器空载电流小于 1.0A	√		√	2	0	电流表
	3-13 控制器与外壳的绝缘电阻应大于 20MΩ	√		√	2	0	绝缘电阻表

（2）控制器的调试

1）调试设备。控制器调试时所需基本的设备有：直流电源、电动机（带负载装置）、转把。电动机测试的安装示意图如图6-9所示。

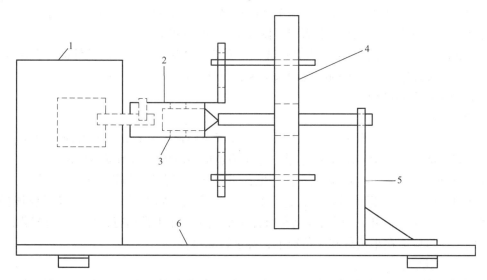

图6-9　电动机测试的安装示意图

1—测功机　2—连接器　3—轴承　4—电动机　5—支架　6—工作台

2）调试项目。调试有四大必测项目：电流、欠电压、刹车断电、功能。

3）控制器的电流及测试。

① 静态电流：控制器上电，外接线插上，而且处于未给电动机输入信号的情况下，电源电门锁的电流（用万用表的直流200mA挡，串联在电源和控制器电门锁之间即可）。

350W电动机控制器的静态电流：只插电源时有静态电流为（23±2）mA；插上电源、霍尔线和转把信号线（转把无信号输出）时，静态电流在（30～40）mA；运转时最大静态电流要小于等于70mA。

500W电动机控制器的静态电流：只插电源时有静态电流为（30±2）mA；插上电源、霍尔线和转把（转把无信号输出）时静态电流在（45～50）mA；运转时最大静态电流要小于等于85mA。

② 最大空载电流：电动机不加任何负载，且正常转速为最大时的电流，一般在800mA～1.6A。

③ 运行电流：电动自行车在平坦的路上以最高速度运行，且保持一定时间的电流为运行电流，它和整车的自身车重、负载量、电源及电动机有关。

④ 限流：控制器上电，并与电动机正确连接，转动转把，使电动机处于最大转速状态，且转速正常，这时给电动机外加负载（加载时应注意加载速度不要过急，以免引起电流准确率低、一致性差），直至电动机停下，这过程中出现的最大电流为控制的限流。

⑤ 堵转电流：控制器上电，并与电动机正确连接，堵死电动机，迅速转动转把至最大，这时出现的最大电流为堵转电流。

4）欠电压：电动机处于转速最大状态，缓慢调低控制器的输入电压（43V向下降时，每降0.1V停1s），直至电动机停止转动时的电压。

5）刹车：刹车后控制器必须断电，无输出。

6）功能及测试。电动自行车的力矩1：1助力、EABS、巡航、充电等都归属于附加功能。

输入1：1助力信号，它是通过传感器输入信号给单片机，单片机检测到信号后输出信号来驱动电动机，让电动机工作。对这个功能检测，可自行制作一个架子，模拟电动自行车上的脚踏，将力矩传感器固定在上面即可做成1：1助力测试系统。

对EABS、巡航、充电等这些功能测试，只要满足这些功能工作的条件即可实现。

上述测试过程中，将发现的问题记录下来，以便改进。

（3）控制器在测试台上测试

1）运行测试。

① 在不同车型上，小转把前进与倒车时，车子不应该停和抖动、声音应该柔和。

② 在不同车型上，迅速拉转把起动，车子力道应该较大、起动噪声应该很小。

③ 在不同车型上，迅速拉转把、松转把，不应该听到有"打嗝"声音。

④ 在不同车型上，运动过程中，进行高、低电平刹车和电子刹车时，车子应该慢慢停下（测试时转把不要松开），再去掉刹车时，车子应该立即正常运行，应该没有异常声音。

这四个项目应该在小负载和大负载下，都进行测试。

2）堵转测试。

① 转把拉到最大，负载慢慢加大，电流应该由小变大再变小，最后应该堵转停下。

② 负载直接加到最大，迅速拉转把，车子在小抖动、低转速运行时，应该进入堵转保护。

3）防盗测试。

① 车子在运行过程中，按下遥控器，车子不能停下，应该正常运行，没有异常声音。

② 车子停下，按下遥控器，应该进入防盗。

4）倒车测试。

① 车子在前进过程中，按下倒车键，车子不能倒车，应该正常前进；车子在倒车过程中，声音应该柔和，松开倒车键，车子不能前进，应该正常倒车。

② 在倒车过程中，不能出现力矩1：1助力，不能出现巡航功能。

5）三速功能测试。车子在运行过程中，三种速度应该能自由切换。即能进行低速→中速→高速和高速→中速→低速自由切换。

6）助力测试。各种控制器都应该有助力功能。

7）自动、手动巡航测试。

① 手动巡航测试：车子在运行过程中，按下手动巡航按钮再松开，车子进入巡航，应该通过高、低电平刹车，或者再次按下手动巡航按钮，或者转把回零再将转把升高都可以解除巡航。

② 自动巡航测试：开机前，将巡航线对地短路，转把不动保持8s，车子进入巡航。应该通过高、低电平刹车，或者转把回零再将转把升高都可以解除巡航。

③ 巡航时，不能倒车，不能防盗。

8）EABS电子刹车测试。在测试台上，空载最高速度下运行，进行电子刹车，反充电电压不应超过55V，电动机应该在转3圈之内停下。

9）反充电指示功能测试。车子在高速运行下，突然松开转把或者刹车，反充电指示灯应该亮。

10）转把测试。先将转把拉到最大，然后再打开电源，最后再松开转把，不应该听到异常声音。

11）相短路保护测试。控制器在接近限流值运行，将相线短路，然后再拉转把，试验若干次，控制器应该不坏。

12）温度。

① 大电流（接近限流值）运行，记录稳定运行时间，停止工作时的温度。

② 不同电容值时，重复步骤①，并进行系统综合运行性能评价。

13）同步整流。对于6、9、12管，限流为17.5A、22A、33A时，同步整流应该出现在14A、16A、24A左右。

控制器测试台测试记录表见表6-3。

表6-3 控制器测试台测试记录表

测试日期：_____　　　　程序类型：_____　　　　测试人：_____

1. 电源电压	电源电压		
	欠电压、恢复电压指标		
2. 缺相运行测试			
3. 限流值/堵转值（记录三次读数）	正转	54V（　　）	
		48V（　　）	
		44V（　　）	
	倒车		
4. 倒车功能	前进中不能倒车，倒车中不能前进，不能巡航（Y/N）		
5. 刹车功能	5.1 刹车方式(注意长时间刹车测试后能否恢复)	普通刹车	
		电子刹车	
	5.2 刹车反充电电压	V	
6. 1∶1助力			
7. 巡航功能	7.1 自动巡航		
	7.2 手动巡航		
8. 巡航指示			
9. 电动机抱死测试	有抱死与无抱死两种情况都测		
10. 反充电指示			
11. 相短路保护测试	大、小电流情况下都测20次		
12. 防盗测试	运动中防盗（　　）、静态防盗（　　）、零功耗防盗（　　）		
13. 倒车状态电刹			
14. 三速功能	14.1 三速占空比		
	14.2 速度切换方式	拨挡　　　　循环	
	14.3 限流/堵转值	高速（　　）	
		中速（　　）	
		低速（　　）	

（4）清洁与烘干

控制器焊接、调试、测试都完成后接下来的就是做清洁工作，焊接、补焊、大面积镀锡时会在电路板上留下多余的助焊剂和受长时间高温而被氧化的锡渣，这些杂质对控制器的正常工作和使用寿命有很大的影响，电路板焊接和镀锡及调试过后必须进行清洁处理。其方法是：采用洗板水和防静电刷对焊接面进行刷洗，刷洗好的电路板应采用烘箱进行烘干，待水分完全被烘干后方可拿出作业。

烘箱工作条件：温度设定为80℃，烘干时保证通风良好。

（5）防湿、防潮处理

在清洁好的 FET 上喷涂防水漆，喷漆时喷到电路板上的漆不要太厚，要均匀地喷在 PCB 的两面，MOSFET 管上不得有喷漆。喷好漆后要放在通风处晾干，待晾干后装铝壳。注意：喷漆前要保证板面处于干燥状态。

（6）外壳安装与防水处理

1）外壳安装。装壳前先将后端挡板装到铝壳上，将铝条和壳体相接触的那一面涂上导热硅脂，再将控制器装在壳体中，并拧上铝壳侧面的三个螺钉，查看铝条和壳体是否连接紧密无缝隙，最后拧上前端挡板的螺钉。注意：所有的螺钉一定要拧紧。

2）防水处理。外部防水有两种方法：

① 前、后端挡板采用防水垫，包括出线部位，如图 6-10a 所示。

② 无防水垫的要在铝壳端口涂上防水胶，再上端挡板，这样也可以起到一定的防水作用。涂防水胶时应注意均匀，不要有断断续续的。出线部位要采用出线垫圈，出线垫圈涂上防水胶，效果会更好，如图 6-10b 所示。

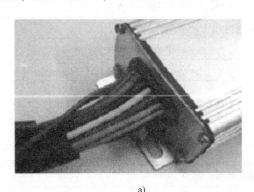 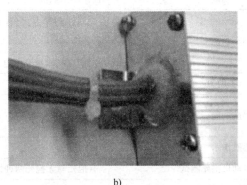

a)   b)

图 6-10　控制器外部防水的两种方法

a）前、后端挡板和出线部位采用防水垫　b）铝壳端口涂上防水胶，再上端挡板

（7）成品测试

将安装好的控制器进行最后的检测，检测项目为：待机功耗、功能、强化测试。

对控制器做堵转和 EABS 刹车各 20 次。以上测试过后，再做成品控制器温度测试。温箱的温度要控制在 60℃，将控制器放置在温箱中，让电动机处于工作状态，给电动机加负载，控制器的输出电流要比此控制器最大限流小 1A。检测控制器内温度从 60℃上升到 120℃时的时间，合格时间应大于 12min。

6.2.3 控制器路试测试

（1）运行测试

1）在不同车型上，小转把前进与倒车时，车子不应该停和抖动、声音应该柔和。

2）在不同车型上，迅速拉转把起动，车子力道应该较大、起动噪声应该很小。

3）在不同车型上，迅速拉、松转把，不应该听到有"打嗝"声音。

4）在不同车型上，运动过程中，进行高、低电平刹车和电子刹车时，车子应该慢慢停下（测试时，转把不要松开），再去掉刹车时候，车子应该立即正常运行，且没有异常声音。

5）在不同车型上，坡道底部、坡道中间拉转把，看车子能否启动爬坡，如果爬不上去，应该进入堵转保护。主要是测试其力道和堵转保护是否做好。

（2）堵转测试

1）车子顶到墙上，应该堵转停下，拉转把若干次，看控制器能堵转多少次。

2）在坡道中间，进行堵转测试，车子小抖动、低转速运行时，应该进入堵转保护。

（3）后退测试

1）在平路上，车子后退时拉转把，看控制器多少次能烧掉，能否进入堵转保护而停下。

2）在坡道上，车子后退时拉转把，看控制器多少次能烧掉，能否进入堵转保护而停下。

（4）防盗测试

1）车子在运行过程中，按下遥控器，车子不能停下，应该正常运行，没有异常声音。

2）车子停下，按下遥控器，应该进入防盗。

（5）倒车测试

1）车子在前进运行过程中，按下倒车键，车子不能倒车，应该正常前进；车子在倒车过程中，声音应该柔和，松开倒车键，车子不能前进，应该正常倒车。

2）在倒车过程中，不能出现力矩1：1助力，不能出现巡航功能。

（6）三速功能测试

车子在运行过程中，三种速度应该能自由切换。即能进行低速→中速→高速和高速→中速→低速自由切换。

（7）助力测试

各种控制器应该有助力功能。

（8）自动、手动巡航测试

1）手动巡航测试：车子在运行过程中，按下手动巡航按钮再松开，车子进入巡航，应该通过高、低电平刹车，或者再次按下手动巡航按钮，或者转把回零再将转把升高都可以解除巡航。

2）自动巡航测试：开机前，将巡航线对地短路，转把不动保持8s，车子进入巡航。

3）应该通过高、低电平刹车，或者转把回零再将转把升高来解除巡航。

4）巡航时，不能倒车，不能防盗。

（9）EABS电子刹车测试

1）最高速度下运行，进行电子刹车，车子应该很快停下，会明显听到车子有充电声音。

2）测试轻载、重载时最高转速下的 EABS 刹车与普通刹车的刹车时间、刹车距离。

3）高速下坡时，接近坡底时按下刹车键，测试反充电电压。

（10）反充电指示功能测试

车子在高速运行下，突然松开转把或者刹车，反充电指示灯应该亮。

（11）温度

长时间大电流运行时的温度，一个人骑（正常骑行）时的温度，以及极限测试时候的温度性能。

长时间极限运行，焊锡流干，电阻掉出，电容鼓起来，但 MOSFET 管子不应该坏，MOSFET 管子坏即为不正常。

【做一做】

工作任务 6-2 测试电动自行车用控制器

要求：

1）在测试台上测试 48V/350W 电动自行车用无刷直流电动机控制器；

2）记录试验数据；

3）写出试验报告。

工作任务 6-3 路试测试电动自行车用控制器

要求：

1）路试测试 48V/350W 电动自行车用无刷直流电动机控制器；

2）记录路试测试状况。

项目 7   设计文件的标准化检查和归档管理

模块 7.1   设计文件的标准化检查

学习目标：

1）熟悉设计文件和设计文件更改通知单的标准化检查的内容和程序。

2）熟悉提交设计文件标准化检查的基础标准和有关规定。

工作任务：

1）会设计文件的标准化检查内容。

2）掌握 SJ/T 10151—1991 所规定的电子产品设计文件（简称设计文件）和设计文件更改通知单的标准化检查的内容和程序。

7.1.1   设计文件标准化检查的目的

设计文件标准化检查的目的是促进在产品设计中贯彻现行各级标准及有关规定，保证设计文件的编制和标准贯彻的正确性，提高设计质量和经济效益。通过标准化检查可以达到：

1）最大限度地采用典型电路、典型结构以及标准件、通用件，使所设计的产品具有较高的标准化程度；

2）合理选用已规定的结构要素，如螺纹、锥度、标准尺寸、表面粗糙度和结构件的其他要素；

3）压缩外购件和材料的品种和规格；

4）监督强制性标准在本产品中的贯彻，并掌握在产品设计中贯彻现行各级标准中的情况，为各级标准的修订、制定积累资料。

标准化检查的任务是检查设计文件应正确地贯彻现行各级标准及有关规定，提出并纠正不符合各级标准及有关规定的缺陷、差错，有效地实施对设计文件编制质量的技术监督。

标准化检查是设计文件编制完成后，向企业技术档案部门移交前的重要环节，未经标准化检查员进行最后检查阶段签署的设计文件，不得归档。

设计文件的标准化检查应由企业标准化部门的专职标准化人员负责进行。产品在研制过程中，有关方案论证、设计评审、产品定型等技术活动必须有专职标准化人员参加。设计人员与标准化检查员对设计文件中贯彻现行各级标准及有关规定均负有责任，设计人员应贯彻各级标准，配合标准化检查员的工作。

7.1.2   设计文件标准化检查的内容

提交标准化检查的设计文件应符合现行各级标准（表7-1）和有关规定，设计文件标准化检查的内容具体如下。

表 7-1 主要标准清单

序号	标准类别	标准编号	标准名称
1	设计文件的管理部分	GB/T 131—2006	产品几何技术规范（GPS）技术产品文件中表面结构的表示法
		GB/T 192～193，196～197—2003	普通螺纹
		GB/T 1031—2009	产品几何技术规范（GPS）表面结构 轮廓法 表面粗糙度参数及其数值
		GB/T 1182—2008	产品几何技术规范（GPS）几何公差 形状、方向、位置和跳动公差标注
		GB/T 1184—1996	形状和位置公差 未注公差值
		GB/T 1800.1～1800.2—2009	产品几何技术规范（GPS）极限与配合
		GB/T 1801—2009	产品几何技术规范（GPS）极限与配合 公差带和配合的选择
		GB/T 1802—1979	公差与配合 尺寸大于 500 至 3150mm 常用孔、轴公差带
		GB/T 1803—2003	极限与配合 尺寸至 18mm 孔、轴公差带
		GB/T 1804—2000	一般公差 未注公差的线性和角度尺寸的公差
		GB/T 4026—2010	人机界面标志标识的基本和安全规则 设备端子和导体终端的标识
		GB/T 4457.2，4457.4～4457.5—2002～2013	技术制图 机械制图
		GB/T 4458.1～4458.6—2002～2013	机械制图
		GB/T 4459.1～4459.5，4459.7～4459.9—1995～2017	机械制图
		GB/T 4460—2013	机械制图 机构运动简图用图形符号
		GB/T 4728.1～4728.13—2005～2008	电气简图用图形符号
		GB 4884—1985	绝缘导线的标记
		GB/T 5094.1～5094.4—2002～2005	工业系统、装置与设备以及工业产品结构原则与参照代号
		GB/T 5465.1～5465.2—2008～2009	电气设备用图形符号
		GB/T 5489—1985	印制板制图
		GB/T 6988.1—2008，6988.5—2006	电气技术用文件的编制
		GB/T 20939—2007	技术产品及技术产品文件结构原则
		SJ/T 207.1～207.8—1999～2001	设计文件管理制度

序号	标准类别	标准编号	标准名称
2	环境条件部分	GB/T 2421.1—2008	电工电子产品环境试验 概述和指南
		GB/T 2422—2012	环境试验 试验方法编写导则 术语和定义
		GB/T 2423.1～2423.8, 2423.10, 2423.15～2423.28, 2423.30, 2423.32～2423.41, 2423.43, 2423.45, 2423.47～2423.60, 2423.101～2423.102—1955～2016	电工电子产品环境试验 各种试验方法
		GB/T 2424.1～2424.2, 2424.5～2424.7, 2424.10～2424.12, 2424.15, 2424.17, 2424.22, 2424.25～2424.27—1986～2015	电工电子产品环境试验 各种试验方法导则
3	抽样检查部分	GB/T 2828.1～2828.5, 2828.10～2828.11—2008～2012	计数抽样检验程序
		GB/T 2829—2002	周期检验计数抽样程序及表（适用于对过程稳定性的检验）
		GB/T 6378.1, 6378.4—2008	计量抽样检验程序
		GB/T 8051—2008	计数序贯抽样检验方案
		GB/T 8052—2002	单水平和多水平计数连续抽样检验程序及表
		GB/T 8054—2008	计量标准型一次抽样检验程序及表
		GB/T 13262—2008	不合格品百分数的计数标准型一次抽样检验程序及抽样表
		GB/T 13264—2008	不合格品百分数的小批计数抽样检验程序及抽样表
4	可靠性部分	GB/T 2900.1, 2900.4～2900.5, 2900.7～2900.10, 2900.12, 2900.16～2900.20, 2900.22～2900.23, 2900.25～2900.29, 2900.32～2900.33, 2900.35～2900.36, 2900.39～2900.41, 2900.45～2900.46, 2900.48～2900.60, 2900.63～2900.77, 2900.79, 2900.83～2900.99—1985～2016	电工术语
		GB/T 4087—2009	数据的统计处理和解释 二项分布可靠度单侧置信下限
		GB/T 4885—2009	正态分布完全样本可靠度置信下限
		GB/T 4888—2009	故障树名词术语和符号
		GB/T 5080.1～5080.2, 5080.4～5080.7—1985～2012	（设备）可靠性试验

序号	标准类别	标准编号	标准名称
4	可靠性部分	GB/T 5081—1985	电子产品现场工作可靠性、有效性和维修性数据收集指南
		GB/T 6992.2—1997	可信性管理 第2部分：可信性大纲要素和工作项目
		GB/T 7289—2017	电子元器件 可靠性 失效率的基准条件和失效率转换的应力模型
		GB/T 7826—2012	系统可靠性分析技术 失效模式和影响分析（FMEA）程序
		GB/T 7827—1987	可靠性预计程序
		GB/T 7828—1987	可靠性设计评审
		GB/T 7829—1987	故障树分析程序
		GB/T 9414.1~9414.3，9414.7，9414.9—2000~2017	维修性 设备维修性导则
		GB/T 14394—2008	计算机软件可靠性和可维护性管理
		GB/T 15174—2017	可靠性增长大纲
		GB/T 15647—1995	稳态可用性验证试验方法
		GB/T 24468—2009	半导体设备可靠性、可用性和维修性（RAM）的定义和测量规范

（1）设计文件综合性标准化检查的内容

设计文件综合性标准化检查的内容包括：

1）设计文件的成套性是否符合 SJ/T 207.1—1999 或相关专业的标准规定；

2）设计文件的编制是否字迹端正、书写准确，图面清晰、完整无损；

3）设计文件的主标题栏和明细栏的填写是否符合 SJ/T 207.2—1999 的规定；

4）设计文件的格式是否符合 SJ/T 207.3—1999 的规定；

5）分类编号是否符合 SJ/T 207.4—1999 的规定；

6）图形符号是否符合 GB/T 4728.1~4728.13—2005~2008 和 GB/T 5465.1~5465.2—2008~2009 的有关规定。项目的分类与分类码是否符合 GB/T 5094.1~5094.4—2002~2005 的规定；

7）术语、计量单位及其他符号（代号）等是否符合有关标准的规定，在成套产品设计文件中是否一致；

8）尺寸偏差、形位公差和表面粗糙度等结构要素的选用以及标注方法是否符合有关标准的规定；

9）引用的标准和技术文件是否现行有效。

（2）产品标准标准化检查的内容

产品标准标准化检查的内容包括：

1）产品标准的编写内容、方法是否符合 GB/T 1.1—2009 或相关标准规定的要求；

2）产品标准的编号、格式是否符合有关规定；

3）主要技术要求是否符合产品设计任务书的要求；

4）试验方法是否能满足产品技术要求，并符合有关标准的规定；

5）检验规则是否能满足产品质量要求，并符合有关专业的标准规定；

6）标注、包装、运输与贮存要求是否适应产品的特点，并符合有关标准的规定；

7）所列附录内容的必要性、正确性。

（3）图样标准化检查的内容

图样标准化检查的内容是检查图样的绘制是否符合 SJ/T 207.8—2001 的规定，各种图样标准化检查的具体内容如下。

1）零件图。对于零件图的标准化检查内容包括：

① 是否有标准件、通用件可代替；

② 选用的材料品种、牌号、规格是否符合已规定的标准，填写是否正确、完整；

③ 是否具有确定零件形状和结构的全部尺寸及相应公差；

④ 需特殊加工的部位，如滚花、焊接、热处理等，其画法及标注是否符合有关标准规定；

⑤ 对有文字和图示标志要求的零件，如面板、铭牌等，其标注是否符合有关标准规定；

⑥ 零件表面的镀涂要求，是否符合已规定的标准，标注是否正确；

⑦ 印制板的结构要素、导电图形以及标记符号，是否符合有关标准的规定。

2）装配图。对于装配图的标准化检查内容包括：

① 是否具有能恰当地表示出产品组成部分的位置、数量和相互连接关系的视图、剖视、剖面和局部放大图；

② 外形尺寸、安装尺寸或与其他产品的连接尺寸是否标注正确、完整；

③ 各指引线上面的序号及数量是否与明细栏中的序号及数量一致；

④ 明细栏所列整件、部件、零件和标准件的代号、名称是否与相应的整件、部件、零件和标准件的代号、名称一致；

⑤ 明细栏所列外购件及材料的填写是否正确、完整；

⑥ 附有简图时，该部分的绘制是否符合有关标准的规定；

⑦ 印制板装配图中榫接元器件的项目代号是否与其相应的明细表、元器件表、电路图或逻辑图所列项目代号一致。

3）外形图。对于外形图的标准化检查内容包括：

① 是否能通过必要的投影图恰当地表示出产品的结构形式和外形特征；

② 产品的外形尺寸、连接尺寸、安装尺寸及产品标志的内容是否标注正确、完整；

③ 当需要表示出结构的活动部分时，是否绘制出极限位置并标注其活动范围的最大尺寸；

④ 电真空器件、半导体器件和集成电路等电子元器件产品的引出端编号和必要的图形符号是否符合有关标准规定；

⑤ 对外购件外形图中技术要求的内容是否正确、完整。

4）安装图。对于安装图的标准化检查内容包括：

① 产品的安装尺寸以及安装的位置是否标注清楚；

② 明细栏所填内容是否正确、齐全；

③ 对安装的技术要求，如隔音、散热、通风、防尘等，是否表达清楚。

（4）简图标准化检查的内容

简图标准化检查的内容是检查简图的绘制是否符合 SJ/T 207.7—2001 的规定，各种简图标准化检查的具体内容如下。

1）总布置图、框图。对于总布置图、框图的标准化检查的具体内容包括：

① 所绘制的成套设备、整机或整件是否能清楚地表达其基本组成部分的主要特征和功能关系；

② 采用的符号、项目代号及其他形式的注释，如信号名称、电平、频率、去向等是否正确；

③ 布局是否清晰并利于识别过程和信息的流向；

④ 图中的表格，如整件目录、线缆目录等，所填内容是否正确、完整。

2）电路图（包含逻辑图）。对于电路图（包含逻辑图）的标准化检查的具体内容包括：

① 布局是否合理，能否详细地表示出电路、设备或成套设备的全部基本组成和连接关系；

② 是否最大限度地采用标准元器件、典型电路；

③ 图形符号是否符合有关标准规定；

④ 项目代号的标注是否正确；

⑤ 信息流方向是否标注清楚；

⑥ 信号名的标注是否正确；

⑦ 元器件表所填写的内容是否正确、完整。

3）接线图（包含接线表）和线缆连接图（包含线缆连接表）。对于接线图（包含接线表）和线缆连接图（包含线缆连接表）的标准化检查的具体内容包括：

① 视图的相对位置，标注的项目代号、端子号、导线号及导线型号、规格等内容是否正确、清楚、完整，图与表的内容是否一致；

② 简化外形应表示出项目的基本特征；

③ 项目代号和连接关系是否与相应电路图一致；

④ 明细栏的填写是否正确、完整。

（5）文字和表格内容的设计文件标准化检查的内容

文字和表格内容的设计文件标准化检查的内容是检查文字和表格内容设计文件的编写是否符合 SJ/T 207.4—1999 的规定，其标准化检查的具体内容如下。

1）文字内容的设计文件。文字内容的设计文件包括技术条件、技术说明书、使用说明书、说明等，标准化检查的具体内容如下：

① 技术内容是否满足相应产品标准的规定，编制方法是否符合有关标准的规定；

② 文字内容的表达是否准确、简明和有逻辑性。汉字、标点符号和计量单位的使用是否准确；

③ 术语、符号、代号是否正确，在成套产品设计文件中是否一致；

④ 简图的绘制是否符合有关标准的规定。

2）表格内容的设计文件。表格内容的设计文件包括明细表、整件汇总表、备（附）件及工具汇总表、成套运用文件清单等，标准化检查的具体内容如下：

① 表格文件中的各节内容是否正确、完整，其填写方法是否符合有关标准规定；

② 整件明细表中的各节内容是否与装配图、接线图所填内容一致。

（6）标准化检查的程序

设计文件应按产品成套地提交标准化检查，也可按产品组成部分的整件级为单元提交标准化检查。

对于集成电路类产品绘制的芯片底图，以及为设计工装所编制的设计文件底图，经审批后可单独提交标准化检查。

设计文件的标准化检查一般分两个阶段进行。

1）预先检查阶段。

设计文件的原图经设计（拟制）、审核或工艺签字后，提交标准化检查，同时确定十进分类特征标记，按相应的"十进分类编号登记卡片"编制顺序号，并将该顺序号填写在设计文件的"代号"栏内。检查合格后标准化检查员在"标准化"栏内用铅笔签字和签署日期。"十进分类编号登记卡片"的格式见表7-2和表7-3。

表7-2　"十进分类编号登记卡片"的格式（正面）

0	1	2	3	4	5	6	7	8	9
（企业区分代号）	（名　　　称）						（十进分类特征标记）		
							第　张	接第	张

顺序号	占用		备注	顺序号	占用		备注	顺序号	占用		备注
	姓名	日期			姓名	日期			姓名	日期	

注：卡片推荐尺寸为203mm×144mm。

2）最后检查阶段。

将预先检查合格的设计文件原图描制成底图，并按有关规定签署后提交进行标准化检查，检查合格后标准化检查员在"标准化"栏内用黑色墨汁笔签字和签署日期。

设计文件标准化检查的步骤，按标准SJ/T 10151—1991的4.2~4.6条规定的条文进行。

在标准化检查过程中，发现设计文件的缺陷及不符合标准之处，应在其附近空白处标出记号，这些记号保留至标准化检查员签署时方可消除。

表7-3　"十进分类编号登记卡片"的格式（反面）

顺序号	占用		备注	顺序号	占用		备注	顺序号	占用		备注
	姓名	日期			姓名	日期			姓名	日期	

标准化检查员也可将不符合标准和需要修改的内容，逐项填写在"标准化检查意见单"上，并签字和签日期，将其与需修改的设计文件一并退还设计部门作为修改依据。"标准化检查意见单"的格式见表7-4。

设计人员修改完成后，应将设计文件或连同"标准化检查意见单"送交标准化检查员再行检查，当设计文件中所有不符合标准的差错全部改正后，标准化检查员才能签署。

经标准化检查员签署后的设计文件不得随意更改，如需更改，应征得标准化检查员的同意。

成套的设计文件底图经审批后，需送交至企业技术档案部门。

表7-4 "标准化检查意见单"的格式

编号		标准化检查意见单				共 张 第 张
产品文件代号：				送检张数：	送检日期：	
产品型号、名称：				预先检查阶段	最后检查阶段	
序号	文件代号	张次	记号	检查意见或建议		设计部门处理意见

标准化检查员（签名及日期）

注：1. 标准化检查意见单一般以产品或整件为单位填写。

2. 推荐尺寸为260mm×190mm。

（7）设计文件更改通知单的标准化检查

设计文件更改的原则和方法、更改通知单的格式和填写方法要符合 SJ/T 207.5—1999 的规定，更改的内容要符合有关标准的规定，有利于提高产品质量。

设计文件更改通知单标准化检查的内容包括：

1）更改内容的填写和更改标记的标注是否清楚、正确；

2）更改通知单的签署是否齐全；

3）相关内容的更改是否有遗漏；

4）附录内容是否完整。

注：为核对"设计文件更改通知单"，所需的设计文件可一并提供给标准化检查员。

【做一做】

工作任务7-1 电动自行车用无刷直流电动机控制器的设计文件的标准化检查。

要求：按照 SJ/T 10151 的规定，对电动自行车用无刷直流电动机控制器的设计文件和设计文件更改通知单进行标准化检查。

模块 7.2 设计文件的归档与管理

学习目标：

熟悉产品设计图样、设计文件（包括 CAD 图）和设计文件的归档、保管、复制、缩微、发放及管理。

任务目标：

1）会进行设计文件的归档、保管、复制和管理。

2）掌握 JB/T 5054.10—2001《产品图样及设计文件 管理规则》所规定的机械工业产品图样及设计文件标准，包括 CAD 图和设计文件（以下简称图样和设计文件或 CAD 文件）的归档、保管、复制、缩微、发放及管理。

7.2.1 基本要求

产品图样及设计文件管理的基本要求如下：

1）图样和文件必须有专职的机构或人员管理。根据实际需要，企业可制定相应的图样和文件管理标准或制度。

2）凡属保密级的图样和文件的管理，应按国家有关保密法律及企业保密标准或制度的规定。

3）图样和文件的归档管理流程如图 7-1 所示，CAD 文件归档流程见 GB/T 17678.1—1999。

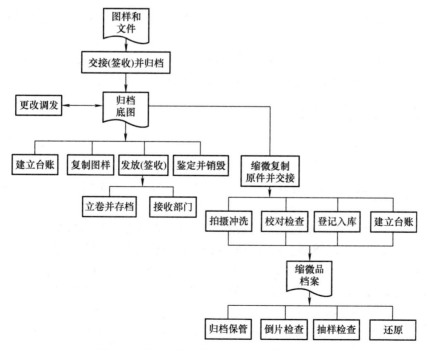

图 7-1 产品图样和设计文件归档管理流程图

221

4）验收的归档底图应完整，归档的复制图应立卷、存档，并保持完整、准确和安全。

5）用于设计、工艺、生产和经营的复制图，由使用部门负责保管，应保证其有效性和完整性。

6）底图和复制图、以及同一代号不同介质的 CAD 文件必须确保一致，其更改应按 JB/T 5054.6—2000 的规定。

7）保存底图和档案的库房，应保持清洁、通风，其设施和保管条件应符合有关规定。保存缩微品的库房应提高对温度和相对湿度的控制条件，并避开氨、酸、二氧化硫和有机溶剂等挥发的有害气体。电子档案库房应远离热源、酸碱等有害气体和强磁场。不得对归档光盘弯曲、挤压、摔打，避免阳光直接照射，并达到 GB/T 17825.10—2000 的规定。

7.2.2 底图的归档和管理

（1）底图的归档

1）归档的底图应无破损、污迹和皱褶、折叠印等，并符合 JB/T 5054.2—2000 的规定。

2）归档时应填写入库清单，按归档要求检查，办理签收手续，并按分类建立台账。

（2）底图的管理

1）底图的保管可按产品系列、机型、机组、零部件等分类，也可按幅面大小依次存放。但多张（页）组成的同一代号的底图，应保存在一起。

2）产品底图应平放或立放，A0 以上幅面可卷放，但严禁折叠。大于 A4 幅面的底图，要缝边或包边。

3）存放底图的器具应有对保管底图分类编制的代号标签。

4）底图一般只在设计更改或重新复描（制）时可外借，但需按有关标准或制度规定办理借用手续。

5）底图要经常检查、清点，若有遗失应查明原因及时复制，并在台账中注明，以确保底图的完整性。

6）对破损的底图应及时修补，如无法修补或复印，按 JB/T 5054.6—2000 的规定重新复制底图后归档。若替代原底图，应在其上加盖"作废"章存档备查。

7.2.3 复制图的发放和管理

（1）复制图的发放

1）复制图可为蓝图或白图，图样必须完整和清晰。

2）各类图样的发放范围和份数、规定发放的程序和必要的手续，应在图样和文件管理标准或制度中规定。

3）在规定范围内发放的复制图，应盖发图专用章或标志。专用章或标志上可有部门名称或代号、发放日期、生产类型、发放类型等内容，发放时应办理签收手续。

4）在规定范围以外，包括因技术转让或用户需要等原因发放的复制图，应填写申请单，履行规定手续后才可发放。对其亦应盖发图专用章，发放类型应区别于规定范围内发放的复制图，更改时不予调换。

5）提供外协的复制图由外协归口部门负责转发和更换。具体办法企业也可在有关的管理标准或制度中另行规定。

（2）复制图的管理

1）使用部门应有保管复制图的基本条件，并设专人管理复制图。其职责：

① 验收、登记、造册；

② 整理、装订、保管和借阅、回收；

③ 办理更改图、污损图的更换和遗失图的补图等。

2）复制图应整理、编目、装订造册后保管和借阅。复制图的存放应排列有序，取用方便，并应经常清点检查，确保账物一致和复制图整洁、完整。

3）需更换新的复制图时，应做好记录，同时收回全部原复制图并做统一处理。如原复制图需要继续使用，应在原复制图上标示"作废"标记，与有效图样分开存放，并应按图样和文件管理标准或制度的规定限期回收。

4）复制图的借阅应按图样和文件管理标准或制度的规定手续办理。保管人员应督促如期归还，并确认其完整、正确。

5）复制图由于污损或自然损坏影响使用时，由使用部门保管人员办理更换手续。发放部门发放新复制图后，收回原复制图。

6）复制图如有遗失，应按规定追究遗失者责任，并视情节轻重予以处理。企业应具有防止遗失图、稿被利用的措施。一旦遗失，则由该部门资料员代办遗失申请手续，经有关部门审批后给予补发。

7）复制图应按 GB/T 10609.3—2009 规定的任选一种方法折叠成 A4 幅面，并整理、组卷、编目、上架。

8）复制图的案卷应有档案号，其案卷的构成应符合 GB/T 11822—2008 的规定，并确定保管期限和密级。

7.2.4 缩微品的归档和管理

缩微的图样和文件应经验收，确认其符合 GB/T 10609.4—2009 的规定。

对缩微胶片应进行像幅校对和检查，测试其密度、解像力等。经确认清晰、影像无形变的合格缩微品方可登记、造册、归档。

一般缩微品应一式两份分开保管。一份存档保存，不外借；另一份可供外借、阅读和还原。

保存缩微品的卡片或保存袋上应标有图样代号或案卷号；存放缩微品卡片或保存袋的器具应具有缩微品的代号标签，以便于查找。

存档的缩微品每年至少进行一次倒片检查与抽样检查。检查中发现有保管不当时，应找出原因设法补救，确保其准确完整和安全可靠。

对已制成缩微品的图样和文件更改或重描后，应及时制成新缩微品并更换旧缩微品。被更换的旧缩微品应另行保存，并在保存卡片或保存袋上做出标记加以区别。

7.2.5 CAD 文件的归档和管理

CAD 文件的电子档案应与相应的纸质档案在产品技术状态（含更改后的状态）、相关软件及说明文件等方面保持一致。在管理上应维护其安全与完整，并能提供检索、查阅和利用。归档的 CAD 文件应为本阶段产品技术状态的最终版本。归档时应填写归档入库单，其格式如表 7-5 所示。

表 7-5 CAD 电子文件归档入库单

CAD 电子文件归档入库单			
产品名称		电子文件编号	
归档部门		归档日期	
软、硬件平台说明			
其他说明			
归档部门移交人		归档部门审核	
检查结论			检查人
			验收日期
保管部门签收人		签收日期	
备注			
由保管部门填写此表			

CAD 文件应使用两种以上的介质归档。不同介质、同一图样和文件的内容、格式、签署和审批程序应相同，以保证相同内容不同介质档案的一致性。

归档的 CAD 文件应按要求写入不可擦除型光盘，光盘应具有填写编号和名称的标签。归档光盘至少一式两套，一套封存保管，另一套供查阅利用，两套分开保管。必要时可复制第三套，异处保存。

CAD 文件归档时，由归档部门填写光盘标签，办理交接签收手续，检查光盘有无病毒、有无划痕、是否符合归档要求；检测在归档入库单规定的环境平台上能否准确读出电子文件。经鉴定合格，在归档入库单上填写结论后，方可归档。

对归档的 CAD 文件应及时建立电子档案台账、机读目录，确定档案密级和保管期限。

对电子档案应定期检查，按照电子档案保管环境的要求，严格执行管理制度。电子档案每五年进行一次有效性、安全性检查，如发现光盘损坏等问题，应及时拷贝。如软、硬件平台发生改变，则应及时转换。

归档光盘不外借，网上传输的电子档案应规定查阅权限。如需查阅超越权限的电子档案，则按企业有关规定执行。

7.2.6 作废图样的处理程序

1）企业应按图样和文件管理标准的规定，对归档底图、缩微品、CAD 文件和立卷存档的复制图等，应进行不定期清理和鉴定。对超过保管期限或失去利用价值、又无继续保存意义的应按报废处理。

2）凡需要鉴定销毁的档案，应编制鉴定目录清单，申请鉴定。通过鉴定，形成结论意见，包括：作废销毁、延长保管期、转换成缩微品和 CAD 文件介质保存、原图销毁等，经企业技术负责人批准后，方可处理。

3）凡作废销毁的底图和复制图等，应编制档案销毁清册再行销毁。同一代号的副底图、复制图应一并处理。

4）重新复制及设计更改后作废的复制图，也可按上述程序鉴定后销毁。

【做一做】

工作任务 7-2 电动自行车用无刷直流电动机控制器的设计文件的归档、保管、复制及管理。

要求：由保管部门人员填写 CAD 电子文件归档入库单，按照 JB/T 5054.10—2001 的规定，对电动自行车用无刷直流电动机控制器的设计文件进行归档、保管、复制及管理。

参 考 文 献

[1] 于翠华. 市场调查与预测 [M]. 2 版. 北京：电子工业出版社，2009.

[2] 袁月秋. 市场调研技能实训 [M]. 北京：中国人民大学出版社，2009.

[3] 天津自行车行业生产力促进中心专家库成员. 电动自行车实用技术 [M]. 北京：人民邮电出版社，2008.

[4] 谭建成. 永磁无刷直流电动机技术 [M]. 北京：机械工业出版社，2011.

[5] 白殿一，等. 标准的编写 [M]. 北京：中国标准出版社，2009.

[6] 国家质量监督检验检疫总局. 国家标准化管理委员会. GB/T 19001—2016/ISO 9001：2015 质量管理体系要求 [S]. 北京：中国标准出版社，2016.

[7] 赵秀英. 电子产品设计方案 [J]. 才智，2009(15)：185.

[8] 王兆安，刘进军. 电力电子技术 [M]. 5 版. 北京：机械工业出版社，2010

[9] 陈诚. 基于 PSoC 的无刷直流电动机控制系统研究 [D]. 天津：天津大学，2007.

[10] 夏长亮. 无刷直流电动机控制系统 [M]. 北京：科学出版社，2009.

[11] 钟晓伟. 电动自行车用无刷直流电动机控制系统研究 [D]. 哈尔滨：东北林业大学，2011.

[12] 张鹏. 无刷直流电动机正弦波控制系统研究及实现 [D]. 镇江：江苏大学，2016.

[13] 林国荣. 电磁干扰及控制 [M]. 北京：电子工业出版社，2003.

[14] 刘志峰，刘光复. 绿色设计 [M]. 北京：机械工业出版社，1999.

[15] 刘光复，刘志峰，李钢. 绿色设计与绿色制造 [M]. 北京：机械工业出版社，1999.

[16] 余家春. Protel 99 SE 电路设计实用教程 [M]. 北京：中国铁道出版社，2008.

[17] 居吉乔. Protel 99 SE 实用教程 [M]. 北京：化学工业出版社，2010.

[18] 毕秀梅，周南权. 电子线路板设计项目化教程 [M]. 北京：化学工业出版社，2010.

[19] 赵玉菊. 电子技术仿真与实训 [M]. 北京：电子工业出版社，2009.

[20] 那文鹏，王昊，郑凤翼. 电子产品技术文件编制 [M]. 北京：人民邮电出版社，2004.

[21] 陈波，姜同干. 电动自行车线路设计之浅谈 [J]. 中国自行车，2006(10)：35-37.